中国区域环境效率研究

效率评估与实证分析

郭 文 赵天燕◎著

中国财富出版社

图书在版编目（CIP）数据

中国区域环境效率研究：效率评估与实证分析／郭文，赵天燕著．—北京：中国财富出版社，2017.11

ISBN 978－7－5047－3650－5

Ⅰ.①中…　Ⅱ.①郭…②赵…　Ⅲ.①区域环境－研究－中国　Ⅳ.①X321.2

中国版本图书馆CIP数据核字（2017）第281592号

策划编辑	寇俊玲	**责任编辑**	戴海林　杨白雪		
责任印制	尚立业	**责任校对**	杨小静	**责任发行**	王新业

出版发行　中国财富出版社

社　　址　北京市丰台区南四环西路188号5区20楼　　**邮政编码**　100070

电　　话　010－52227588转2048/2028（发行部）　010－52227588转321（总编室）

010－68589540（读者服务部）　010－52227588转305（质检部）

网　　址　http://www.cfpress.com.cn

经　　销　新华书店

印　　刷　北京九州迅驰传媒文化有限公司

书　　号　ISBN 978－7－5047－3650－5/X·0020

开　　本　710mm×1000mm　1/16　　**版　　次**　2018年12月第1版

印　　张　14　　**印　　次**　2018年12月第1次印刷

字　　数　251千字　　**定　　价**　48.00元

序　言

郭文是我指导的第一个硕博连读的博士研究生，他的勤奋和才干给我留下了很深的印象，也是我最得意的学生之一。赵天燕是我带的博士生，同时也是首都经济贸易大学会计学院的一名教师，她在繁重的教学工作之余，还能参与完成本著的研究工作，我感到由衷的欣慰。此次受邀为他们即将出版的专著写序，我欣然同意。回顾郭文在校期间的学习和科研时光，他用四年的时间在国内外重要期刊发表了10余篇学术论文，超额完成硕博连读阶段的全部任务，以优异的成绩提前毕业，他的学位论文还被评为2017年度南京航空航天大学“优秀博士学位论文”。期间还获得国家留学基金委资助，赴加拿大滑铁卢大学系统工程系学习1年，是我们研究团队中在读博士生学习的榜样。

郭文一直以来致力于环境效率评估方面的科学研究，他在SSCI（《社会科学引文索引》）、SCI（《科学引文索引》）和EI（《工程索引》）期刊上发表的研究成果也被越来越多的国内外著名学者引用，得到了业内专家的认同。本著是郭文和赵天燕近年来研究成果的结晶，凝结着作者无数的艰辛耕耘，通读全文让我感到了郭文的学术水平进步之大。同时，本著从环境规制和空间经济学的双重视角探讨环境效率评估问题颇具创新性，这表明他们已经站在该研究领域的前沿。

2017年是我国环境研究领域不平凡的一年，在2017年10月18日，中国共产党“第十九次代表大会”胜利召开，习近平总书记在“十九大”报告中把“绿色发展”、人与自然“和谐共生”等经济可持续发展理念确立为重大的战略方针。环境研究领域将会产生一场革命，环境效率评估和优化必将成为我国经济与管理领域重要的研究课题。郭文和赵天燕关于中国区域环境效率评估与实证分析的研究成果完全符合“十九大”报告的基本思想和要求，这也是本著学术意义和实践价值的重要体现，相信本著的出版必将在很大程度上推进环境效率评估与优化的理论和实证研究。

本著总共分为八章，第1章绪论，主要分析研究思路的框架以及国内外研究现状，包括：研究背景和意义、研究目标与内容、研究方法与技术路线以及文献综述。第2章环境效率相关概念界定与SBM评估方法简介，主要对环境效率、环境规制等概念进行界定，并在此基础上研究SBM模型与超效率SBM模型、加性SBM模型以及非期望SBM模型与网络SBM模型的基本原理和构建思路，并进一步介绍了动态环境效率评估方法——SBM－Malmquist生产率指数。第3章基于非期望SBM模型的区域环境效率评估，对比了非期望产出（环境污染物）四种不同处理方法对环境效率评估结果的影响。第4章基于不可分离变量的区域环境效率评估研究，主要研究了基于不可分离变量的非期望SBM（NS－USBM）模型、区域环境效率动态评估方法——SBM－ML指数模型在区域环境效率评估及其分解分析中的应用。第5章基于系统最大有效面集的区域环境效率评估研究，主要研究了基于最大有效面集的不可分离非期望SBM（MFS－USBM）模型在区域环境效率评估中的应用。第6章环境规制视角下区域环境效率评估与分析，主要研究了环境规制总量目标、环境规制区域目标以及两种环境规制目标分配方式对区域环境效率评估值的影响及其灵敏性。第7章空间经济学视角下区域环境效率研究，主要研究了区域环境效率的空间收敛性以及基于空间计量分析的区域环境效率影响因素分析。第8章结论、建议与展望，归纳了全文的基本观点和主要创新点，并对进一步的研究方向进行了展望。本著层次清楚、结构合理、观点明确、论证充分，是一本深入浅出的学术著作。

当前，环境问题已经成为影响人们生活质量的重大问题，郭文和赵天燕的这本《中国区域环境效率研究——效率评估与实证分析》是他们多年研究成果的结晶，书中也提出了颇具创新性的学术观点，能为有志于从事本领域研究的专家学者提供有效的参考与借鉴。对于这本即将出版的新著，我不想做更多的评价，本著的优与劣留待广大读者去评判。郭文和赵天燕在学术研究上已经成熟，并逐步成为环境效率研究领域的先行者，作为他们的导师，我感到十分的高兴和欣慰。在这本新著即将出版之际，我首先预祝本著作发行成功，更希望作者在今后的研究中收获更多的重要研究成果，在工作中取得更大的成就。

南京航空航天大学金融发展研究所所长，博士生导师，教授

2017年11月于南京

目　录

1 绪　论

1.1 选题背景与研究意义

1.1.1 选题背景

作为经济发展的“源”动力，能源是世界经济可持续发展所依赖的重要资源。自进入21世纪以来，由于世界经济发展进程的进一步加速，对于能源，特别是化石能源的消费正在飞速增加。图1－1报告了1991—2012年世界主要能源的消费情况，由图1－1可知：2001—2012年，三大化石能源（石油、天然气、煤炭）是较为主要的能源，历年来三大化石能源的消费量占世界能源消费总量的比例均在80%以上，且保持稳步上升趋势。其中煤炭消费量的增长趋势最为明显，年均增长率达到3.55%。对于核能的利用呈现倒U型变化趋势，1991—2005年保持波动上升趋势，而2006—2012年则迅速回落。而对于水电和风能两种新型能源，1991—2003年的利用量较为稳定，2004年后则进入了快速增长期。鉴于世界经济的长期增长趋势以及产业结构的稳定性，可以预见未来很长一段时期内，三大化石能源仍将是世界经济发展的主要能源和动力。

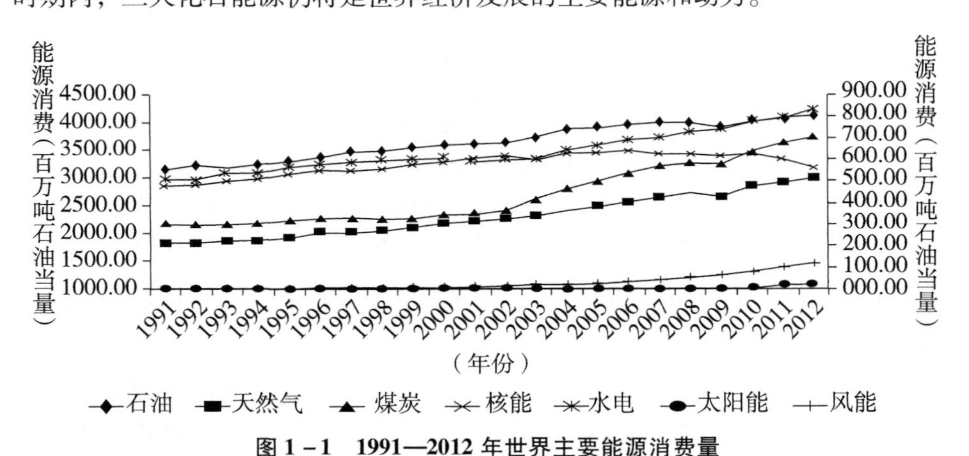

图1－1　1991—2012年世界主要能源消费量

资料来源：2013年《BP世界能源统计年鉴》资料。

近年来，我国社会经济的高速发展也带动了能源消费的快速增长，特别是占主要地位的化石能源的消费增长迅速。图1－2报告了2000—2012年我国整体能源以及几类主要能源的终端消费情况，该时期内，我国整体能源消费由13.20亿吨标准煤增长至34.46亿吨，年增长率达到13.42%；煤炭是我国能源消费的最主要来源，其他几种化石能源（包括焦炭、石油等）也是我国能源消费的主要来源；从变化趋势来看，煤炭消费量在2000—2006年增长速度较快，而2007—2012年其增长速度变缓；天然气的变化趋势与之刚好相反，自2007年后，我国天然气消费量增长速度加快；石油消费量的增长趋势较为稳定；焦炭消费量除在2005—2007年有巨大变动外，也呈现出稳定增长态势。此外，电力消费从2000年的12534.70亿千瓦时增长到46866.50亿千瓦时，年增长率为3.01%。由此可见，2000—2012年我国主要能源消费结构的变动主要来自煤炭和天然气消费的变动，以及发电所耗能源结构的变动。

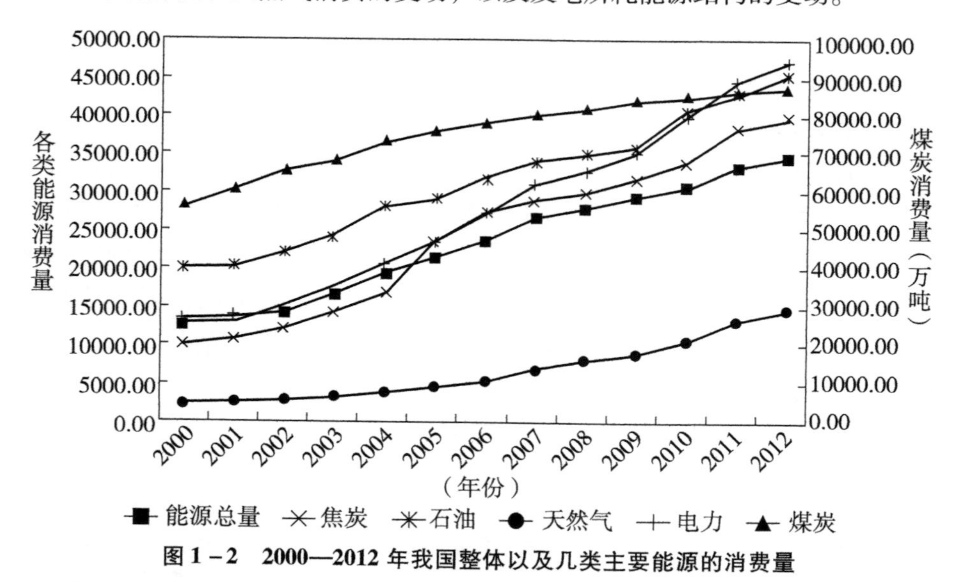

图1－2　2000—2012年我国整体以及几类主要能源的消费量

资料来源：2001—2013年《中国能源统计年鉴》资料，其中：能源总量的单位为十万吨标准煤，煤炭、焦炭、石油的单位为万吨，天然气的单位为千万立方米，电力的单位为亿千瓦时。

正是由于能源，特别是化石能源消费量的迅速增加，加上粗放式的经济发展方式，能源消费带来了大量的环境问题。郭文等（2013）的研究表明，化石能源的燃烧是CO_2、SO_2和工业烟尘等气体污染物排放的主要来源。图1－3报告了2000—2012年我国能源消费总量以及SO_2等环境污染物排放的变化趋势。根据图1－3我们发现，在该时间段内，我国工业废气排放总量由

1381. 45 百亿立方米增加到 6355. 19 百亿立方米，年均增长率达到 30. 00%；CO_2 和SO_2 的年排放量则分别由 2600. 20 百万吨和 1995. 10 万吨增加到 6899. 99 百万吨和 2117. 60 万吨；2010 年工业烟尘排放量较之 2000 年减少了 350. 10 万吨。CO_2、SO_2 等气体污染物的排放量变化趋势与我国能源消费量的变化趋势基本吻合，这验证了郭文等（2013）的结论。

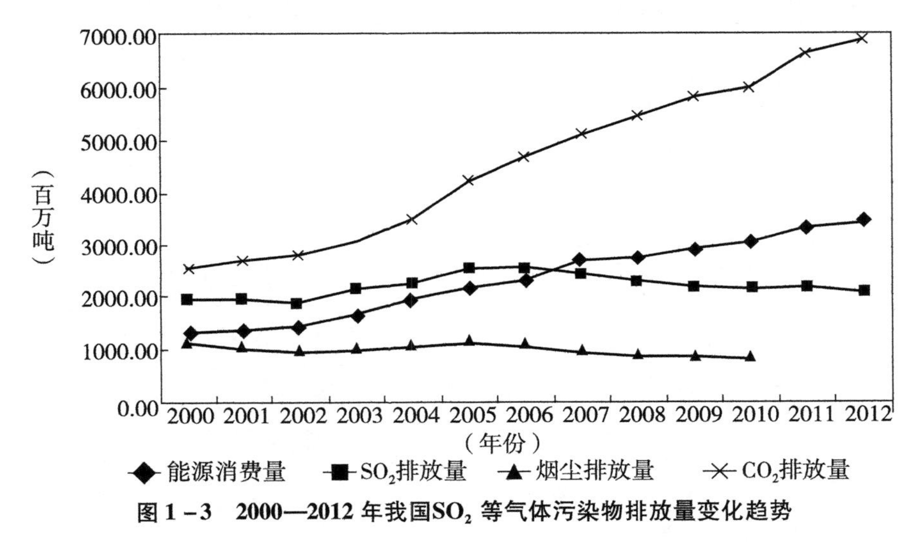

图 1-3　2000—2012 年我国SO_2 等气体污染物排放量变化趋势

资料来源：SO_2、工业烟尘的数据来自 2001—2013 年《中国环境统计年鉴》资料；CO_2 的数据来自“孙作人，周德群，周鹏，白俊红．结构变动与二氧化碳排放库兹涅茨曲线特征研究——基于分位数回归与指数分解相结合的方法［J］．数理统计与管理，2015（1）：1-17.”；其中，能源消费总量的单位为百万吨标准煤，SO_2、烟尘排放量的单位为万吨，CO_2 排放量的单位为百万吨。

图 1-3 在我国整体层面体现了能源消费与环境污染之间的相关关系，这一关系同样在省份层面有所体现。图 1-4 报告了我国 30 个省、直辖市、自治区（因《中国能源统计年鉴》中缺乏中国港澳台地区和西藏自治区的相关能源数据，故而不列入本书的研究范围，在此进行统一说明），2003—2012 年年均 GDP 总量、能源消费总量以及几类气体环境污染物排放量。由图 1-4 可知，该段时期内，各省、直辖市、自治区CO_2、SO_2 排放量与其能源消费量具有相似的变化趋势，河北省、山东省、江苏省、广东省等能源消费量较大的省，其CO_2、SO_2 排放量也较大；反之，宁夏回族自治区等能源消费量较小的省、直辖市、自治区，其CO_2、SO_2 排放量也较小；并且，各省、直辖市、自治区能源消费量与其各自 GDP 的示意图也呈现相似的形状，表明各省、直辖市、自治区经济发展水平也与其能源消费量正相关。

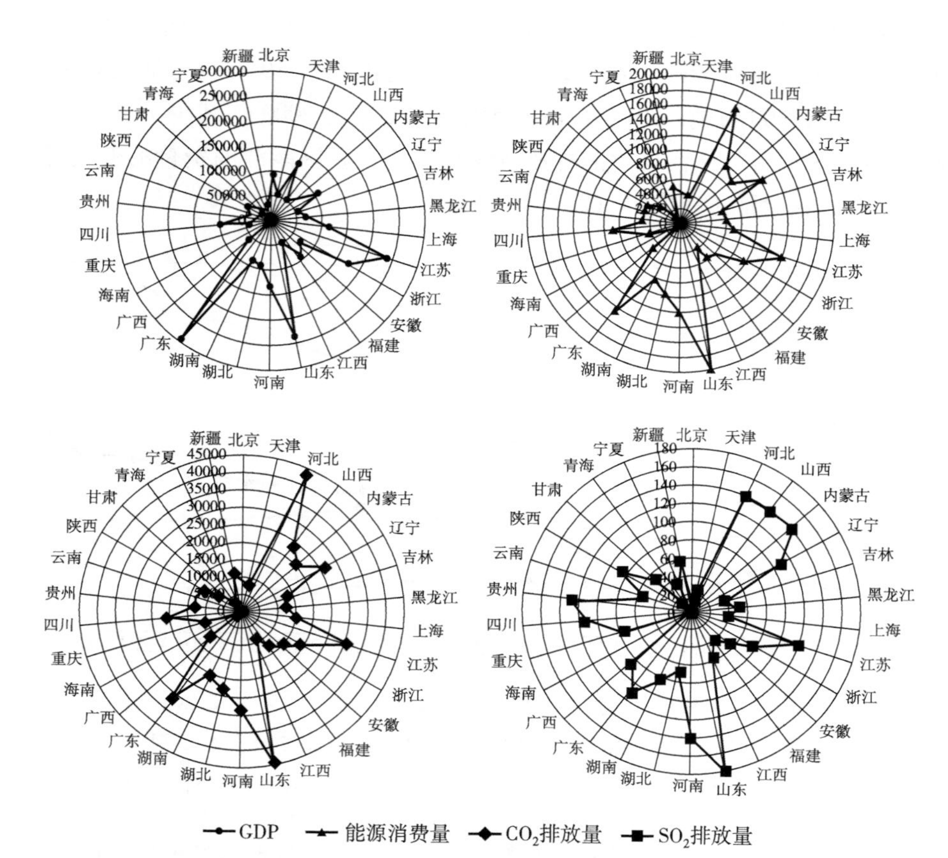

图 1－4　2003—2012 年我国其中 30 个省、直辖市、自治区的年均 GDP、能源消费、CO_2 和SO_2 等污染物排放情况

资料来源：各省、直辖市、自治区年均 GDP、能源消费量、SO_2 排放量数据来自 2004—2013 年《中国统计年鉴》资料；CO_2 的数据来自“孙作人，周德群，周鹏，白俊红．结构变动与二氧化碳排放库兹涅茨曲线特征研究——基于分位数回归与指数分解相结合的方法［J］．数理统计与管理，2015（1）：1－17.”。

自 20 世纪 90 年代后，随着我国经济发展水平的快速提高，各类环境污染问题相继爆发，人们逐渐开始重视经济发展的环境外部性，注重探索经济发展与环境保护的可持续道路。由此，环境规制的概念应运而生，我国环境规制政策主要包含两种机制。其一是政府强制机制，该机制采取政府出台环境法规进行环境规制。例如，2002 年制定的《城镇污水处理厂污染物排放标准》，该法规强制制定城镇排放污水中化学需氧量（COD）等各类污染物成分的控制上限，从而达到环境污染物规制作用；2008 年制定的《制浆造纸工业水污染物排放标准》以污染物排放浓度限值替代吨产品排放指标作为新的环境污染物排放限额规定等。表1－1列出了各省政府出台的相应的环境规制方面的法规，这都是政府强制机制的典型代表。其二是市场调节机制，典型代表便是排放税、排放许可证制度等。王敏等（2012）、宋国君等（2013）研究表明，排放税、排放许可证制度增加了企业生产过程中的环境污染物排放成本，具有改善生产技术、降低污染物排放的作用。

表1－1　环境规制相应法规

年份	法规名称
2002（制定）	《中华人民共和国环境影响评价法》
2002（制定）	《城镇污水处理厂污染物排放标准》
2002（制定）	《燃煤二氧化硫排放污染防治技术政策》
2007（修订）	《中华人民共和国节约能源法》
2008（修订）	《中华人民共和国大气污染防治法》
2008（制定）	《中华人民共和国循环经济促进法》
2008（制定）	《清洁生产标准制定技术导则》
2008（制定）	《制浆造纸工业水污染物排放标准》

环境污染问题已经成为世界各国经济发展的重要制约因素，这一研究领域也产生了较多的研究成果，然而其结论却不尽相同。因此，从不同视角研究环境污染与经济发展的协调问题仍是学术界的焦点课题。而“经济—能源—环境”是相互影响的复杂生产系统，经济发展离不开能源资源的消耗，能源消费同时又带来环境外部性。因此，以“经济—能源—环境”生产系统为基础，就环境生产效率、环境规制目标、区域环境效率差异与相互影响等问题进行研究，对进一步实现我国经济可持续发展具有重要作用。

1.1.2　研究意义

1.1.2.1　理论意义

对区域环境效率的相关研究，有助于深化环境效率评估理论研究，丰富区域环境效率评估理论的内容，完善区域环境效率评估方法和理论体系。从现有的区域环境效率理论研究来看，区域环境效率作为环境经济学、统计学、运筹学等学科交叉研究的重要内容受到国内外学术界的重视，形成了一套成熟的研究方法和理论体系。在评估方法方面，现有研究大多采用以 DEA（Data Envelope Analyse，数据包络分析）方法为基础的非参数前沿方法，最初应用的模型为 BBC 模型，而后通过对模型形式的改进、变量指标的引入等方式对评估方法进行不断拓展和创新，逐渐形成了一套基于 DEA 评估方法的区域环境效率评估方法体系。然而，随着区域环境污染状况的变化，环境效率评估研究面临着一些新的问题，区域环境效率评估方法仍需在该领域的研究中不断拓展。另外，在环境规制方面，现有研究大多采用定性分析方法，合理的环境规制定量分析方法需要在该领域的研究中探索和提出。在研究理论方面，现有的大多数研究文献都结合环境经济学、运筹学、统计学等理论来分析区域环境效率，然而，随着空间经济理论的兴起和完善，有部分学者开始在环境效率研究理论中引入空间经济学理论，特别是区域环境效率的差异分析和相互影响分析方面，但由于空间经济理论的研究还属于探索阶段，在区域环境效率分析中的应用也还需不断地完善。因此，通过区域环境效率相关问题的研究，对于拓展区域环境效率评估方法、丰富环境规制定量分析方法以及结合空间经济理论来完善现有研究理论具有重要意义。

1.1.2.2 实践意义

我国社会经济自改革开放以来，历经多年的高速发展，目前正面临着能源与环境的双重约束，本书旨在“经济—能源—环境”系统框架下研究区域环境效率的相互关系和变化趋势，其中方法的拓展以及理论的完善并非区域环境效率研究的最终目的，其最终目标在于通过分析区域环境效率间的相互影响及其环境无效率的主要来源，配合有效的环境规制政策措施，进而为双重约束下实现区域环境与经济的可持续发展提供政策建议。因此，区域环境效率研究具有重要的实践意义。其一，在宏观整体上，区域环境效率评估有助于发现区域环境无效率的主要来源，从而有针对性地制定合理的环境规制方向和总量目标。其二，在各省、直辖市、自治区层面，区域环境效率的差异分析、区域环境效率的空间异质与依赖分析结果，有利于环境规制定量目标的区域分配，从而推动环境规制政策的有效实施。其三，环境规制总量目标和区域目标对区域环境效率的影响及其灵敏性分析，有助于定量分析环境规制目标制定和实施后对于区域环境效率的影响程度，从而为下一阶段区域环境规制目标的制定提供数据参考。其四，区域环境效率的影响因素分析有利于提炼其主要影响因素，针对其中可改进的方面进一步地为提升区域环境效率提供方向。总之，客观公平、科学合理地对我国区域环境效率做出评估，测算环境规制总量目标和区域目标对于区域环境效率影响的灵敏度，充分分析区域环境效率的主要影响因素及其影响程度，对于协调我国经济增长、能源消费和环境保护之间的关系具有重要作用，也具有重要的现实意义。

1.2 研究目标与内容结构

1.2.1 研究目标

环境效率是指在“经济—能源—环境”复杂生产系统中，在既定资本、人力、能源资源等投入以及经济产出水平下，环境污染物的减排潜力。因此，环境效率评估有助于政府环境保护政策措施的制定和实施。基于此，本书的研究目标在于：第一，从变量的不可分离特性以及无效决策单元参考集的两个方面拓展现有的非期望SBM模型，以求更为准确地评估区域环境效率，从变量松弛量的视角探寻区域环境无效率的主要来源及其最优改进路径。第二，通过定量化环境规制政策，比较环境规制总量目标和环境规制区域目标两种环境规制策略对区域环境效率的影响及其灵敏性，为政府环境规制政策的选择提供定量分析方法。第三，结合空间收敛模型分析我国区域环境效率的差异及其发展趋势，以及应用四阶段非期望SBM模型从“管理—环境”的双重视角探索外部生产环境对区域环境效率的影响，再利用空间计量模型探讨区域环境效率的空间演化路径。通过以上三方面的讨论和分析，本书试图为我国区域环境的改善，以及经济的可持续发展提供可分析的手段和可参考的建议。

1.2.2 内容结构

为实现既定研究目标，应构建起区域环境效率评估与解构、环境规制目标影响环境效率灵敏度测验及区域环境效率的空间演化路径分析的创新理论和方法框架。在借鉴国内外相关研究前沿的基础上，本书的结构安排如下。

第1章绪论，首先阐述了本书研究的背景和意义，以此为基础提出本书关注的主要问题。并在此基础上提出了本书的研究目标、内容框架、研究方法和技术路线。然后分别从环境效率评估及其分解方法研究、区域环境效率差异及其空间演化特征分析、环境规制对区域环境效率的影响及其定量研究、基于产业和行业层面的环境效率及其演变分析以及区域环境效率影响因素的实证分析五个层面详细介绍了该研究领域的研究现状，并总结出现有文献的不足，以及未来研究的趋势。

第 2 章环境效率相关概念界定与 SBM 评估方法简介，综合国内外相关理论成果，对本书的研究对象，即环境效率、环境规制等概念的内涵进行重新界定。然后着重介绍了目前该领域研究中普遍出现的重要方法，为本书后续内容中对模型的拓展奠定基础。

第 3 章基于非期望 SBM 模型的区域环境效率评估，化石能源的消费使得经济系统等产生了CO_2、SO_2 等非期望产出，针对上述经济生产系统的外部性问题，现有文献分别提出了投入化处理法、非线性函数变换法、现行函数变换法、直接建模法等多种非期望产出的处理方法。本章对比了上述处理方法对应的非期望 SBM 模型的差异，并将这些模型应用于 2003—2012 年中国省际环境效率评估的实证分析中，从理论和实证的双重视角对比上述几种非期望 SBM 模型的优劣势，进而选择本书的基础模型。

第 4 章基于不可分离变量的区域环境效率评估研究，针对区域经济生产系统的实际生产过程以及环境污染物的主要来源，根据能源消费对CO_2、SO_2 排放量的决定性作用，总结出两者之间的不可分离特性，构建了一个基于不可分离变量的非期望 SBM 模型，结合 Malmquist 生产率指数和 Luenberger 生产率指标构建了一个区域环境效率动态评估模型。再结合我国 30 个省、直辖市、自治区的实际生产数据对比分析了上述拓展模型与传统非期望 SBM 模型对区域环境效率评估结果的区别，从实践的角度阐释了本书模型的优势。

第 5 章基于系统最大有效面集的区域环境效率评估研究，针对传统 SBM 方法中均以生产系统的 SBM 有效顶点为参考集的局限，本章重点分析了 SBM 方法中系统有效面集以及最大有效面集的确定方法，进一步拓展出了本书基于最大有效面集的不可分离非期望 SBM 模型。通过利用各省、直辖市、自治区 2012 年的实际生产数据对比分析该模型与前文模型的评估结果发现，该模型体现了 SBM 无效决策单元的最优改进路径，为区域环境效率的改进提供了最优的方向。

第 6 章环境规制视角下区域环境效率评估与分析，克服以往文献中大多用定性分析手段来探索环境规制政策和措施影响区域环境效率的局限，本书通过环境规制总量目标、环境规制区域目标以及两者同时设定的方式将环境规制政策措施定量化。然后通过添加约束的方法将定量化的环境规制指标引入模型，从而构建了一系列基于环境规制目标的不可分离非期望 SBM 模型，最终为分析区域环境规制政策和措施对环境效率影响的灵敏性分析奠定基础。

第 7 章空间经济学视角下区域环境效率研究，通过空间收敛模型分析区域环境效率间的差异以及未来发展趋势；采用“管理—环境”双重视角下的四阶段非期望SBM模型，将区域环境效率差异的来源分为内部生产管理和外部生产环境两个方面，再通过实证模型分析外部生产环境变量对区域环境效率的影响程度；最后运用空间计量模型分析区域环境效率的空间相关性，并以此为基础研究区域环境效率的空间演化特征。

第8章结论、建议与展望，本章首先总结全书内容，得出本书的主要研究成果和结论。然后，根据本书的研究结果有针对性地为我国区域环境效率的提升提供可行的政策启示。最后，总结本书研究的不足，并提出几点未来可能的研究和拓展方向。

1.3 研究方法与技术路线

为保证研究结论的准确性，本书的分析和研究主要采用了如下几种基本方法：

1.3.1 多学科交叉分析的方法

本书以我国区域环境效率为研究对象，研究中涉及的学科包括管理学、数理统计学、环境科学和空间经济学等多个学科，缺少其中任意一门学科都不能为本书的研究提供一个完整的分析框架。因此，本书交叉使用上述各学科中的已有研究成果，采用综合、渗透等方式有机地结合各学科的优势，将区域环境效率的评估与分析置于众多学科中进行分析和探讨，以期更加完整、准确地体现区域环境效率的评估结果和发展趋势，更科学地解释政府环境约束政策措施实施后的结果。

1.3.2 文献综述的方法

国内外学者围绕区域环境效率这个研究主题已经开展了较多的研究工作，产生了许多有价值的研究文献和成果，在该领域也提出了许多深刻的、新颖的观点，在研究方法上也有许多的创新工作，这些都是本书研究的理论基础。本书首先对与该主题相关的研究文献进行了归纳、梳理、总结和分析，再筛选出其中较为关键和重要的研究成果加以充分利用和借鉴，以此为基础确定本书的研究问题和研究方向。

1.3.3 模型拓展和分析的方法

区域经济发展及其带来的环境问题涵盖了经济学、管理学、环境科学等诸多学科，是一个复杂的系统。而模型的拓展和分析有利于该问题的简化，本书在传统非期望SBM模型的基础上，融合环境科学、空间经济学、统计学等诸多学科的前沿方法，从多个视角拓展相关研究模型，在简化研究问题的同时，又深刻地体现了区域经济生产系统的实际发展过程。

1.3.4 统计分析与实证研究相结合的方法

实践的检验是理论分析的最好印证，统计分析方法是通过运用统计学的相关手段和方法，通过数据资料的收集、筛选，并对其进行相关的统计分析，以期达到初步掌握事物相互关系或其发展规律的目的；而实证分析则是通过收集的实际数据，利用统计学的相关检验方法进行的检验分析。鉴于此，本书首先借助各地方统计局、中国统计局等相关统计机构来获得本书研究所需的相关统计数据和资料，再利用统计分析与实证研究相结合的方法验证理论假设，通过理论与实证的相互印证来保证本书结果的准确性。

1.3.5 定性分析与定量分析相结合的方法

定性分析指的是本书首先针对我国区域环境规制政策和实施现状进行概述和分析，从而引出本书对于环境效率和环境规制内涵的界定，并分析环境规制与环境效率间的相互影响途径和方式，进一步明确本书研究的方向。而定量分析指的是本书在定性分析的基础上，采用模型构建和数据分析等定量方法，数学化、公式化区域环境效率与环境规制政策间的相互影响。本书通过定性分析与定量分析相结合的方法完整地阐释了环境效率与环境规制的相互关系。

1.3.6 对比分析的方法

为便于明确本书模型在区域环境效率评估等相关研究中的优势，本书特别注重采用对比分析的方法。主要是以区域经济系统的实际生产数据为依据，运用本书拓展模型和传统模型分别进行测算，再对比和分析评估结果的区别，总结本书模型的优势。

根据前文对本书研究内容和研究方法的论述，概括出本书的研究路线主要分为四个部分。首先是进行基础资料、数据资料以及文献的收集、归纳、筛选和总结；其次是在现有研究模型的基础上从变量的不可分离特性、环境规制政策等视角拓展和构建本书的研究模型，再利用上述数据资料对区域环境效率进行评估和分解；再次，结合空间计量模型实证分析和检验模型的测算结果以及区域环境效率影响因素的影响程度；最后，对本书的研究成果进行概括总结，并提出相应的政策建议。因此，本书研究的技术路线图如图 1－5 所示。

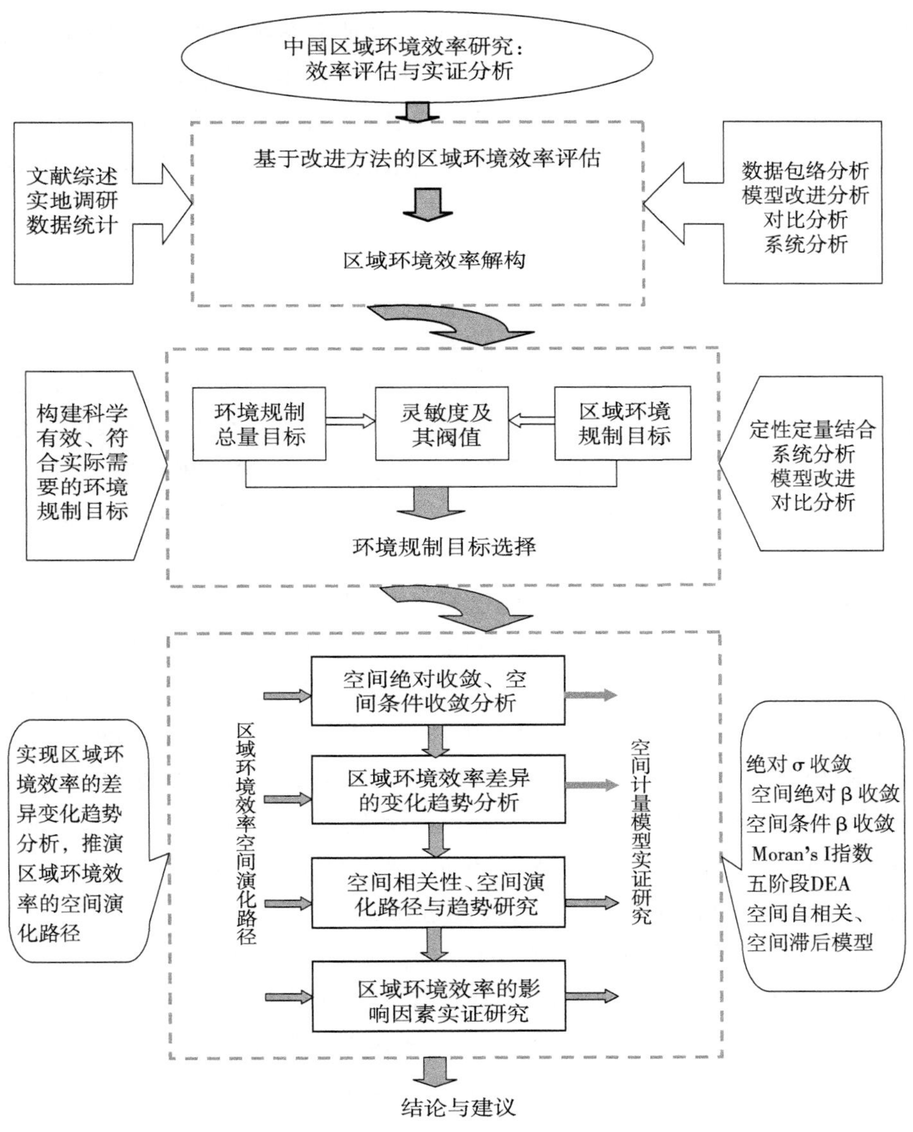

图 1－5 本书的研究路线

1.4 国内外研究现状

自 1992 年世界可持续发展工商理事会（WBCSD），在里约地球峰会上提出“环境效率”的概念以来，环境效率成为学术界广泛研究的焦点问题，也取得了丰富的研究成果。目前，区域环境效率研究领域的研究方向主要包括：环境效率评估及其分解方法研究、区域环境效率差异及其空间演化特征分析、环境规制对区域环境效率的影响及其定量研究、基于产业和行业层面的环境效率及其演变分析和区域环境效率影响因素的实证分析五个方面。下文将从这五个方面总结和归纳目前国内外相关研究成果。

1.4.1 国外研究现状

1.4.1.1 环境效率评估及其分解方法研究

自 20 世纪 90 年代开始，环境效率一直是学术界研究的焦点问题，随着研究的深入，环境效率评估方法逐渐演化为参数评估方法、非参数前沿方法和其他评估方法三类。环境效率解构方法主要包含四阶段 DEA 方法、DEA - Malmquist 生产率指数方法、Luenberger 生产率指标方法以及 DEA - ML 方法四种。

（1）参数评估方法。参数前沿分析方法主要包括随机前沿分析法（SFA）、自由分布法（DFA）以及厚前沿分析方法（TFA）三种，其中应用到环境效率评估领域最多的是 SFA 方法。SFA 方法最早由 Aigner（艾格纳）等（1977）提出，由于原始的 SFA 方法仅适用于截面数据，Battese（贝泰斯）等（1995）在这个方面对该方法进行拓展，解决了面板数据的 SFA 方法应用问题。自此，SFA 方法被广泛应用于系统效率评估相关研究中，Wang（王）（2007）运用 SFA 方法分析了投资效率与经济生产率的关系；Paul（保罗）等（2008）则利用 SFA 效率评估方法研究了欧洲国家的企业绩效，并突出了市场结构对企业绩效的影响。近年来，SFA 方法也被引入到能源环境效率的研究领域，Filippini（菲利皮尼）等（2011）利用 SFA 构建了 29 个 OECD（经济合作与发展组织）国家的能源需求模型和能源环境效率评估模型；Filippini 等（2012）在考虑能源消费环境负面效应基础上，利用 SFA 方法评估了美国能源使用效率。

（2）非参数前沿方法。非参数前沿方法一般指的是 Charnes（查恩斯）等

（1978）提出的DEA方法，相比于参数评估方法，该模型无须事先设定模型的形式，有效地避免了参数设定的主观性。针对无效决策单元必然存在投入、产出松弛量的特点，Charnes等（1983，1985）拓展了传统的DEA模型的应用范围，分别构建了乘法DEA模型和加性DEA模型。Färe（费尔）等（1989，1996）首次将DEA方法引入到环境效率评估研究中，并提出了非期望产出的概念，他将企业生产的环境负面效应作为系统的一项非期望产出引入模型，并以热电厂为案例，将热电厂发电过程中产生的CO_2等环境污染物作为非期望产出，在此基础上提出了非期望产出DEA模型，该模型奠定了环境效率评估DEA方法体系的基础。在非期望DEA方法框架下，非期望产出作为生产系统环境外部性的指标，其处理方法较多。其一，Berg（贝尔格）等（1992）、Hailu（海璐）等（2001）认为非期望产出与投入要素的改进方向一致，将非期望产出当作投入进行处理；其二，Seiford（塞弗德）等（2002）、Hua（华）等（2007）认为在生产系统的实际生产过程中，非期望产出是一项产出，非期望产出投入化处理不能真实地反映系统的生产过程。因此，他们提出了另外三种非期望产出处理方法，包括负产出转换方法、线性数据转换法、非线性数据转化法，然后再利用非期望DEA方法进行环境效率评估。Färe（2005）总结了上述非期望产出的处理方法，发现负产出转换方法、线性数据转换法、非线性数据转化法等方法破坏了DEA模型的凸性要求，存在一定的局限性，他提出了一类非期望产出弱可处置性方法，该方法也成为被普遍认可的方法。

传统的DEA方法以决策单元效率评估为目标，不能直接得到无效决策单元的改进方向。针对这一问题，Tone（托尼）（2001）提出了一种新的DEA方法——SBM模型，该方法以生产系统投入、产出、非期望产出松弛量来构建目标函数，在获得决策单元效率评估值的同时获得投入、产出变量的松弛量，从而获得无效决策单元的投入、产出、非期望产出的改进方向。Tone（2002）、Erkut（埃尔库特）等（2007）发现在应用SBM方法评估系统效率过程中，一般存在若干决策单元位于有效前沿面上，因此，他们提出了超效率SBM模型进一步比较有效决策单元的效率。Tsutsui（踯井）等（2009）、Du（杜）（2010）也认为SBM模型在系统效率评估的应用中更具优势，适用于多投入多产出的复杂生产过程的分析。由于该方法出现的时间较短，其在环境效率领域的应用还处于初级阶段。Sebastian（塞巴斯蒂安）（2011）以“经济—能源—环境”系统为基础，认为经济生产系统的环境外部性来源于能源消费，因此，非期望 SBM 模型较为合适。Zhou（周）（2006）、Li（李）（2012）以我国区域经济系统为例，在开展区域环境效率评估的同时分析了区域环境无效率的差异及主要影响因素。

由于区域经济生产系统的复杂性，有学者发现传统 SBM 方法将经济生产系统视为一个“黑箱”，忽视了经济生产系统的内部结构及其关联性，使得环境效率评估结果出现偏误，鉴于复杂经济生产系统的内部结构问题，网络 SBM 模型被学术界广泛接受。常见的经济生产系统内部结构分为链式、并式和混合结构三种，Kordrostami（库彻塔米）等（2005）基于多部门（Multi－component）的链式内部结构生产系统，通过设计相应的效率评估指标来评估该类生产系统决策单元环境效率。Cook（库克）等（2010）则是将电厂的生产过程视为一个并式的经济生产系统，将其生产过程分为两层结构（two hierarchical structure），以各子结构的投入、产出和非期望产出数据评估电厂整体环境效率，同时获得其各子过程的环境效率。Olanrewaju（奥兰雷瓦）（2013）、Zhou（2013）等将网络 DEA 方法应用到了环境效率评估研究领域，认为网络 DEA（SBM）考虑了环境经济生产系统的内部结构，更加符合生产过程的实际，并且该方法还能直接获得各子过程效率。Tone（2009）、Fukuyama（福山）等（2010）、Akther（埃克特）等（2013）则是对比了传统 SBM 模型与网络 SBM 方法评估复杂生产系统效率结果的差异，认为忽视生产系统内部结构会造成其效率的明显高估。另外，虽然 Kao（郜）（2009）、Cook（2010）、Fukuyama 等（2011）和 Yang（杨）等（2012）进一步对网络 DEA（SBM）模型进行了拓展，增强了网络非期望 SBM 方法在环境效率评估领域的适用性。

（3）其他评估方法。除上述参数评估方法和非参数前沿方法外，对于环境效率评估方法的研究，学术界还出现了生命周期评估法、投入产出表法和 CGE 模型等方法。Elopes（艾路斯）（2003）采用生命周期评估法分析了葡萄牙造纸行业的环境效率，并对比分析了造纸过程中，使用重油和天然气的不同大气污染物排放情况。Jannick（杰尼克）等（2007）将腌制鲱鱼分为捕鱼、加工、运输、销售、最终使用五个过程，运用生命周期评估法分析了这五个过程对环境的影响，并称五个过程的综合效率为腌制鲱鱼的环境效率。Canals（卡纳尔斯）（2007）重点关注了农林用地、建筑用地、采矿用地等各类土地使用对环境的影响，测算土地使用的环境效率。Halkos（豪格斯）（2009）采用投入产出表构建了有色金属冶炼过程中的资源效率、能源效率和环境效率的数学模型，分析了有色金属冶炼过程中的能源等资源的消耗以及环境的负荷情况，以此为基础评估该过程的环境效率。Cole（科尔）等（1998）采用 CGE 模型重点研究了国际贸易过程中，发达国家与发展中国家产生的贸易环境效应，认为世界发达国家在国际贸易中对经济生产过程中环境污染进行转移，并且由于该转移过程的效率损失，降低了全球整体环境效率。

（4）四阶段 DEA 方法。Fried（弗里德）等（1999）认为决策单元的生产效率受其自身生产技术与其生产经营环境的双重影响，基于这一思想提出四阶段 DEA 模型。该模型通过设定优势生产环境决策单元为标杆，通过调整劣势生产环境决策单元的投入、产出量来剔除外部经营环境对决策单元生产效率的影响。该方法被广泛应用于银行、医院、机场等系统的效率评估研究中［Wang 等，2006；Hahn（哈恩），2007；Kontodimopoulos（肯托蒂格拉斯）等，2010）］。Yang 等（2009）考虑了非期望产出和不可控变量拓展了传统 DEA 方法，并利用四阶段 DEA 方法实证分析了我国火力发电企业的煤炭能源环境效率。Hu（2011）利用经营环境调整的四阶段 DEA 模型实证分析了中国台湾省等 23 个地区 1998—2007 年的能源环境效率的变化趋势，他认为区域高等教育体制以及主要交通工具数量是能源环境效率变化的主要影响因素，相似的研究还有 Fang（房）等（2013）。

（5）环境效率动态解构方法。上述环境效率的评估方法只是从静态视角评估了环境效率值，然而要探索区域环境无效率的真正原因，有必要从动态视角对区域环境效率进行解构，学术界对环境效率的动态分析也有大量文献。最常见的环境效率动态分析方法是 DEA - Malmquist 生产率指数法。Suthathip（苏泰普）等（1994）结合 Malmquist 生产率指数和美国电力行业的实际生产数据，在非意愿投入和非期望产出分析的基础上，实证研究了其环境效率的变化趋势。另外，Chambers（钱伯斯）（1996）提出的 Luenberger 指标也是环境效率动态解构的一种常用方法，Grosskopf（格罗斯科普夫）（2003）首次在区域环境效率动态分析过程中使用 Luenberger 指标方法。Boussemart（布瑟马尔）（2003）认为相较于 Malmquist 生产率指数，Luenberger 指标无须投入产出变量等比例变化，为决策单元实现期望产出增加和环境污染降低的双重目标提供了可能。Kumar（库马尔）（2006）、Arabi（阿拉比）等（2014）等人在总结 Malmquist 生产率指数和 Luenberger 指标方法各自优势的基础上，构建了一个拓展的 ML 生产率指标。前者以CO_2 排放为环境污染指标，对比分析了全球 41 个发达国家与发展中国家 1971—1992 年的环境效率演化过程；后者则是利用 ML 生产率指标对比了忽略环境约束和考虑环境污染产出的电厂生产效率及其生态效率。Zhang（张）等（2011）认为忽略经济发展的环境约束将高估经济生产率，他利用 ML 指数，结合我国 1989—2008 年的数据实证分析了我国“经济—环境”生产率，发现“经济—环境”生产率的年均增长率为 2.46%。

1.4.1.2 区域环境效率差异及其空间演化特征分析

由于区域地理形势和经济发展水平的差异，区域环境效率存在较大区域差异，并且在地理空间上存在一定的演化路径。对于环境效率的区域差异和空间演化路径，国外学者的研究较多，也产生了大量的研究成果。

（1）区域环境效率差异分析。Bruyn（布鲁因）（1997）对比了荷兰和西德等国家SO_2的排放情况，在其环境效率评估的基础上实证分析了这些发达国家环境污染物排放差异的主要来源。发现：鉴于国家间的经济结构、环境保护政策、排污强度、收入水平等因素的差异，其环境效率差异显著，其中经济结构及环保政策的影响最大。Viguier（威硅尔）（1999）采用 Divisia 指数分析法将区域环境污染物排放效应分解为排放系数效应、经济结构效应、能源强度效应等诸多方面，从而对比分析了 1971—1994 年间匈牙利、波兰、俄罗斯以及 OECD 国家的SO_2、NO_x 和CO_2 的排放情况，结果表明：区域环境污染物排放差异的主要来源是区域高能耗带来的高排污强度和环境低效，Stern（斯特恩）（2002）针对 64 个国家 1973—1990 年的二氧化硫排放研究也得出了相似的结论。Hailu（2003）以加拿大区域造纸业为研究对象，采用距离函数法测算了各地区造纸业环境成本效率，结果表明生产规模、生产技术水平是区域造纸业环境成本效率差异的重要原因。上述研究重点研究了环境污染物的排放与区域经济发展间的关系，是区域环境效率差异分析的雏形。Abdul（阿卜杜尔）等（2009）采用协整及自回归分布滞后（ARDL）的分析方法，实证研究了中国经济增长与环境污染排放之间的关系，在使用环境效率替代具体环境污染物的情况下，经济规模对被解释变量的影响依旧显著，表明区域环境效率差异的主要来源包括区域经济发展水平。Li（2012）结合我国其中 30 个省、直辖市、自治区 2005—2009 年的面板数据，测算了我国省际能源环境效率，结果表明我国省际能源环境效率的差异较大，经济发达的东部地区的能源环境效率明显高于中部、西部地区，除地理位置、经济水平、资源禀赋等因素外，教育水平也是区域能源环境效率差异的重要影响因素。

（2）区域环境效率的空间演化。相比于区域环境效率差异分析，区域环境效率的空间演化研究不仅考虑了区域环境效率之间的相互关系；还考虑了区域环境效率空间差异的变化情况，即区域环境效率不仅受自身经济水平等因素的影响，相邻区域的环境效率也对其产生影响。Markandya（玛肯蒂亚）等（2004）研究了12个东欧国家间的能源效率差异，他们认为国家间能源效率的差异主要来源于两个因素，分别是能源强度的弹性和人口收入差距。实证研究的结果表明这12个东欧国家的能源效率具有显著的收敛特征。Camarero（卡马雷罗）等（2008）首先采用拓展的非期望DEA模型测算了OECD国家1971—2002年的环境效率，在此基础上采用"SURE"模型进一步分析其收敛性。实证结果表明：样本期间内，OECD国家作为一个整体，其内部各国的环境效率差异逐步减小，即趋于收敛。Jobert（若贝尔）等（2010）采用贝叶斯收缩估计（Bayesian Shrinkage Estimation）的方法实证研究了22个欧洲国家1971—2006年CO_2排放量的差异和收敛情况。结果发现这些国家CO_2排放量的绝对值几乎不存在收敛效应，而在考虑工业产值在GDP总值的比例后，CO_2排放量表现出了显著的条件收敛性。另外，经济水平的追赶效应也利于促进区域环境污染物排放量的收敛。Wang等（2013）重点分析了中国区域能源环境效率的变化趋势，利用DEA窗口分析技术和中国29个省、直辖市、自治区的面板数据的实证研究表明，中国三大区域的能源环境效率的变化趋势相似，三大区域之间的环境效率差异几乎不变，不存在收敛特征。在三大区域内部，各省份间的能源环境效率差异在减小，表明相邻省份间的能源环境效率正在逐步收敛。Camarero等（2013）分析了22个OECD国家1980—2008年的生态效率的收敛性。结果表明，样本期间内，各国的生态效率呈递增趋势，瑞士的生态效率最大；这些国家的生态效率分为两大阵营，生态效率较高的北欧国家和较低的南欧国家都呈现俱乐部收敛效应，但是两大阵营之间生态效率差异则在增大。

1.4.1.3 环境规制对区域环境效率的影响及其定量研究

（1）环境规制对环境效率的影响。环境规制是目前学术界普遍认同的一种减少环境污染、促进经济可持续发展的路径，然而，环境规制对环境效率究竟产生怎样的影响，学术界却没有得出一致的结论。

Dension（登申）（1981）的研究表明环境规制将降低企业环境绩效。在当前企业决策最优的情况下，环境规制将导致企业要付出额外的成本以应付其环境外部性引起的环境治理成本，这一方面将增加企业的生产成本，另一方面也会对企业的生产性再投资产生一定的挤出效应，进而降低企业环境经济效率。Barbera（巴贝拉）等（1990）认为严格的环境规制政策将迫使企业增加环境污染物处理的投资，导致企业生产成本增加，在长期中不利于企业的环境经济绩效。Jorgenson（乔根森）等（1990）的实证结果表明，1973—1985 年，美国制造业由于环境规制的影响导致其利润的大幅下降，从而造成了环境绩效的降低。Barla 等（2005）利用投入型方向距离函数，结合 12 个 OECD 国家实际数据，以将SO_2 排放量视作“坏”产出的实证研究发现，SO_2 排放量的降低对这些国家的全要素生产率具有负面影响，对技术进步具有正向作用，这两种方向相反力量的综合作用结果使得 SO_2 减排的生产率效应在统计上不显著。

另一种观点认为，环境规制对环境效率具有积极意义。Porter（波特）（1991）认为适当的环境规制将通过促进企业技术创新的方式补偿环境绩效，从而对环境绩效产生积极作用。Berman（伯曼）等（2001）的实证分析也验证了 Porter 的观点，被规制企业的环境全要素生产率为正，即在环境规制政策的作用下，企业环境效率的增长趋势并未改变。Magat（马加特）等（1990）、Laplante（拉普兰特）等（1996）认为环境规制通过控制企业的排污水平来提高行业及国家层面的环境绩效，他们以美国和加拿大的造纸行业为例分析环境规制对行业环境绩效的影响，结果表明：环境规制将降低 20% 的污染排放，从而提高两国造纸行业的环境绩效。Panayoutou（帕纳约托）（1997）以 30 个国家和地区 1928—1994 年的实际数据为基础，其实证结果表明，环境规制能显著地降低这些国家和地区的SO_2 排放量，环境规制既能改进高收入国家和地区的环境状况，又能防止低收入国家和地区的环境恶化，同时降低经济发展中的环境成本，增加国家和地区的环境经济绩效。Dasgupta（达斯古普塔）等（2001）以我国镇江企业的环境绩效为对象，认为征收排污费作为一类典型的环境规制工具，其对企业环境绩效具有积极意义，实证结果也表明排污费的收取将降低镇江 0.4% ~1.18% 废水中的污染物 COD。Dasgupta 等（2002）则认为环境规制将使地区的 EKC（环境库兹涅茨曲线）趋于平缓，并且严格的环境规制政策会导致 EKC 曲线的拐点提前出现，提高环境绩效。Talylor（泰勒）（2006）重点关注的是国家间的贸易对环境绩效的影响以及环境规制政策对这一过程的影响。他认为环境规制的影响过程包括四个阶段，首先，各个国家根据自身的资源禀赋、经济水平制定相应的环境标准；其次，这一环境标准决定了该国企业的环境成本；再次，由于国家间的自由贸易，将导致环境成本较高的产业向低环境成本国家转移；最后，由于环境污染状况的改变，再反作用于环境规制政策。总之，由于国家间的自由贸易，环境规制将有利于提高其整体的环境绩效，降低环境成本。Zhou 等（2013）也认为收取排污费以及强制企业对环境污染物处理技术进行投资等环境规制措施有利于中国整体能源环境效率的提高。

（2）环境规制的定量分析与环境规制成本测算。对于环境规制成本的核算及其分析，国内外学者也有一些研究。Lee（李）（2002）运用非参数的有向距离函数对污染物的影子价格进行了估算，并认为污染物的影子价格即为其环境规制成本。Maradan（玛拉登）等（2005）利用 1985 年 46 个发达国家和 30 个发展中国家的截面数据，结合方向距离函数估算了CO_2 排放的影子价格，并将该影子价格作为环境规制成本。结果表明，随着人均收入的增加，CO_2 减排的边际成本将降低；而低收入国家的减排成本是发达国家的 5 倍，这一结果也验证了前一结论；在低收入国家样本中，国家间的CO_2 减排成本变动范围较大；对低收入国家而言，环境规制政策对环境绩效（CO_2 减排）的作用明显高于高收入国家。Kalaitzidakis（科利莎丹尼斯）等（2007）以 18 个 OECD 国家的 TFP（全要素生产率）增长与环境污染间的关系为研究对象，结合半参数平滑系数模型测算了环境污染的弹性。结果表明，CO_2 排放对 TFP 增长的平均贡献率为 1.2%；环境规制对各国环境效率的影响较大，且方向不一致，其中韩国约为 17%，荷兰约为 9%，丹麦约为 7%，而芬兰为 -6%，西班牙为 -5%。这种差异的主要来源是国家间本身的排污水平。Färe 等（2007）分析了经济生产系统的环境生产函数，并构建环境生产距离函数来测算环境规制成本。

1.4.1.4 基于产业和行业层面的环境效率及其演变分析

从产业、行业层面研究环境效率的相关文献也较多。Brannlund（布伦德）（1998）将单位污染物排放产生的利润作为产业环境绩效，并采用污染物可弱处理的 DEA 模型测算了瑞典的造纸行业环境绩效，发现其环境绩效较低，并且污染排放许可政策有助于造纸行业环境绩效的提高。Zofio（佐菲奥）等（2001）以CO_2 作为环境外部性的指标，对比了污染物的可自由处理性和可弱处理性两种条件下 OECD 国家的工业行业的环境效率情况，并以两类模型的差异来分析环境规制政策对工业行业环境效率的影响，结果表明严格的环境规制政策有利于工业行业环境效率的提高。Lansink（兰辛克）等（2004）研究了荷兰大规模养猪场的环境生产率，他们将养猪场产生的环境污染物作为一项投入，即非期望产出投入化处理，利用 DEA - Malmquist 方法将养猪场环境生产率分解为技术效率和技术进步，结果发现样本期内，荷兰养猪场的环境生产率变化不大，技术效率与技术进步效率的变化方向相反。Murty（穆尔蒂）等（2006）分别按不良产出的强、弱可处置性（Weak and Strong Disposability of Bad Outputs）对印度制糖产业的环境效率、Malmquist 生产率指数和污染物的影子价格进行了估算。

作为高污染行业，电力、钢铁等行业的环境效率分析也是国外学者研究的焦点问题。Korhnone（科朗）等（2004）、Vaninsky（凡宁斯基）（2006）等都关注的是电力行业的环境效率，前者利用 DEA 的分式规划模型及其对偶模型研究了欧洲 24 个电厂的环境效率；后者则是研究了美国电力行业 1991—2004 年的环境生产效率，发现 1999—2004 年美国电力行业环境生产效率较低，短期内其环境生产效率波动不大。Vaninsky（2008）分析了 1990—2006 年美国电力行业的污染物排放和环境效率，发现由于 1999 年开始，电力行业的燃料利用率增大从而降低了单位燃料、单位电力生产的污染物排放，并且形成了美国电力行业环境效率的长期增长趋势。Sueyoshi（寿惠喜）等（2012）以CO_2 排放为非期望产出，首先利用拓展的 DEA 测算了日本电力行业的环境效率；然后分析电力行业环境效率的变化对国家整体制造业环境生产率的影响。结果发现，电力行业污染物排放的限制（环境规制）不仅直接提高其自身的环境效率，还间接地作用于其他制造业，从而进一步提高国家整体的环境效率。Larsson（拉尔森）等（2006）认为钢铁厂的生产系统有几个不可分割的过程组成，任何一个过程的效率损失都可能造成钢铁生产企业效率的低下。他们利用系统同步方法，构建了一个钢铁行业生产的集成方法来分析钢铁行业“经济—能源—环境”系统的环境经济效率。相似的研究还有 He（何）等（2013）、Caneghem（肯耐根）等（2010）考虑了钢铁行业生产过程中产生的CO_2 排放、废水排放造成的富营养化等环境问题，利用这些指标定义了一个新的生态效率（环境效率）指标，并以 1995—2005 年安赛乐米塔尔的钢铁行业为案例，结果表明该期间其钢铁产量增加 17%，而各类环境污染物的排放量均下降 30% 以上，钢铁行业生态效率的增长趋势非常显著。

1.4.1.5 区域环境效率影响因素的实证分析

经济系统的环境效率受多方面因素的影响，包括经济发展水平、产业结构、能源使用结构、环境治理投资等诸多方面，在环境效率影响因素的实证研究方面，国外学者基于两个研究视角：

（1）环境效率的影响因素分析。大量文献表明，区域环境效率的影响因素众多，其中最被广泛认同的影响因素包括经济水平、产业结构、技术创新、能源使用结构等（Honma（哈玛），2008；Zhang，2011；Markandya，2006）。其他因素中，Mol（摩尔）等（2006）、Zhang，（2009）都从环境方面法律法规的视角入手，分析相关法律法规体系对社会环境绩效的影响。前者还着重阐述了产权模糊的影响；后者认为政府职能失灵将造成社会整体的环境效率损失，经济机制缺陷导致交易成本的不可避免性以及执法部门责任不清、执法过程混乱等因素都是社会整体环境绩效低下的影响因素。Mol（2009）、Lopin（洛潘）（2010）都认为环境治理投资对区域环境效率产生重大影响。前者构建了基于环境治理投资的经济投入产出模型，定量地分析了环境治理投资对经济效率的影响程度；后者则认为环境治理投资不足将导致环境治理设备和环境治理技术的缺乏和落后，从而对区域环境效率水平造成极大的约束。Meensel（门瑟尔）（2010）则从经济发展水平和经济体制的视角分析了区域环境效率的影响因素，他认为区域经济发展的不平衡、人均收入偏低以及受计划经济体制影响较深的一些发展中国家面临着严重的环境困扰。Sahoo（萨霍）等（2011）的实证分析表明，社会资本也是环境效率的重要影响因素，组织层面的社会资本和社会能力与组织的环境绩效显著正相关，而社会分歧对组织环境效率的影响方向则刚好相反。

（2）考虑区域环境效率相互依赖性的空间计量分析。Gray（格雷）等（2007）利用空间计量模型实证分析了区域环境绩效的影响因素。结果表明，区域间的环境绩效存在空间相关性，环境规制与区域环境绩效正相关。Yu（余）等（2012）基于1988—2007年中国省际面板数据，采用空间相关性分析、空间统计分析和空间收敛性分析等方法研究了我国省际能源环境效率的差异及其影响因素。结果表明，人均GDP、经济市场化水平、科技投入指标均对区域能源环境效率产生显著的正向影响，而重工业产值占工业总产值的比例以及能源消费中煤炭的占比等指标的影响方向则相反。Chuai等（2012）基于中国1997—2009年的省际空间面板数据，利用空间回归分析实证研究了区域能源消费碳排放绩效的影响因素。结果表明，区域经济总量（GDP）、人口总量对区域能源消费碳排放绩效具有显著影响，但是人口因素的贡献率则呈递增趋势，而GDP的影响系数也在逐年递减。

1.4.2 国内研究现状

1.4.2.1 环境效率评估及其分解方法研究

（1）参数评估方法。国内研究文献中，SFA 方法作为一种基于参数的效率评估方法也被广泛应用于复杂系统的效率评估研究中。闫冰等（2005）、干春晖等（2009）都重点关注了中国工业行业的生产效率。后者同时考虑了工业行业生产过程中的环境外部性，将工业行业细分为 39 个细分行业，并对其绿色生产效率进行评估和分析。黄薇（2006）则将该方法引入到保险行业的系统效率评估研究中。近年来，该方法也逐步被拓展到了能源、环境效率评估研究领域，史丹等（2008）认为 SFA 方法有效区分了统计误差项和技术无效率误差项，可以很好避免不可控因素对生产无效率产生的影响，进而能较准确地评估复杂系统的效率。他利用 SFA 方法研究了中国省际能源环境效率问题，并分析了区域能源环境效率差异的成因及其演化趋势。段文斌等（2011）利用 SFA 方法计算了我国 35 个工业行业的全要素生产率，结果发现我国工业行业考虑环境因素的全要素生产率的平均增长率为 -0.7%。孙涛等（2015）首先利用改进的 SFA 方法测算了高污染企业的绿色生产效率，并以 SFA 方法中的参数估计值为基础，构建企业环境责任的估算模型，建立了企业绿色生产效率与其应承担的环境责任间的数量关系，为 SFA 方法拓展了一个新的应用领域。

（2）非参数前沿方法。李涛（2012）、黄德春（2012）和李兰冰（2012）均选择CO_2 排放量为非期望产出来构建非期望 DEA 模型，从而进一步测算我国区域能源环境效率。结果发现，我国区域能源环境效率东部最高，中部最低。魏楚（2007）、汪克亮等（2011）、胡宗义等（2011）均利用 DEA 模型测算了我国省际能源环境效率，他们发现我国省际能源环境效率的差异较大，并呈现出自东向西的递减趋势，技术进步、能源消费结构、产业结构、政府干预、开放程度和制度变量等因素是区域能源环境效率的主要影响因素。孙广生等（2011）利用 DEA 方法分析了我国 14 个细分的工业行业的能源环境效率的变化趋势，他们认为技术投入、人力资本水平和外部市场竞争是工业行业能源环境效率的决定性因素，要提高工业行业的能源环境效率，不仅要提高技术投入和人力资本培养水平，还应规范行业的竞争环境。王珊珊（2011）关注的是我国制造业的能源环境效率情况，采用的方法是 DEA - Malmquist 指数法，发现我国制造业各行业间的能源环境效率差异较大。因此，根据制造业能源环境效率的差异制定差异化的环境污染减排目标是合理的。张庆芝（2012）利用DEA方法测算的我国钢铁行业的节能潜力约为20%，技术进步将是钢铁行业能源环境效率提升的重要途径。

鉴于传统DEA方法产生的松弛性问题，大量学者也开始选择以投入、产出松弛量为基础的改进模型，SBM模型就是其中一种，相较于传统DEA方法，SBM模型能直接体现无效决策单元的改进路径。李静等（2008）比较了SBM模型与DEA模型的优缺点，发现SBM模型能够直接体现区域环境效率的改进方向，具有较强的优势。最后她选择了非期望SBM模型来分析我国区域环境效率的差异和演化规律。王兵等（2010）以SO_2、COD排放量作为非期望产出，利用SBM方向距离函数测算了我国区域环境效率及环境全要素生产率。结果发现，能源的过度使用、SO_2和COD的过量排放是区域环境无效率的主要来源，区域环境效率在东、西方向上的递减趋势较为明显。左中梅（2011）在我国区域生态全要素能源效率的研究中也采用了非期望SBM模型，所得结论是我国区域生态全要素能源效率低于不考虑非期望产出的能源效率，且我国区域生态能源效率表现为东部最高，西部最低。郭文（2013）关注了我国39个细分的工业行业生态全要素能源效率情况，首先采用非期望SBM模型评估了这39个工业行业2005—2009年的生态全要素能源效率，然后从“能源效率—环境污染”的双重视角对39个工业行业重新划分为高效率高污染、高效率低污染、低效率高污染和低效率低污染四类行业，进而分析这四类行业生态全要素能源效率的影响因素，探索其无效率的主要来源。由于现实中经济生产系统的复杂性，以及传统SBM方法的“黑箱”问题，SBM模型开始向网络SBM模型的方向拓展。周逢民等（2010）、芦锋等（2012）主要考虑了生产系统内部子过程的关联性，构建了基于两个关联子过程生产系统的网络SBM模型，并将两个子过程的关联变量称为“连接”。郭文（2014）阐述了网络SBM模型在复杂系统效率评估中的应用优势。

（3）其他评估方法。除上述参数评估方法和非参数前沿方法外，我国学者对于区域环境效率评估的相关研究还应用了生命周期评估法、投入产出表法、CGE模型等方法。表1－2简要列示了其中具有代表性的主要文献及其研究结论。

表 1－2 环境效率其他评估方法研究的主要文献及其结论

主要方法	作者（时间）	主要结论
生命周期评估法（LCA）	张杨等（2009）	LCA 是一种基于产品生命周期理论的企业环境成本的有效核算方法，他还基于该方法设计了一套企业环境成本核算的流程
	顾道金等（2007）	在生命周期总能耗中，建筑生产过程、运行采暖、运行照明分别占 20%、40%、24%，应重点关注其环境影响
	耿涌等（2010）	介绍了基于 LCA 方法的区域碳足迹计算方法，其计算结果与投入产出分析方法差异不大，也是碳排放绩效测算的有效方法
投入产出表法	王德发等（2005）	绿色投入产出表的计算和编制有利于探索区域资源—环境—经济的综合平衡关系，也能够计算区域经济发展的环境成本
	佟仁城等（2008）	构建了循环经济条件下的投入产出表及其分析模型，为实现经济可持续发展提供了定量分析手段
	孙建卫等（2010）	我国制造业、电力、热力、农业等行业是我国总排放足迹的主力，是区域碳排放绩效改进的重要领域
CGE 模型	查冬兰等（2010）	煤炭、石油和电力在七部门的加权平均能源环境效率具有显著的回弹效应，其平均回弹效应为 32.47%
	查冬兰等（2013）	区域碳排放绩效的回弹效应造成了区域能源效率与碳排放量的同步增加
	孙林（2012）	构建了一个动态混合 CGE 模型来分析乘用车节能减排技术与税收政策的关系，发现消费税较之于车辆购置税具有更优的节能减排技术促进效果
	徐晓亮（2012）	区域差异化的资源税税率能够调整区域间的资源需求与供给关系，有利于节能减排
	金艳鸣等（2012）	跨区域的排污权交易相比于区域内排污交易更有利于缓解经济生产的环境外部性，也有利于资源使用效率的提高

（4）四阶段 DEA 方法。邓波等（2011）利用四阶段 DEA 模型分析了我国区域环境效率（生态效率），发现在剔除了外部环境的影响后，区域生态效率与原模型的评估结果差异较大。各省应根据自身的特点选择生态效率改善的方向，是选择管理水平的提升还是考虑外部环境的改良。李兰冰（2012）应用四阶段 DEA 模型，从“管理—环境”的双重视角解构了我国区域能源环境效率，从而在剔除外部环境影响的情况下评估区域能源利用管理效率，然后将区域能源环境效率分解为管理效率和环境效率两部分，从而为各省份的能源环境效率改善提供差异化、有针对性的有效措施。范丹等（2013）对比了利用 DEA 方法和四阶段 DEA 方法评估的区域能源环境全要素生产率。结果表明，两种方法的评估结果存在显著差异，剔除外部环境变量的影响，区域能源环境技术效率约下降 7%。华坚等（2011）、黄德春等（2012）分别利用四阶段 DEA 方法评估了我国区域碳排放绩效和能源环境效率。

（5）环境效率动态解构方法。王兵等（2010）运用 SBM 方向性距离函数和 Luenberger 生产率指标评估了考虑资源环境因素下中国 30 个省、直辖市、自治区 1998—2007 年的环境效率、环境全要素生产率，并实证研究了影响环境效率和环境全要素生产率增长的因素。杨俊等（2009）计算了我国 1998—2007 年各地区考虑“坏产出”的 Malmquist – Luenberger 生产率指数，结果发现目前我国西部地区的工业化过程中存在严重的资源浪费和环境污染问题。李伟等（2010）则采用 Malmquist – Luenberger 生产率指数对区域工业包含“坏产出”的环境生产率进行了重新估算，其结论是，忽略环境污染物会造成工业全要素生产率和技术进步指数的高估。肖攀等（2013）在估算我国主要大中城市环境全要素生产率过程中，采用 ML 指数将其分解为技术效率和技术进步，结果表明我国主要城市的技术效率和技术进步以年均 0.5% 和 0.9% 的速度增长。雷明等（2013）在我国各省、直辖市、自治区碳循环效率的评估和解构过程中采用了 Malmquist – Luenberger – DEA 模型。王兵等（2013）、陈红蕾（2013）、冯志军（2013）和陈洁（2014）等都将 Malmquist – Luenberger 指数应用于区域环境效率评估和分解或CO_2 等环境污染物的减排效率等研究领域，推广了该方法在环境效率研究领域的应用。

1.4.2.2 区域环境效率差异及其空间演化特征分析

（1）区域环境效率差异分析。我国学者关于区域环境效率差异分析的研究文献一般将我国各省、直辖市、自治区划分为东部、中部、西部、东北部四大区域或直接对省际间的环境效率进行分析。袁晓玲（2009）、杨杰等

(2011)、王连芬(2011)均利用SBM模型或其拓展模型评估了我国四大区域的环境效率，并利用Tobit回归分析研究了区域环境效率及其差异的影响因素。他们得出了相似的研究结论，我国区域环境效率发展极度不平衡，呈现出自东向西逐渐递减的趋势，即东部地区的环境效率最高，东北次之，然后是中部地区，西部地区的环境效率则相对较低。龚健健等(2011)分析了三大经济区域内的高耗能行业的能源环境效率差异，其研究发现，目前我国大部分的高耗能产业均分布于东部沿海地区，该地区高耗能产业是我国高耗能产业污染物排放的主力，应成为我国环境保护过程中重点关注的区域。李兰冰(2012)利用改进的非期望SBM模型解构了我国省际能源环境效率，认为区域能源环境效率差异的来源不同。北京市、天津市、上海市等外部生产环境较好的省、直辖市、自治区应着重改善区域能源利用技术；而江西省、宁夏回族自治区等外部生产环境较差的省、直辖市、自治区应着重关注其生产环境的建设。涂正革(2008)、杨龙等(2010)均关注的是我国各个省、直辖市、自治区的环境技术效率及其差异。前者以我国31个省、直辖市、自治区的要素投入、工业产出以及污染排放数据为基础，评估和分析了各省、直辖市、自治区的环境技术效率及其差异的形成因素；后者则是利用熵权法将工业生产常见的六种环境污染物指标合并为一个综合环境污染指数，然后利用该指数和DEA模型测度了各省、直辖市、自治区的绿色经济效率。冯金丽等(2010)采用SBM拓展模型评估了我国各省、直辖市、自治区的环境效率，结果表明，我国省际环境效率距离效率前沿较远，省际环境效率的改善空间较大。其中环境效率最低的西部地区实施新型工业化的经济发展模式，注重环境技术、能源利用技术的改善；而东部地区则应适当地提高能源使用成本，以防止能源的过度消耗带来的环境污染物排放，也为能源等资源使用提供竞争机制和激励机制。

(2)区域环境效率的空间演化。杨俊等(2010)检验了我国1998—2007年省际环境效率的收敛情况，结果表明样本期间内，虽然我国省际间的环境效率差异较大，然而由于经济、技术等因素的追赶效应，区域间环境效率呈现出收敛趋势，即省际间的环境效率差异正在逐步缩小。沈能(2010)基于空间经济学理论，以省际间的相邻关系作为空间权重模型，充分考虑了区域能源环境效率间的相互依赖和影响来分析区域环境效率的空间演化趋势。他认为我国省际能源环境效率存在显著的空间聚集现象，相邻省份的环境效率差异较小。周五七等(2012)将我国大陆划分为东部、中部、西部和东北部四大经济区域，分别实证分析了四大经济区域内部和区域间的碳排放效率，结果表明四大经济区域的碳排放效率总体较低，且区域间的碳排放效率差异较大，其中东部地区的碳排放效率明显高于其他三大区域。在区域内部，东部和西部地区碳排放效率存在俱乐部收敛特征，其他两大区域内部的碳排放效率未能表现出显著的收敛特征。郑丽琳等（2013）的研究表明我国区域能源环境效率变化较小，东部、中部、西部三大区域的能源环境效率的增长率都较小，且呈现递减趋势，区域间的能源环境效率差异趋于稳定。而东部、西部内部省份的能源环境效率差异呈俱乐部收敛特征，其 TFP 核密度分布的双峰特征也验证了该结论。张三峰（2014）、查建平（2012）都从东部、中部、西部三大区域分析了我国区域能源环境效率的变化趋势，前者的结论是三大区域仅中部、西部区域间的能源环境效率呈现出了收敛趋势；后者的结论则是我国三大区域内碳排放效率极度不平衡，且 2003—2009 年，三大区域间的碳排放绩效不存在收敛特征。与上述文献的结论相反，王恩旭等（2011）首先采用 DEA 模型，结合我国大陆其中 30 个省、直辖市、自治区 1995—2007 年的省际面板数据的实证分析却表明，样本期间内，我国生态效率呈倒 U 型变化趋势，省际间的生态效率呈发散趋势，1995—2007 年，省际间生态效率差异正逐步增大。

1.4.2.3 环境规制对区域环境效率的影响及其定量研究

（1）环境规制对区域环境效率的影响。关于环境规制对区域环境效率的影响，我国学者尚未得出一致的结论。其一，谢洪军等（2008）利用 DEA 方法分析了中国 2001—2003 年工业部门的环境经济效率，认为目前我国工业部门的环境经济效率处于较低水平，而环境规制将进一步导致工业部门成本的增加，从而降低了其环境经济效率。涂正革（2008）也认为环境规制与工业生产的环境生产率负相关，但其实证研究表明，目前我国工业行业中环境规制与环境效率的负相关关系并不显著。其二，张各兴等（2011）以我国电力生产行业为例，采用 SFA 方法评估了我国 2003—2009 年的省际电力行业的环境技术效率。他们认为环境规制与电力行业环境技术效率呈 U 型关系，即在短期内，环境规制将增加电力行业生产成本，造成其环境技术效率的降低；而从长期来看，环境规制政策有利于促进其资源利用技术、环境治理技术等方面的进步，从而带来环境技术效率的提高。沈能（2012）采用 SBM 模型测算了我国细分的 39 个工业行业的环境效率，并将工业行业分为清洁型行业、污染密集型行业等组别。分组检验的结果表明，环境规制对清洁型行业当期的环境效率有显著的促进作用；而对污染密集型行业则存在滞后效应；并且其与工业行业整体的环境效率呈U型关系。其三，张红凤等（2009）认为环境资源作为一项公共资源，具有非排他性的特点，所以环境质量的改善必须借助于政府的环境规制政策，严格的环境规制有助于环境效率的提高；陈德敏等（2012）以“受理环境行政处罚案件”等11个环境规制指标和企业能源环境效率评估值为基础，实证分析了环境规制对企业环境效率的影响，其结论与张红凤等人相似，环境规制对于改善企业环境生产效率具有重要促进作用。白雪洁等（2009）将环境规制政策细分为环境非规制、环境弱规制和环境强规制三个层次，然后分别分析了三种环境规制政策对区域环境效率的影响，其结论是环境规制强度与环境效率正相关。从上述研究文献来看，目前我国学者就环境规制与环境效率的相互关系并未得出一致的结论。庞瑞芝（2011）、刘瑞翔（2012）认为造成这种结果的原因在于学者们选择的研究对象、研究数据和研究方法不尽相同，并且大量文献采用治污成本或排污总量来衡量环境规制，而忽略了产业规模的影响，造成结论的偏差。另外，宋马林等（2013）将区域环境效率分解为技术因素和环境规制因素两大类，在计算1992—2012年我国区域环境效率的基础上，通过细化环境规制因素，从而实证分析了环境规制对区域环境效率的影响。

（2）环境规制的定量研究。王群伟等（2009）将环境污染物视为经济生产系统的非期望产出，主要研究了一般环境规制和严格环境规制的条件下区域的环境规制成本，结果表明一般环境规制条件下的规制成本明显低于后者，认为不同的环境规制条件影响决策单元的能源环境效率。袁鹏（2011）测算了我国工业环境规制的机会成本，显示2003—2008年，中国工业潜在产出由于环境管制损失5.24%~5.84%，其认为这一损失可以用于衡量工业环境规制成本。叶祥松（2011）、杨骞（2013）则将环境规制细分为无环境规制、弱环境规制、中环境规制或强环境规制四种类型，其对区域环境规制成本的测算结果表明，在四种环境规制条件下，我国中部、西部地区的环境规制成本都明显高于东部地区。严格的环境规制政策对于区域环境生产率的提升具有促进作用。涂红星等（2014）采用方向距离函数测算了我国36个工业行业的环境规制成本，发现工业行业的环境规制成本普遍存在，行业的异质性导致行业间环境规制成本差异较大，污染密集型行业的效率损失和规制成本要明显高于清洁生产型行业。

1.4.2.4 基于产业和行业层面的环境效率及其演变分析

产业和行业层面的环境效率研究文献主要关注的行业是火力发电、钢铁冶炼等高能耗、高污染的行业或工业行业整体的环境效率分析。李力等(2008)、黄菁(2009)从我国工业行业出发，通过细分工业行业分析我国不同的工业行业的环境效率。前者从横向和纵向两方面对比了中国工业行业产值、能源消费与环境污染物排放的关系；后者利用 Divisia 指数分解法研究了各工业行业间环境效率的差异以及差异的来源。王燕等(2012)采用 DEA - ML方法，结合我国 2001—2009 年工业行业的省际面板数据，对比分析了考虑环境约束前后的中国区域工业全要素生产率。结果发现，我国省际工业绿色全要素生产率逐年提高，但不考虑环境约束的我国工业行业全要素生产率远大于考虑环境约束的评估结果，非期望产出（环境污染物）的排放降低了省际工业生产率，相似的研究还有周五七等(2013)。刘睿劼等(2012)、沈能(2012)、韩晶等(2014)都认为我国不同的工业行业之间的环境效率差异较大，其中电力生产、金属冶炼等高污染行业的环境效率较低；虽然各行业的环境效率都呈递增趋势，但行业间环境效率差异未缩减；政府在制定环境规制强度时应充分考虑行业间异质性及行业间环境污染物排放的现状。

李宁等(2008)认为火力发电企业是我国环境污染排放的主要来源，发电企业环境成本的核算不仅有助于排污主体环境责任的厘清，更有利于区域环境政策的制定。因此，他们基于污染者付费原则和损害补偿理论，构建了一个新的火力发电企业环境成本核算模型，并在区域环境容量测算的基础上分析了上述环境成本测算模型的合理性。何平林等(2012)研究了火力发电企业各部门间的环境绩效，通过效率值分析、投影值分析、敏感度分析等手段探索各投入、产出变量对企业环境绩效的影响程度，针对不同部门环境绩效的薄弱环节采取不同的措施，并提出了强化环境信息披露、环境绩效评定以及环境绩效考核等电力企业环境绩效管理的方法。王兵等(2010)测度了环境约束下我国 30 个省、直辖市、自治区火力发电行业整体的技术效率，发现由于区域资源禀赋差异，煤炭资源储量较为丰富的地区，其火力行业环境技术效率较高，并且实证结果表明，火力发电行业机组容量利用率、燃烧效率对其环境技术效率产生重要影响。张各兴等(2011)着重分析了发电行业所有权结构以及环境规制政策对我国发电行业环境技术效率的影响，结果表明所有权结构对发电行业环境技术效率具有显著影响；环境规制政策、企业规模与发电行业环境技术效率呈现 U 型关系；而能源价格的影响系数则为负值。白雪洁等（2009）以我国 30 个省、直辖市、自治区火力发电行业的环境效率为基础，根据环境规制与火电行业环境技术效率的关系将其分为内力驱动环境友好型、环境弱友好型和外力推动环境友好型三种发展模式，不同区域的火力发电行业应采用差异化的发展模式。于宏民等（2008）提出了钢铁行业生态足迹的概念，尝试从分析钢铁行业生态足迹的角度解决钢铁行业资源与环境效率问题。其结论是，由于样本期间内我国钢铁行业产量的大幅度提升，钢铁行业的生态足迹也迅猛增加。李苏等（2009）以我国钢铁行业上市公司为样本，利用 DEA 方法评估了我国钢铁行业上市公司的环境绩效，同时利用投影值分析和敏感度分析探索了我国钢铁行业环境绩效低下的原因以及改进路径。

1.4.2.5 区域环境效率影响因素的实证分析

在区域环境效率影响因素的实证分析中，由于现有方法对区域环境效率的评估值都为正数，因此，实证模型应用最多的是 Tobit 回归模型。汪克亮等（2010）利用 DEA 模型分别测算了我国整体、各省份和三大区域 2000—2007 年的能源环境效率，并利用 Tobit 回归模型检验了技术进步、经济结构等因素对区域能源环境效率的影响，结果表明技术创新、经济结构和能源消费结构是样本期间区域能源环境效率的主要影响因素。涂正革（2007）、李静（2008）都利用 DEA – Tobit 模型对区域环境技术效率的影响因素进行了考察，前者认为环境技术效率的主要影响因素为工业经济结构、企业产权结构和企业生产规模；而后者则侧重于不同影响因素对不同行业、不同地区环境效率的影响，针对各地区环境污染现状、资源禀赋差异等因素，各地区应实施差异化的环境政策以实现经济发展和环境改善的可持续发展。张红凤等（2009）重点关注的是产业结构对环境效率的影响，将第一产业、第二产业、第三产业间的比例关系，第二产业内部高耗能、高污染产业和高技术产业的比例关系定义为两大产业结构指标，认为产业结构是社会整体环境效率的最主要影响因素，且第二产业占比以及高耗能、高污染产业的占比对环境效率的影响都是显著的负效应。杨俊等（2010）、王俊能等（2010）都利用我国省际面板数据对省际环境效率进行了实证分析，前者运用包含污染排放的环境 DEA 模型，测算 1998—2007 年中国省际环境效率，并利用 Tobit 模型考察了区域环境效率的影响因素；而后者在环境效率影响因素分析中重点分析了城市化率的影响，结果表明省份城市化率对其环境效率具有微弱的负效应，区域城市化建设过程中应注重环境保护。王兵等（2010）主要从能源资源的使用角度出发，考察了能源的使用对区域环境效率的影响，结果表明能源结构、能源价格等因素对区域环境无效率具有重要影响，能源的过量使用、SO_2 等废气处理技术的落后以及企业的资源、环境管理能力低下是环境无效率的主要来源，且经济发达的东部省份环境无效率表现更为突出。曾贤刚（2011）、胡达沙等（2012）、黄国庆（2013）和雷明等（2013）都利用 Tobit 模型回归分析了环境效率的影响因素，结果表明：能源、水等资源的利用程度、经济发展水平、人口聚集密度等因素对中国环境效率产生显著的正面影响。

上述文献分别从经济发展、资源利用等方面总结了我国环境效率的影响因素。虽然随着我国市场经济的发展，政府部门对经济的干预程度正在逐步减小，但学术界认为政府的经济参与度仍然对经济效率产生重要影响，在区域环境效率领域也会如此。目前，学术界对于政府部门对我国环境效率的影响方向并未达成一致。韩珺（2008）认为，由于我国政府对于经济工业化和现代化的过度追求，其对环境的影响超出了目前我国生态环境的承受能力，激化了我国经济发展和环境保护间的矛盾，政府参与经济的程度对环境效率具有负面影响；而郎友兴等（2009）也认为政府对于经济的过度干预以及公众参与环保的机制与制度的缺乏是目前我国环境效率低下的主要原因。郭文（2015）也分析了政府对区域经济的干涉程度对区域能源环境效率的影响，结果其回归系数为负，且通过了 5% 的显著性检验，即目前我国政府对经济的过度干预仍造成了工业能源环境效率的低下。也有学者持相反的观点，杨俊等（2010）认为环境保护是一个纯公共物品，由于环境保护本身的非竞争性和非排他性，这就要求政府部门需要参与环境保护的过程中，并对区域环境资源进行分配和管理，政府对于环境管理的态度和环境政策对区域环境效率的影响是积极的。另外，政府环境投资作为政府参与经济的一种方式，显然对区域环境效率具有积极意义。王兵等（2010）也指出政府和企业的环境管理能力、公众的环保意识对环境效率有不同程度的正向影响。

前文的文献综述表明，区域环境效率的影响因素较多，这些影响因素基本可以从三个方面进行总结：首先是区域经济发展相关的指标；其次是能源等资源使用方面的指标；最后是政府这一特殊主体参与经济发展与环境保护方面的指标。由于区域环境效率影响因素实证分析的研究文献较多，前文未能对其进行一一阐述，仅对其中具有代表性的文献进行了概述。为全面了解我国学者在该领域的研究成果，本书表 1－3 简要列示了其中大部分研究文献。

表 1-3　我国学者关于区域环境效率影响因素分析的相关文献

指标类型	作者（文献年份）	具体指标（影响方向）
区域经济发展相关的指标	陈傲（2008）、岳书敬（2009）、李国志等（2010）、王群伟（2010）、汪克亮（2010）	经济水平（+）、产业结构（-）、市场化程度（+）、环境治理投资（+）、外商投资（对外开放+）、市场竞争（+）、人口聚集密度（城市化+）
能源等资源使用方面的指标	董利（2008）、谭忠富（2010）、李波（2011）、汪克亮（2010）、汪克亮（2012）	能源结构（煤炭能源占比-）、能源价格（+）、能源利用技术进步（+）
政府参与经济发展与环境保护方面的指标	陈傲（2008）、郭文等（2013）、王兵等（2010）、郭文等（2015）	环境政策（+）、政府管制（+或-）、政府投资（+）、环境税收（+）

1.4.3　国内外文献述评

总结区域环境效率的相关研究文献发现，国内外学者针对该问题的研究存在许多异同点：

首先，国内外研究文献涉及的研究方向均包含了前文提及的环境效率评估及其分解方法、区域环境效率差异及其空间演化特征分析、环境规制对区域环境效率的影响及其定量研究、基于产业和行业层面的环境效率及其演变和区域环境效率影响因素的实证分析五个方面。其中，在研究方法上，虽然国内外学者都出现了参数评估方法、非参数前沿方法和 CGE 模型等其他评估方法，但以 DEA 模型为代表的非参数前沿方法都成为主流研究方法；在基于产业和行业层面环境效率的研究中，电力、钢铁等高污染行业都是学者关注的重点行业；在区域环境效率影响因素的分析中，经济水平、产业结构、环境治理投资、环境规制政策等因素都是重点关注的影响因素。

其次，国内外相关研究也存在许多不同。其一，虽然 DEA 及其拓展方法均是国内外学者在该领域研究的主流方法，但国外学者更注重方法对具体问题的适用性，而国内大部分文献依照模型构建指标，模型的适用性较差。其二，在环境规制的定量计算中，国外学者大多采用污染物的影子价格来衡量，而国内文献则多采用环境规制政策实施前后的环境效率评估值的差异来衡量。其三，对于区域环境效率的影响因素分析方面，国外研究中结合空间经济计量模型，考虑区域间环境效率的异质性和依赖性的文献正逐步增多，国内该类文献较少。

可见，现有国内外研究文献还存在以下三方面的问题，这也是本书主要研究的内容：

第一，研究方法的局限性。通过前文的分析，我们发现区域CO_2、SO_2等气体污染物排放量与区域化石能源消费量之间存在密切的正相关关系，即化石能源的消耗是CO_2、SO_2排放的主要来源，它们之间存在不可分离的特性。然而，现有的研究文献大多未考虑能源消费、CO_2排放量、SO_2排放量之间的不可分离特性，本书的研究方法改进了这一缺陷，将该三个指标设定为不可分离变量引入模型，该模型对本书研究的问题具有较强的针对性和实用性。然后，利用 SBM - ML 生产率指数对上述区域环境效率的评估结果进行分解，探索区域环境无效率的主要原因。另外，现有文献中的 SBM 方法大多以生产系统的有效顶点作为参考集，未考虑系统的有效超平面，无法反映无效决策单元的最优改进路径。本书将构建基于生产系统的最大有效面集的不可分离非期望 SBM 模型来解决这一缺陷。

第二，环境规制的定量计量。现有文献对于环境规制对区域环境效率的影响分析大多采用定性分析的方法，缺乏定量的测算使得环境规制政策效果的研究存在局限，也使得下一阶段环境规制政策的制定缺乏针对性。针对这一问题，本书区分环境规制总量目标和环境规制区域目标两种环境规制策略，将环境规制目标定量化测算后分别引入评估模型，从而定量化环境规制目标。并分析环境规制两种策略下，配合不同环境规制策略下的区域环境规制目标分配，从而定量化地分析环境规制目标对我国整体环境效率和区域环境效率的影响及其灵敏度，为下一阶段制定有效的环境规制总量目标和区域目标提供数据基础。

第三，区域环境效率的空间特性分析。随着空间经济学的发展，这一理论在区域环境效率研究领域的应用也逐渐增多，本书要解决的第三个问题便是结合空间经济学的最新理论，更科学合理地分析区域环境效率的空间特性。首先，结合空间计量模型与经典的 β 收敛模型，分析区域环境效率的空间收敛性，从而推导区域环境效率的空间演化路径；其次，从“管理—环境”的双重视角解构区域环境效率，从这两个角度分析区域环境效率的差异以及区域环境无效率的主要外部影响因素；最后，考虑“地理距离—经济距离”双重影响的空间权重，构建新的空间计量模型，实证分析区域环境效率的影响因素及其影响程度。

2 环境效率相关概念界定与SBM评估方法简介

2.1 环境效率、环境规制的界定

2.1.1 环境效率、区域环境效率的界定

环境效率的概念最早出现于1990年，Schaltegger（肖蒂格）等（1990）将生态效率（环境效率）定义为“经济增加值与环境影响增加值的比值”。随后，1992年世界可持续发展工商理事会（WBCSD）首次正式发布了“环境效率”的概念，将其定义为“满足人类生活需求的商品和服务的经济价值与其对环境造成影响的比值”。此后，多个国际组织对环境效率的内涵进行了详细介绍，虽然各机构基本将环境效率和生态效率的概念等同视之，但对于环境效率的定义并未统一，表2-1主要列出了几种具有代表性的定义：

表2-1　各国际组织对环境效率（或生态效率）的定义

组织或机构	定义
世界可持续发展工商理事会（WBCSD）	满足人类生活需求的商品和服务的经济价值与其对环境造成影响的比值
经济合作与发展组织（OECD）	产品或服务的经济价值与生产活动产生的环境污染或环境破坏的总和的比值
联合国环境规划署（UNEP）	在既定资源和能源条件下创造的产品和服务的价值总和
欧洲环境署（EEA）	创造的福利与自然界投入的比值
国际金融公司（IFC）	在既定产出的条件下，通过有效的生产方法增加资源的可持续性

续 表

组织或机构	定义
大西洋发展机会部（ACOA）	减少资源使用、污染排放，同时创造高质量的产品和服务
德国巴斯夫集团（BASF）	生产过程使用最少的材料和能源，同时污染排放尽可能少

以上国际组织或机构对于环境效率的定义主要基于对环境效率内涵的全面总结和完整的表述，而在实际的学术研究过程中，国内外学者往往根据具体的研究对象、研究内容有针对性地压缩环境效率包含的内容，因此，学术界对环境效率的定义往往不同于上述概念。例如：Reinhard（莱因哈德）等（2000）认为环境效率是指在既定的投入、产出以及技术水平下，可能实现的最小化环境污染指标值与当前指标值的比值。Zhang（2009）的定义与之相似，认为环境效率即为既定投入产出水平下，当前环境污染排放量与其最优排放量之间的距离。Kuosmanen（库奥斯马宁）等（2005）将环境效率定义为"生产活动的经济增加值与其环境外部负面影响的比值"。戴玉才（2005）认为生态效率即为环境效率，它指单位环境负荷下产生的产品和服务的总价值。郭文（2013）以生产系统前沿面为基础，将环境效率定义为"参照环境生产前沿面的决策单元，在该决策单元的投入产出水平下，环境污染物排放量潜在的压缩空间"。

由上述分析可以看出，目前学术界对于环境效率的定义和内涵并未统一，国内外学者往往根据研究需要对环境效率的内涵进行重新界定。本书的研究重点将从系统视角分析包含经济—能源—环境三方面内容的复杂生产系统的投入、产出要素间的关系。因此，本书认为环境效率是指经济—能源—环境效率，即在经济—能源—环境复杂生产系统中，在既定资本、人力、能源资源等投入以及经济产出水平下，环境污染物（CO_2、SO_2）的减排潜力。区域环境效率则是在环境效率的概念上界定其涵盖的地理范围，本书研究的区域环境效率主要包含两类划分。其一，本书以我国其中30个省、直辖市和自治区的环境效率评估为研究对象，此时的区域环境效率指的是省际环境效率；其二，按照省、直辖市、自治区的地理位置，学术界一般将我国划分为东部、中部和西部三大经济区域，本书借鉴了这种经济区域的划分方法，因此，此时的区域环境效率指的是东部、中部和西部的环境效率。

2.1.2 环境规制的内涵

人类对环境问题的关注始于第一次产业革命期间，随着工业化的快速发展，资源稀缺、环境污染等问题逐渐进入人们的视线，特别是1962年出版的《寂静的春天》一书，引发了人们第一次对环境污染问题的思考，各国开始致力于环境保护事业的开展。“环境规制”的理念也是由此发展而来，1972年召开的联合国人类环境会议上首次提出了环境规制的概念，拉开了全球各国加强环境规制措施的序幕。自环境规制理念产生以来，先后经历了多个发展阶段，赵玉民(2009)认为环境规制分为隐性和显性两种，其中：隐性环境规制是指存在于个体的环保意识、环保态度和环保观念等，一般认为其是最早产生的；而“命令—控制型”“激励型”和“自愿型”环境规制则统称为显性环境规制。他将其具体划分为三个阶段，每个阶段的时间区间以及理念发展如图2－1所示：

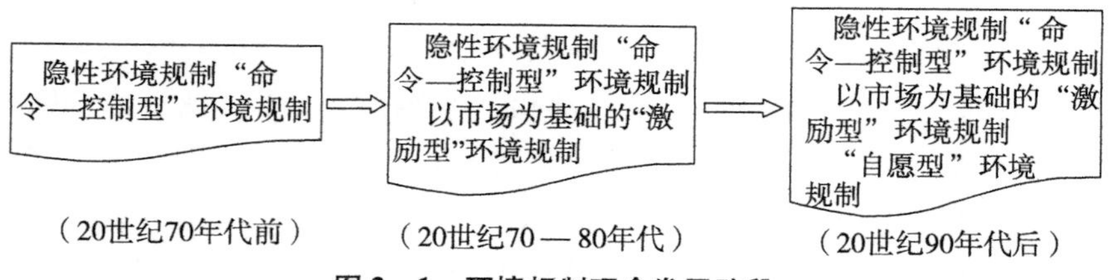

图2－1 环境规制理念发展阶段

上述环境规制理念三个阶段的发展也代表了环境规制内涵的演化。20世纪60—70年代，人们开始发现单纯的隐性环境规制无法缓解工业化发展带来的环境压力。因此，一些环保理念得以法律化、法规化和制度化，具体表现为国家政府层面对于环境保护方面的命令和控制，这便是“命令—控制型”环境规制。“命令—控制型”环境规制具有见效快、保障性强等优势，但同时又存在效率低、成本高、激励效果并不明显等弊端。因此，人们更多地从经济性的视角探索一些辅助性的环境规制措施。环境税、排污许可、押金—返还等措施就是其中的典型代表。这些措施产生于环境规制发展的第二阶段，即20世纪70—80年代，主要基于“污染者付费”的环保原则。自20世纪90年代以来，随着环境保护社会属性的拓展，人们认为环境规制的主体应包含政府、企业、居民等各个方面，并开始探索新的规制工具。因此，一种以信息披露、参与机制、环境标志为基础的自愿性环境规制应运而生。根据环境规制以上三个阶段的探索，赵玉民(2009)给出了环境规制的定义——“它是以环境保护为目的、个体或组织为对象，有形或无形意识存在形式的一种约束性力量”。

与赵玉民（2009）相似，许多学者均从环境规制的目标、主体、对象、性质和功能等方面来解释环境规制的内涵（熊鹰等，2007）。本书将从效率视角入手，分析环境规制对环境效率的影响及其灵敏度，而根据上文对环境效率的定义可知，本书环境污染物主要指CO_2 和SO_2 的排放量。因此，本书环境规制的对象为CO_2 和SO_2 排放量，主体为环境效率评估中的决策单元，即各省、直辖市、自治区，目标则是通过省份间环境规制目标的分配以实现其环境效率的最大化。根据以上分析，本书将环境规制定义为“规定CO_2 和SO_2 排放总量的条件下，通过区域间自由分配以实现区域环境效率最大化的环境污染制约措施”。

2.2 SBM 模型与超效率 SBM 模型

数据包络分析（DEA）是一种普遍使用的效率评估方法，DEA 借鉴 Farrell（法雷尔）（1957）的效率评估理论，将效率定义为决策单元实际生产点与生产系统整体前沿面的距离。Färe 等（1989）基于上述效率测度思想，在传统 DEA 方法的基础上加入环境指标，从而构建了基于环境指标的环境效率 DEA 评估模型。该模型以投入最小化、产出最大化和环境污染最小化为目标，相对于随机前沿分析（SFA）等方法，DEA 无须事先确定模型结构，可直接建立数学规划模型计算决策单元的相对效率，避免了对指标赋权的主观因素。因此，上述环境效率 DEA 模型在环境效率、环境绩效相关研究中得到了广泛的应用。Bevilacqua（贝维拉夸）等（2002）、Vencheh（温切尔）等（2005）均采用环境指标拓展了该模型，前者还利用意大利 7 家石油精炼厂的运营数据分析了拓展模型相对于传统 DEA 模型在环境效率评估方面的优势。然而，正如 Tone（2001）的结论，传统 DEA 模型无法解决决策单元投入、产出要素的“松弛”等问题。基于此，Tone 将投入、产出松弛量直接引入规划模型中，构建了 SBM 模型，以解决上述问题。本书的环境效率定量评估方法均以 SBM 模型为基础，下文将详细介绍 SBM 评估方法及其多种拓展模型。

2.2.1 SBM 模型

假设生产系统包含 m 个生产单元 $DMU_i(i = 1,\cdots,m)$ 。用 $\boldsymbol{x}_i$ 来表示生产单元 i 的投入向量，$\boldsymbol{y}_i$ 表示生产单元 i 的产出向量。则该生产系统生产可能集

$\boldsymbol{P}(x)$ 可以表示为：

$$\boldsymbol{P}(x)=\left\{(x,y)\left|\begin{array}{l}x\geqslant\sum_{i=1}^{m}\boldsymbol{x}_i\boldsymbol{\lambda}_i,\\ y\leqslant\sum_{i=1}^{m}\boldsymbol{y}_i\boldsymbol{\lambda}_i,\\ \boldsymbol{x}_i\geqslant 0,\boldsymbol{y}_i\geqslant 0,\boldsymbol{\lambda}_i\geqslant 0\end{array}\right.\right\}\tag{2-1}$$

其中：$\boldsymbol{\lambda}\in R^{+}$ 是一个列向量，假设各决策单元共有 k 个投入要素、l 个产出要素，并用 $\boldsymbol{s}^{-}\in R_{r}^{-}$ 和 $\boldsymbol{s}^{+}\in R_{s}^{+}$ 来表示投入、产出松弛矩阵，则 SBM 模型可以如式（2-2）所示：

$$\theta_o=\min_{\boldsymbol{\lambda},\boldsymbol{s}_o^-,\boldsymbol{s}_o^+}\frac{1-\frac{1}{k}\left(\sum_{k=1}^{k}\frac{\boldsymbol{s}_{ko}^-}{\boldsymbol{x}_{ko}}\right)}{1+\frac{1}{l}\left(\sum_{l=1}^{l}\frac{\boldsymbol{s}_{lo}^+}{\boldsymbol{y}_{lo}}\right)}$$

$$\text{s.t.}:\sum_{i=1}^{m}\boldsymbol{x}_i\boldsymbol{\lambda}_i+\boldsymbol{s}_o^-=\boldsymbol{x}_o,\tag{2-2}$$

$$\sum_{i=1}^{m}\boldsymbol{y}_i\boldsymbol{\lambda}_i-\boldsymbol{s}_o^+=\boldsymbol{y}_o,$$

$$\boldsymbol{s}_o^-\geqslant 0,\boldsymbol{s}_o^+\geqslant 0,\boldsymbol{\lambda}_i\geqslant 0$$

式（2-2）基于生产系统规模报酬不变的经济假设，Tone（2009）、Paradi（普拉帝）（2011）等认为基于生产系统规模报酬可变的经济假设条件下，仅需在式（2-2）中加入约束条件 $\sum_{i=1}^{m}\boldsymbol{\lambda}_i=1$，即基于规模报酬可变经济假设条件下的 SBM 模型如下：

$$\theta_o=\min_{\boldsymbol{\lambda},\boldsymbol{s}^-,\boldsymbol{s}^+}\frac{1-\frac{1}{k}\left(\sum_{k=1}^{k}\frac{\boldsymbol{s}_{ko}^-}{\boldsymbol{x}_{ko}}\right)}{1+\frac{1}{l}\left(\sum_{l=1}^{l}\frac{\boldsymbol{s}_{lo}^+}{\boldsymbol{y}_{lo}}\right)}$$

$$\text{s.t.}:\sum_{i=1}^{m}\boldsymbol{x}_i\boldsymbol{\lambda}_i+\boldsymbol{s}_o^-=\boldsymbol{x}_o,\tag{2-3}$$

$$\sum_{i=1}^{m}\boldsymbol{y}_i\boldsymbol{\lambda}_i-\boldsymbol{s}_o^+=\boldsymbol{y}_o,$$

$$\boldsymbol{s}_o^-\geqslant 0,\boldsymbol{s}_o^+\geqslant 0,\boldsymbol{\lambda}_i\geqslant 0,\sum_{i=1}^{m}\boldsymbol{\lambda}_i=1(\boldsymbol{\lambda}_i\geqslant 0,\forall i)$$

对于上述模型的求解，可以借鉴 Charnes 等（1978）提出的线性规划转化法。假定：

$$t\left[1 + \frac{1}{l}\left(\sum_{l=1}^{l} \frac{s_{lo}^{+}}{y_{lo}}\right)\right] = 1 \tag{2-4}$$

则上述式（2-3）可以转化为线性规划模型，具体如式（2-5）所示：

$$\begin{aligned}
\theta_o &= \min_{\eta, S^-, S^+} t - \frac{1}{k}\left(\sum_{k=1}^{k} \frac{S_{ko}^{-}}{x_{ko}}\right) \\
\text{s. t. } &: t - \frac{1}{k}\left(\sum_{k=1}^{k} \frac{S_{ko}^{+}}{y_{ko}}\right) = 1 \\
&\sum_{i=1}^{m} x_i \eta_i + S_o^- = x_o, \\
&\sum_{i=1}^{m} y_i \eta_i - S_o^+ = y_o, \\
&S_o^- \geqslant 0, S_o^+ \geqslant 0, \eta_i \geqslant 0, \sum_{i=1}^{m} \eta_i = t(\eta_i \geqslant 0, \forall i)
\end{aligned} \tag{2-5}$$

其中：$S_o^- = t \cdot s^-$，$S_o^+ = t \cdot s^+$，$\eta_i = t \cdot \lambda_i$。Tone（2001）的研究表明，SBM 模型满足若 $\forall x_i \geqslant x_j$，则 $\theta_i \geqslant \theta_j$，并适用于多决策单元、多投入要素、多产出要素生产系统的生产效率评估。

2.2.2 超效率 SBM 模型

实践表明，利用 SBM 模型评估的决策单元效率值满足 $0 < \theta_i \leqslant 1$，且生产系统往往存在多个 $\theta_i = 1$ 的决策单元，即 SBM 模型的测度结果可能存在多个决策单元位于系统前沿面上，此时，SBM 模型无法比较这些决策单元的生产效率大小。为了解决上述问题，Tone（2002）针对生产系统中的有效决策单元，构建了一个超效率 SBM 模型。在 SBM 模型的基础上，定义生产系统生产可能集 $\tilde{P}(x)$ 表示为：

$$\tilde{P}(x) = \left\{ (\tilde{x}, \tilde{y}) \middle| \begin{array}{l} \tilde{x} \geqslant \sum_{i=1, \neq o}^{m} x_i \lambda_i, \\ \tilde{y} \leqslant \sum_{i=1, \neq o}^{m} y_i \lambda_i, \\ x_i \geqslant 0, y_i \geqslant 0, \lambda_i \geqslant 0 \end{array} \right\} \tag{2-6}$$

超效率 SBM 模型的具体形式如式（2－7）所示：

$$\theta_o^* = \min \frac{\frac{1}{k}\left(\sum_{k=1}^{k} \frac{\tilde{x}_{ko}}{x_{ko}}\right)}{\frac{1}{l}\left(\sum_{l=1}^{l} \frac{\tilde{y}_{ko}}{y_{lo}}\right)}$$

$$\text{s. t.}: \sum_{i=1,\neq o}^{m} x_i \lambda_i \leqslant \tilde{x}_o, \qquad (2-7)$$

$$\sum_{i=1,\neq o}^{m} y_i \lambda_i \geqslant \tilde{y}_o,$$

$$\tilde{x}_o \geqslant x_o, \tilde{y}_o \leqslant y_o,$$

$$\lambda_i \geqslant 0, \sum_{i=1}^{m} \lambda_i = 1(\lambda_i \geqslant 0, \forall i)$$

其中：决策单元 o 满足 $\theta_o = 1$ 。针对 SBM 模型包含松弛变量的形式，Du（杜）等（2010）对超效率模型进行了拓展，将投入产出松弛量引入超效率 SBM 模型，具体如式（2－8）所示：

$$\alpha_o = \min \frac{1}{k+l}\left(\sum_{k=1}^{k} \frac{s_{ko}^-}{x_{ko}} + \sum_{l=1}^{l} \frac{s_{ko}^+}{y_{lo}}\right)$$

$$\text{s. t.}: \sum_{i=1}^{m} x_i \lambda_i \leqslant x_o - s_o^-, \qquad (2-8)$$

$$\sum_{i=1}^{m} y_i \lambda_i \geqslant y_o + s_o^+,$$

$$s_o^- \geqslant 0, s_o^+ \geqslant 0, \lambda_i \geqslant 0, \sum_{i=1}^{m} \lambda_i = 1(\lambda_i \geqslant 0, \forall i)$$

超效率 SBM 模型的求解方法与 SBM 模型类似，本书不再赘述。假设模型（2－8）的最优解向量为 $(\alpha_o^*, s_o^{-*}, s_o^{+*})^T$，则决策单元 DMU_o 的超效率值为：

$$\theta_o^{**} = \frac{\frac{1}{k}\left(\sum_{k=1}^{k} \frac{(x_{ko} + s_{ko}^{-*})}{x_{ko}}\right)}{\frac{1}{l}\left(\sum_{l=1}^{l} \frac{(y_{lo} + s_{ko}^{+*})}{y_{lo}}\right)} \qquad (2-9)$$

2.3 加性 SBM 模型

根据 SBM 模型的目标函数可知，要实现该目标函数的最小化，即要实现投入产出松弛矩阵的最大化，因此，Scheel（谢尔）（2001）、Dyckhoff（迪克霍夫）等（2001）直接把待评估决策单元的投入产出松弛量作为规划模型的目标函数，构建了一个基于决策单元无效率评估的加性 SBM 模型。模型的结构如式（2－10）所示：

$$
\begin{aligned}
\rho_o &= \max_{\boldsymbol{\lambda}} \left(\sum_{k=1}^{k} \boldsymbol{s}_{ko}^{-} + \sum_{l=1}^{l} \boldsymbol{s}_{lo}^{+} \right) \\
\text{s. t.}: & \sum_{i=1}^{m} \boldsymbol{x}_i \boldsymbol{\lambda}_i + \boldsymbol{s}_o^{-} = \boldsymbol{x}_o, \\
& \sum_{i=1}^{m} \boldsymbol{y}_i \boldsymbol{\lambda}_i - \boldsymbol{s}_o^{+} = \boldsymbol{y}_o, \\
& \boldsymbol{s}_o^{-} \geqslant 0, \boldsymbol{s}_o^{+} \geqslant 0, \boldsymbol{\lambda}_i \geqslant 0
\end{aligned}
\qquad (2-10)
$$

根据式（2－10）可知，加性 SBM 模型评估的是决策单元投入产出的松弛量，显然对于投入、产出要素来说，松弛量越大表示该决策单元的生产效率越小。但是由于上述加性 SBM 模型并未得出各决策单元的最终效率，而投入、产出松弛量的绝对值也不能反映决策单元的真实效率值，因此，在比较各决策单元间效率时，还需要对上述结果进行进一步计算（Seiford 等，2005）。假定式（2－10）的一个最优解向量为 $(\rho_o^*, \boldsymbol{s}_o^{-*}, \boldsymbol{s}_o^{+*})^T$，我们可以得到该决策单元投入、产出的效率值为：

$$
\begin{aligned}
\eta_o^* &= \sum_{k=1}^{k} \frac{\boldsymbol{x}_{ko} - \boldsymbol{s}_{ko}^{-*}}{\boldsymbol{x}_{ko}} \\
\mu_o^* &= \sum_{l=1}^{l} \frac{\boldsymbol{y}_{lo}}{\boldsymbol{y}_{lo} + \boldsymbol{s}_{lo}^{+*}}
\end{aligned}
\qquad (2-11)
$$

则该决策单元的综合效率值为：

$$
\theta_o^* = \frac{1}{k+l} (\eta_o^* + \mu_o^*) \qquad (2-12)
$$

2.4 非期望 SBM 模型与网络 SBM 模型

2.4.1 非期望 SBM 模型

近年来，由于能源需求的增加及能源资源的匮乏，Lee C . C. （2005）和 Hu J. L. （2007）等都将能源作为一种必需的投入要素。在我国，历年化石能源的消费始终占总能源消费的 70% 以上，化石能源燃烧带来了严重的环境问题，包括CO_2、SO_2等有害气体的排放。因此，能源—经济—环境复杂系统效率的评估中，不可忽略的一个问题就是非期望产出的产生（即环境外部性）。根据 Li（2012）的研究，非期望产出具有“零联合性”，即当非期望产出为0时，期望产出也为0。该问题从学术研究的层面上反映了非期望产出的不可避免性，因此，许多学者针对这一问题进行了深入探讨。此类问题的研究成果在理论层面的差异在于非期望产出的处理上，具有代表性的处理方法主要有四种：

（1）非期望产出投入化处理法。这种处理方法的理论基础在于：首先，非期望产出与某类期望产出具有“零联合性”和相同的单调性，这与投入、产出间的相互关系类似；其次，某些非期望产出（如环境污染物）可视为环境资源的减少，这与能源等资源投入的性质相似；最后，在评估模型中非期望产出的规划目标为最小化，这与投入变量的目标一致。因此，将非期望产出作为投入要素进行处理具有一定的合理性（Reinhadr，1999）。假定各决策单元共有 h 个非期望产出，$\boldsymbol{y}_i^g$ 表示生产单元 i 的期望产出向量，$\boldsymbol{y}_i^b$ 表示生产单元 i 的非期望产出向量，其余变量与前文一致。则生产系统生产可能集 $\boldsymbol{P}'(x)$ 可以表示为：

$$\boldsymbol{P}'(x) = \left\{ (\boldsymbol{x},\boldsymbol{y}^g,\boldsymbol{y}^b) \left| \begin{array}{l} \boldsymbol{x} \geqslant \sum_{i=1}^{m} \boldsymbol{x}_i \boldsymbol{\lambda}_i, \\ \boldsymbol{y}^g \leqslant \sum_{i=1}^{m} \boldsymbol{y}_i^g \boldsymbol{\lambda}_i, \\ \boldsymbol{y}^b \geqslant \sum_{i=1}^{m} \boldsymbol{y}_i^b \boldsymbol{\lambda}_i, \\ \boldsymbol{x}_i \geqslant 0, \boldsymbol{y}_i^g \geqslant 0, \boldsymbol{y}_i^b \geqslant 0, \boldsymbol{\lambda}_i \geqslant 0 \end{array} \right. \right\} \tag{2-13}$$

则非期望产出在该种处理方式下的非期望 SBM 模型如式（2－14）所示：

$$\theta_o = \min_{\boldsymbol{\lambda}, s_o^-, s_o^+} \frac{1 - \frac{1}{k}\left(\sum_{k=1}^{k} \frac{\boldsymbol{s}_{ko}^-}{\boldsymbol{x}_{ko}}\right) - \frac{1}{h}\left(\sum_{h=1}^{h} \frac{\boldsymbol{s}_{ho}^{b-}}{\boldsymbol{y}_{ho}^b}\right)}{1 + \frac{1}{l}\left(\sum_{l=1}^{l} \frac{\boldsymbol{s}_{lo}^+}{\boldsymbol{y}_{lo}^g}\right)} \tag{2-14}$$

$$\text{s. t.}: \sum_{i=1}^{m} \boldsymbol{x}_i \boldsymbol{\lambda}_i + \boldsymbol{s}_o^- = \boldsymbol{x}_o,$$

$$\sum_{i=1}^{m} \boldsymbol{y}_i^g \boldsymbol{\lambda}_i - \boldsymbol{s}_o^{g+} = \boldsymbol{y}_o^g,$$

$$\sum_{i=1}^{m} \boldsymbol{y}_i^b \boldsymbol{\lambda}_i + \boldsymbol{s}_o^{b-} = \boldsymbol{y}_o^b,$$

$$\boldsymbol{s}_o^- \geqslant 0, \boldsymbol{s}_o^{g+} \geqslant 0, \boldsymbol{s}_o^{b-} \geqslant 0, \boldsymbol{\lambda}_i \geqslant 0$$

（2）非期望产出非线性函数转换法。该方法的主要思路是将规划目标为最小化的非期望产出转换为规划目标为最大化的期望产出，然后使之在评估模型中能与期望产出使用相同的处理方法（Seiford，2002）。一般采用倒数转换法，即假定 $\boldsymbol{y}_i^{b'} = 1/\boldsymbol{y}_i^b$，则 $\boldsymbol{y}_i^{b'}$ 可直接视为普通的期望产出引入模型。非期望产出在该种处理方式下的非期望 SBM 模型如式（2－15）所示：

$$\theta_o = \min_{\boldsymbol{\lambda}, s_o^-, s_o^+} \frac{1 - \frac{1}{k}\left(\sum_{k=1}^{k} \frac{\boldsymbol{s}_{ko}^-}{\boldsymbol{x}_{ko}}\right)}{1 + \frac{1}{l}\left(\sum_{l=1}^{l} \frac{\boldsymbol{s}_{lo}^+}{\boldsymbol{y}_{lo}^g}\right) + \frac{1}{h}\left(\sum_{h=1}^{h} \frac{\boldsymbol{s}_{ho}^{b+}}{\boldsymbol{y}_{ho}^{b'}}\right)}$$

$$\text{s. t.}: \sum_{i=1}^{m} \boldsymbol{x}_i \boldsymbol{\lambda}_i + \boldsymbol{s}_o^- = \boldsymbol{x}_o, \qquad (2-15)$$

$$\sum_{i=1}^{m} \boldsymbol{y}_i^g \boldsymbol{\lambda}_i - \boldsymbol{s}_o^{g+} = \boldsymbol{y}_o^g,$$

$$\sum_{i=1}^{m} \boldsymbol{y}_i^{b'} \boldsymbol{\lambda}_i - \boldsymbol{s}_o^{b+} = \boldsymbol{y}_o^{b'},$$

$$\boldsymbol{s}_o^- \geqslant 0, \boldsymbol{s}_o^{g+} \geqslant 0, \boldsymbol{s}_o^{b+} \geqslant 0, \boldsymbol{\lambda}_i \geqslant 0$$

（3）非期望产出线性函数转换法。与非线性函数转换法相同，该方法也是先将规划目标为最小化的非期望产出转换为规划目标为最大化的期望产出，然后与期望产出相同对待。假定，$\boldsymbol{y}_i^{b''} = (\boldsymbol{v} - \boldsymbol{y}_i^b)$ 且 $\boldsymbol{v}$ 是足够大的整数矩阵以保证转换后 $\boldsymbol{y}_i^{b''} \geqslant 0 (\forall i = 1, \cdots, m)$（Seiford，2002）。那么，非期望产出在该种处理方式下的非期望 SBM 模型如式（2－16）所示：

$$\theta_o = \min_{\lambda, s_o^-, s_o^+} \frac{1 - \frac{1}{k}\left(\sum_{k=1}^{k} \frac{\boldsymbol{s}_{ko}^-}{\boldsymbol{x}_{ko}}\right)}{1 + \frac{1}{l}\left(\sum_{l=1}^{l} \frac{\boldsymbol{s}_{lo}^+}{\boldsymbol{y}_{lo}^g}\right) + \frac{1}{h}\left(\sum_{h=1}^{h} \frac{\boldsymbol{s}_{ho}^{b+}}{\boldsymbol{y}_{ho}^{b''}}\right)}$$

$$\text{s. t.}: \sum_{i=1}^{m} \boldsymbol{x}_i \boldsymbol{\lambda}_i + \boldsymbol{s}_o^- = \boldsymbol{x}_o, \qquad (2-16)$$

$$\sum_{i=1}^{m} \boldsymbol{y}_i^g \boldsymbol{\lambda}_i - \boldsymbol{s}_o^{g+} = \boldsymbol{y}_o^g,$$

$$\sum_{i=1}^{m} \boldsymbol{y}_i^{b''} \boldsymbol{\lambda}_i - \boldsymbol{s}_o^{b+} = \boldsymbol{y}_o^{b''},$$

$$s_o^- \geqslant 0, s_o^{g+} \geqslant 0, s_o^{b+} \geqslant 0, \boldsymbol{\lambda}_i \geqslant 0$$

（4）在非期望产出的上述三种处理方法中，无论是投入化处理法还是函数转换法的处理方式都扭曲了生产系统的实际生产过程，存在生产效率评估偏差的风险。因此，必须探索一种既符合生产系统的实际生产过程，又满足非期望产出最小化的优化目标的处理方法。Lozano（洛扎诺）等（2011）构建的非期望 SBM 模型解决了上述问题，该非期望 SBM 模型如式（2－17）所示。因此，本书后续研究方法和模型均以该非期望 SBM 模型为基础。

$$\theta_o = \min_{\boldsymbol{\lambda}, s_o^-, s_o^+} \frac{1 - \frac{1}{k}\left(\sum_{k=1}^{k} \frac{\boldsymbol{s}_{ko}^-}{\boldsymbol{x}_{ko}}\right)}{1 + \frac{1}{l}\left(\sum_{l=1}^{l} \frac{\boldsymbol{s}_{lo}^+}{\boldsymbol{y}_{lo}^g}\right) + \frac{1}{h}\left(\sum_{h=1}^{h} \frac{\boldsymbol{s}_{ho}^{b-}}{\boldsymbol{y}_{ho}^b}\right)}$$

$$\text{s. t. :} \sum_{i=1}^{m} \boldsymbol{x}_i \boldsymbol{\lambda}_i + \boldsymbol{s}_o^- = \boldsymbol{x}_o, \qquad (2-17)$$

$$\sum_{i=1}^{m} \boldsymbol{y}_i^g \boldsymbol{\lambda}_i - \boldsymbol{s}_o^{g+} = \boldsymbol{y}_o^g,$$

$$\sum_{i=1}^{m} \boldsymbol{y}_i^b \boldsymbol{\lambda}_i + \boldsymbol{s}_o^{b-} = \boldsymbol{y}_o^b,$$

$$\boldsymbol{s}_o^- \geqslant 0, \boldsymbol{s}_o^{g+} \geqslant 0, \boldsymbol{s}_o^{b-} \geqslant 0, \boldsymbol{\lambda}_i \geqslant 0$$

2.4.2 网络 SBM 模型

上述 SBM 评估方法及其拓展模型在评估复杂生产系统生产效率时都忽略了复杂生产系统的内部结构，即将生产系统视为一个“黑箱”，这将会造成生产系统生产效率评估值的严重偏差。针对“黑箱”问题，目前普遍接受的是采用网络模型来解决，Tone 等（2009）、Fukuyama 等（2011）、Yang 等（2012）和芦锋等（2012）都提出了不同的网络 SBM 模型（或网络 DEA 模型）。下文将着重介绍网络 SBM 模型的建模思路以及优势。

（1）网络 SBM 概念模型。网络 SBM 模型是 SBM 模型的拓展，其实质是深入分解生产系统的内部结构，分析内部子过程的投入产出效率、子过程间的相互关系以及各个子过程对生产系统整体效率的影响，从而有效地评估生产系统效率。假定一个生产系统可以分为 3 个子过程，各个子过程分别有一个投入变量和一个产出变量，子过程间的关系量化为中间产品变量。为了对比网络 SBM 模型与传统 SBM 模型的区别，本书构建传统 SBM 模型的概念模型如图 2－2 所示：

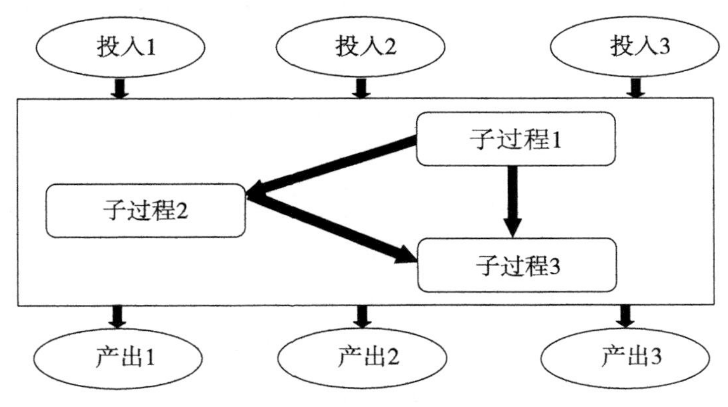

图 2－2　传统 SBM 概念模型

从图 2－2 可以看出，传统 SBM 模型忽略生产系统的内部结构，三个子过程的投入、产出变量同等对待，均作为系统整体的投入、产出变量，并且模型评估过程中未出现各子过程产生的中间产品变量，这也是网络 SBM 模型相较于传统 SBM 模型的优势所在。在融入了中间产品变量后，网络 SBM 模型能同时得到生产系统整体效率和各个子过程的效率，既为分析生产系统整体效率低下的原因提供了便利，也便于对生产系统的低效子过程进行监控。网络 SBM 模型的概念模型如图 2－3 所示：

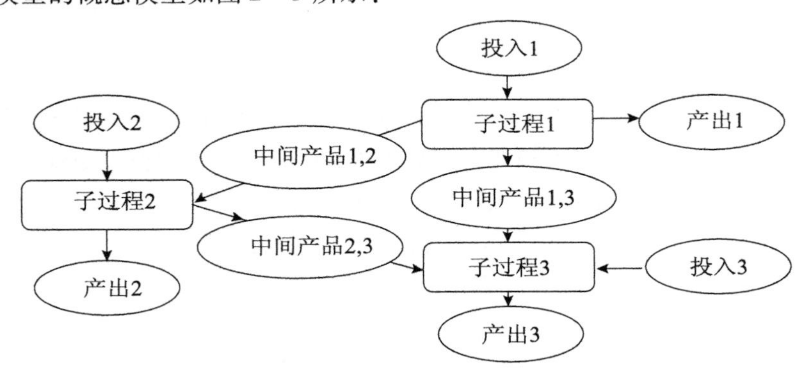

图 2－3　网络 SBM 概念模型（一般形式）

上述网络 SBM 概念模型是其一般形式，在中间产品 1，3 不存在时，我们可以得到网络 SBM 概念模型的串联形式，如图 2－4 所示（Cook 等，2010）。

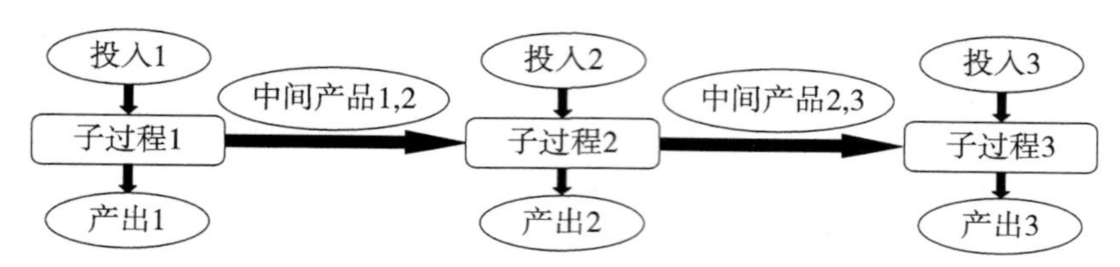

图 2－4　网络 SBM 概念模型（串联形式）

（2）网络 SBM 数学模型。基于上述概念模型，借鉴前文 SBM 模型中对于生产可能集的定义，假定一个包含 m 个生产单元 $DUM_i(i=1,\cdots,m)$ 和 $N(n=1,\cdots,N)$ 个子过程的复杂生产系统。子过程 n 包含 r_n 个投入和 s_n 个产出，那么，可用 $\boldsymbol{x}_i^n$ 来表示生产单元 i 的子过程 n 的资源投入向量，$\boldsymbol{y}_i^n$ 则表示生产单元 i 的子过程 n 的产出向量。生产系统中的中间产品是指那些子过程 n 的产出，同时又是子过程 v 的投入变量，用 $\boldsymbol{z}_i^{(n\to v)}$ 来表示。综合上述，生产可能集 $\boldsymbol{P}''(x)$ 可以表示为式（2－18）：

$$\boldsymbol{P}''(x)=\left\{(\boldsymbol{x},\boldsymbol{y},\boldsymbol{z})\left|\begin{array}{l}\boldsymbol{x}^n\geqslant\sum_{i=1}^{m}\boldsymbol{x}_i^n\boldsymbol{\lambda}_i^n,(n=1,\cdots,N)\\ \boldsymbol{y}^n\leqslant\sum_{i=1}^{m}\boldsymbol{y}_i^n\boldsymbol{\lambda}_i^n,(n=1,\cdots,N)\\ \boldsymbol{z}^{(n\to v)}=\sum_{i=1}^{m}\boldsymbol{z}_i^{(n\to v)}\boldsymbol{\lambda}_i^n=\sum_{i=1}^{m}\boldsymbol{z}_i^{(n\to v)}\boldsymbol{\lambda}_i^v,((n\to v)\in L)\\ \boldsymbol{x}_i^n\geqslant 0,\boldsymbol{y}_i^n\geqslant 0,\boldsymbol{z}_i^{(n\to v)}\geqslant 0,\boldsymbol{\lambda}_i^n\geqslant 0\end{array}\right.\right\}\tag{2-18}$$

其中：$\boldsymbol{\lambda}^n\in R_+^n,(n=1,\cdots,N)$ 是一个列向量，本书用 $\boldsymbol{s}^{n-}\in R_r^n$ 和 $\boldsymbol{s}^{n+}\in R_s^n$ 来表示子过程 n 的投入松弛和产出松弛矩阵，$\boldsymbol{w}^n$ 表示子过程权重矩阵，那么规模报酬可变下的网络 SBM 模型如式（2－19）所示：

$$\theta_o=\min_{\boldsymbol{\lambda}^n,s^{n-},s^{n+}}\frac{\sum_{n=1}^{N}\boldsymbol{w}^n\left[1-\frac{1}{r_n}\left(\sum_{p=1}^{r_n}\frac{\boldsymbol{s}_{po}^{n-}}{\boldsymbol{x}_{po}^n}\right)\right]}{\sum_{n=1}^{N}\boldsymbol{w}^n\left[1+\frac{1}{s_n}\left(\sum_{q=1}^{s_n}\frac{\boldsymbol{s}_{qo}^{n+}}{\boldsymbol{y}_{qo}^n}\right)\right]}\tag{2-19}$$

$$\text{s.t.}:\sum_{i=1}^{m}\boldsymbol{x}_i^n\boldsymbol{\lambda}_i^n+\boldsymbol{s}^{n-}=\boldsymbol{x}_o^n,(n=1,\cdots,N)$$

$$\sum_{i=1}^{m}\boldsymbol{y}_i^n\boldsymbol{\lambda}_i^n-\boldsymbol{s}^{n+}=\boldsymbol{y}_o^n,(n=1,\cdots,N)$$

$$\sum_{i=1}^{m} z_i^{(n\to v)} \boldsymbol{\lambda}_i^n = \sum_{i=1}^{m} z_i^{(n\to v)} \boldsymbol{\lambda}_i^v = z_o^{(n\to v)}, ((n \to v) \in L)$$

$$\boldsymbol{s}^{n-} \geqslant 0, \boldsymbol{s}^{n+} \geqslant 0, \boldsymbol{\lambda}_i^n \geqslant 0, \sum_{n=1}^{N} \boldsymbol{w}^n = 1, \sum_{i=1}^{m} \boldsymbol{\lambda}_i^n = 1$$

$$(\boldsymbol{\lambda}_i^n \geqslant 0, \forall i, n)$$

由于网络 SBM 模型直接给出了各个投入要素和产出产品的松弛量，因此，该模型可以直接得出各个子过程的效率值，假设上述网络 SBM 模型的最优解向量为 $(\theta_o^{\#}, \boldsymbol{\lambda}^{n\#}, \boldsymbol{s}^{n-\#}, \boldsymbol{s}^{n+\#})$，则各子过程 v 效率值计算式如式（2－20）所示：

$$\theta_o^v = \frac{1 - \frac{1}{r_v}\left(\sum_{p=1}^{r_v} \frac{\boldsymbol{s}_{po}^{v-\#}}{\boldsymbol{x}_{po}^v}\right)}{1 + \frac{1}{s_v}\left(\sum_{q=1}^{s_v} \frac{\boldsymbol{s}_{qo}^{v+\#}}{\boldsymbol{y}_{qo}^v}\right)}, (v \in \{1, \cdots, N\}) \tag{2-20}$$

2.4.3 网络非期望 SBM 模型

结合非期望 SBM 模型和网络 SBM 模型，可以拓展出一种新的系统效率评估模型，即网络非期望 SBM 模型，该模型既考虑了系统生产过程中的非期望产出，也考虑了生产系统的内部结构。根据上述分析，该生产系统的生产可能集 $\boldsymbol{P}''(x)$ 可以表示为：

$$\boldsymbol{P}''(x) = \left\{ (\boldsymbol{x}, \boldsymbol{y}^g, \boldsymbol{y}^b, \boldsymbol{z}) \middle| \begin{array}{l} \boldsymbol{x}^n \geqslant \sum_{i=1}^{m} \boldsymbol{x}_i^n \boldsymbol{\lambda}_i^n, (n = 1, \cdots, N) \\ \boldsymbol{y}^{gn} \leqslant \sum_{i=1}^{m} \boldsymbol{y}_i^{gn} \boldsymbol{\lambda}_i^n, (n = 1, \cdots, N) \\ \boldsymbol{y}^{bn} \leqslant \sum_{i=1}^{m} \boldsymbol{y}_i^{bn} \boldsymbol{\lambda}_i^n, (n = 1, \cdots, N) \\ \boldsymbol{z}^{(n\to v)} = \sum_{i=1}^{m} \boldsymbol{z}_i^{(n\to v)} \boldsymbol{\lambda}_i^n = \sum_{i=1}^{m} \boldsymbol{z}_i^{(n\to v)} \boldsymbol{\lambda}_i^v, ((n \to v) \in L) \\ \boldsymbol{x}_i^n \geqslant 0, \boldsymbol{y}_i^{gn} \geqslant 0, \boldsymbol{y}_i^{bn} \geqslant 0, \boldsymbol{z}_i^{(n\to v)} \geqslant 0, \boldsymbol{\lambda}_i^n \geqslant 0 \end{array} \right\} \tag{2-21}$$

假定子过程 n 包含 t_n 个非期望产出，那么，可用 $\boldsymbol{y}_i^{gn}$ 表示生产单元 i 的子过程 n 的期望产出向量；$\boldsymbol{y}_i^{bn}$ 表示生产单元 i 的子过程 n 的非期望产出向量；其他变量与前文一致。那么在可变规模报酬经济假设下，网络非期望 SBM 模型的数学模型表达式如式（2－22）所示：

$$\theta_o = \min_{\lambda^n, s^{n-}, s^{gn+}, s^{bn-}} \frac{\sum_{n=1}^{N} w^n \left[1 - \frac{1}{r_n}\left(\sum_{p=1}^{r_n} \frac{s_{po}^{n-}}{x_{po}^n}\right)\right]}{\sum_{n=1}^{N} w^n \left[1 + \frac{1}{s_n}\left(\sum_{q=1}^{s_n} \frac{s_{qo}^{gn+}}{y_{qo}^{bn}}\right) + \frac{1}{t_n}\left(\sum_{q=1}^{t_n} \frac{s_{qo}^{bn-}}{y_{qo}^{bn}}\right)\right]}$$

$$\begin{aligned} \text{s. t. :} & \sum_{i=1}^{m} x_i^n \lambda_i^n + s^{n-} = x_o^n, (n = 1, \cdots, N) \\ & \sum_{i=1}^{m} y_i^{gn} \lambda_i^n - s^{gn+} = y_o^{gn}, (n = 1, \cdots, N) \\ & \sum_{i=1}^{m} y_i^{bn} \lambda_i^n + s^{bn-} = y_o^{bn}, (n = 1, \cdots, N) \\ & \sum_{i=1}^{m} z_i^{(n \to v)} \lambda_i^n = \sum_{i=1}^{m} z_i^{(n \to v)} \lambda_i^v = z_o^{(n \to v)}, ((n \to v) \in L) \\ & \sum_{n=1}^{N} w^n = 1, \sum_{i=1}^{m} \lambda_i^n = 1 (\lambda_i^n \geqslant 0, \forall i, n) \\ & s^{n-} \geqslant 0, s^{gn+} \geqslant 0, s^{bn-} \geqslant 0, \lambda_i^n \geqslant 0 \end{aligned} \tag{2-22}$$

为方便后文对模型的拓展，此处先简要介绍网络非期望 SBM 模型中的几个重要概念。

定义 2.1（整体效率、子过程效率）：假设式（2－22）计算的决策单元 DMU_o 的最优解向量为 $(\theta_o^{\#}, \lambda^{n\#}, s^{n-\#}, s^{gn+\#}, s^{bn-\#}; n = 1, \cdots, N)$，定义 $\theta_o^{\#}$ 为决策单元 DMU_o 的整体效率。而该决策单元子过程 v 的效率定义如式（2－23）所示。

$$\theta_o^{v\#} = \frac{1 - \frac{1}{r_v}\left(\sum_{p=1}^{r_v} \frac{s_{po}^{v-\#}}{x_{po}^v}\right)}{1 + \frac{1}{s_v}\left(\sum_{q=1}^{s_v} \frac{s_{qo}^{gv+\#}}{y_{qo}^{gv}}\right) + \frac{1}{t_v}\left(\sum_{l=1}^{t_v} \frac{s_{lo}^{bv-\#}}{y_{lo}^{bv}}\right)}, \left(v \in \{1, \cdots, N\}\right) \tag{2-23}$$

定义 2.2（整体 SBM 有效、整体 SBM 无效、子过程 SBM 有效、子过程 SBM 无效）：整体 SBM 有效决策单元是指整体效率值为 1 的决策单元，反之则为整体 SBM 无效。假设对于决策单元 DMU_o，通过式（2－22）测算的最优解向量为 $(\theta_o^{\#}, \lambda^{n\#}, s^{n-\#}, s^{gn+\#}, s^{bn-\#}; n = 1, \cdots, N)$，且该解向量满足 $s^{n-\#} = 0$，$s^{gn+\#} = 0, s^{bn-\#} = 0, \forall n \in (1, \cdots, N)$，则称决策单元$DMU_o$ 为整体 SBM 有效，反之则为整体 SBM 无效。同理，对于子过程 $v(v \in \{1, \cdots, N\})$，若决策单元

DMU_o 的最优解向量满足 $\boldsymbol{s}^{v-\#}=0,\boldsymbol{s}^{gv+\#}=0,\boldsymbol{s}^{bv-\#}=0$，则称决策单元 DMU_o 子过程 vSBM 有效，反之子过程 vSBM 无效。

定理 2.1：若 DMU_o 为整体 SBM 有效生产单元，则其各个子过程 $v(v\in\{1,\cdots,N\})$ 均为子过程 SBM 有效。若 DMU_o 存在 $\forall v(v\in\{1,\cdots,N\})$ 为子过程 SBM 无效，则它为整体 SBM 无效生产单元。

定理 2.2：对于任意生产单元 i，如果其是子过程 vSBM 无效的，那么它们的线性组合式（2－24）也是子过程 vSBM 无效的。

$$
\begin{aligned}
&\boldsymbol{x}_o^v=\alpha_1\boldsymbol{x}_1^v+\cdots+\alpha_m\boldsymbol{x}_m^v\\
&\boldsymbol{y}_o^{gv}=\alpha_1\boldsymbol{y}_1^{gv}+\cdots+\alpha_m\boldsymbol{y}_m^{gv}\\
&\boldsymbol{y}_o^{bv}=\alpha_1\boldsymbol{y}_1^{bv}+\cdots+\alpha_m\boldsymbol{y}_m^{bv}\\
&\boldsymbol{z}_o^{(v\to u)}=u_1\boldsymbol{z}_1^{(v\to u)}+\cdots+u_m\boldsymbol{z}_m^{(v\to u)}\\
&\sum\alpha_i=1;\alpha_i>0(i=1,\cdots,m);(\forall v\in\{1,\cdots,N\})
\end{aligned}
\tag{2－24}
$$

证明 2.1：在不失一般性的前提下，假设 $(\boldsymbol{x}_1^n,\boldsymbol{y}_1^{gn},\boldsymbol{y}_1^{bn},\boldsymbol{z}_1^{(n\to v)};n=1,\cdots,N)$ 为子过程 v 局部 SBM 无效，对于该生产单元存在最优解向量 $(\theta_1^\#,\boldsymbol{\lambda}_1^{n\#},\boldsymbol{s}_1^{n-\#},\boldsymbol{s}_1^{ng+\#},\boldsymbol{s}_1^{nb-\#};n=1,\cdots,N)$，其对应的子过程 v 的解向量为 $(\boldsymbol{\lambda}_1^{v\#},\boldsymbol{s}_1^{v-\#},\boldsymbol{s}_1^{vg+\#},\boldsymbol{s}_1^{vb-\#})$，则可知 $(\boldsymbol{s}^{v-\#},\boldsymbol{s}^{vg+\#},\boldsymbol{s}^{vb-\#})\geqslant 0$ 且 $(\boldsymbol{s}^{v-\#},\boldsymbol{s}^{vg+\#},\boldsymbol{s}^{vb-\#})\neq 0$，假定：

$$
\begin{aligned}
&\tilde{\boldsymbol{x}}_1^v=\sum_{j=1}^m\boldsymbol{x}_j^v\boldsymbol{\lambda}_j^v,\tilde{\boldsymbol{y}}_1^{gv}=\sum_{j=1}^m\boldsymbol{y}_j^{gv}\boldsymbol{\lambda}_j^v\\
&\tilde{\boldsymbol{y}}_1^{bv}=\sum_{j=1}^m\boldsymbol{y}_j^{bv}\boldsymbol{\lambda}_j^v,\tilde{\boldsymbol{z}}_1^{(v\to u)}=\sum_{j=1}^m\boldsymbol{z}_j^{(v\to u)}\boldsymbol{\lambda}_j^v
\end{aligned}
\tag{2－25}
$$

将式（2－25）代入式（2－24）可得：

$$
\begin{aligned}
&\boldsymbol{x}_o^v=\alpha_1\tilde{\boldsymbol{x}}_1^v+\alpha_1\boldsymbol{s}_1^{v-\#}+\sum_{i=2}^m\alpha_i\boldsymbol{x}_i^v\\
&\boldsymbol{y}_o^{gv}=\alpha_1\tilde{\boldsymbol{y}}_1^{gv}+\alpha_1\boldsymbol{s}_1^{vg+\#}+\sum_{i=2}^m\alpha_i\boldsymbol{y}_i^{gv}\\
&\boldsymbol{y}_o^{bv}=\alpha_1\tilde{\boldsymbol{y}}_1^{bv}+\alpha_1\boldsymbol{s}_1^{vb-\#}+\sum_{i=2}^m\alpha_i\boldsymbol{y}_i^{bv}\\
&\boldsymbol{z}_o^{(v\to u)}=\alpha_1\tilde{\boldsymbol{z}}_1^{(v\to u)}+\sum_{i=2}^m\alpha_i\boldsymbol{z}_i^{(v\to u)}
\end{aligned}
\tag{2－26}
$$

$$\sum \alpha_i = 1;\alpha_i > 0(i = 1,\cdots,m);(\forall v \in \{1,\cdots,N\})$$

定义 $(\tilde{\boldsymbol{x}}_o^v,\tilde{\boldsymbol{y}}_o^v,\tilde{\boldsymbol{z}}_o^{(v\to u)})$ 如下：

$$\begin{gathered}\tilde{\boldsymbol{x}}_o^v = \alpha_1 \tilde{\boldsymbol{x}}_1^v + \sum_{j=2}^{m} \alpha_j \boldsymbol{x}_j^v,\ \tilde{\boldsymbol{y}}_o^{gv} = \alpha_1 \tilde{\boldsymbol{y}}_1^{gv} + \sum_{i=2}^{m} \alpha_i \boldsymbol{y}_i^{gv} \\ \tilde{\boldsymbol{y}}_o^{bv} = \alpha_1 \tilde{\boldsymbol{y}}_1^{bv} + \sum_{i=2}^{m} \alpha_i \boldsymbol{y}_i^{bv},\ \tilde{\boldsymbol{z}}_o^{(v\to u)} = \alpha_1 \tilde{\boldsymbol{z}}_1^{(v\to u)} + \sum_{i=2}^{m} \alpha_i \boldsymbol{z}_i^{(v\to u)}\end{gathered} \tag{2-27}$$

将式（2－27）代入式（2－26）可得：

$$\begin{gathered}\boldsymbol{x}_o^v = \tilde{\boldsymbol{x}}_o^v + \alpha_1 \boldsymbol{s}_1^{v-\#},\ \boldsymbol{y}_o^{gv} = \tilde{\boldsymbol{y}}_o^{gv} + \alpha_1 \boldsymbol{s}_1^{vg+\#} \\ \boldsymbol{y}_o^{bv} = \tilde{\boldsymbol{y}}_o^{bv} + \alpha_1 \boldsymbol{s}_1^{vb-\#},\ \boldsymbol{z}_o^{(v\to u)} = \tilde{\boldsymbol{z}}_o^{(v\to u)} \\ \sum \alpha_i = 1\ ;\ \alpha_1 > 0\ ;\ v \in \{1,\cdots,N\}\end{gathered} \tag{2-28}$$

由于 $(\boldsymbol{s}^{v-\#},\boldsymbol{s}^{vg+\#},\boldsymbol{s}^{vb-\#}) \geqslant 0$ 且 $(\boldsymbol{s}^{v-\#},\boldsymbol{s}^{vg+\#},\boldsymbol{s}^{vb-\#}) \neq 0$，可知 $(\boldsymbol{x}_o^v,\boldsymbol{y}_o^{gv},\boldsymbol{y}_o^{bv},\boldsymbol{z}_o^{(v\to u)})$ 是子过程 vSBM 无效的，得证。

定义 2.3（子过程参考集、整体参考集）：借鉴 Tone（2010）的研究，本书将决策单元 DUM_o 的子过程 v 的参考集定义为 $\boldsymbol{R}_o^v$，计算式如式（2－29）所示。同时综合各个子过程的参考集，可获得决策单元 DUM_o 的整体参考集如式（2－30）所示。

$$\boldsymbol{R}_o^v = \{i \mid \boldsymbol{\lambda}_i^{v\#} > 0\}, i \in \{1,\cdots,m\} \tag{2-29}$$

$$\boldsymbol{R}_o = \{\boldsymbol{R}_o^1,\cdots,\boldsymbol{R}_o^N\} \tag{2-30}$$

定义 2.4（松弛距离）：假设模型（2－22）计算的决策单元 DMU_o 的最优解向量为 $(\theta_o^\#,\boldsymbol{\lambda}^{n\#},\boldsymbol{s}^{n-\#},\boldsymbol{s}^{gn+\#},\boldsymbol{s}^{bn-\#};n = 1,\cdots N)$，且满足 $(\boldsymbol{s}^{n-\#},\boldsymbol{s}^{gn+\#},\boldsymbol{s}^{bn-\#};n = 1,\cdots,N) \geqslant 0$ 且 $(\boldsymbol{s}^{n-\#},\boldsymbol{s}^{gn+\#},\boldsymbol{s}^{bn-\#};n = 1,\cdots,N) \neq 0$ 则称 $(\boldsymbol{s}^{n-\#},\boldsymbol{s}^{gn+\#},\boldsymbol{s}^{bn-\#};n = 1,\cdots,N)$ 为决策单元 DMU_o 的投入、产出和非期望产出变量的松弛距离。

定义 2.5（子过程权重）：对于生产系统子过程的权重，以往的研究文献大多关注的是各子过程中投入资源的价值（费用），本书则认为各子过程产出产品的价值同样具有重大影响。假设子过程 v 的投入 $\boldsymbol{x}_i^v(i = 1,\cdots,r_v)$、产出 $\boldsymbol{y}_i^v(i = 1,\cdots,s_v)$，中间产品 $\boldsymbol{z}^{(n,v)}$ 的价值分别用 $\boldsymbol{p}_{xi}^v$、$\boldsymbol{p}_{yi}^v$ 以及 $\boldsymbol{p}_z^v$ 表示。本书定义子过程 v 的权重为 $\boldsymbol{w}^v$，并且有 $\sum_{v=1}^{N} \boldsymbol{w}^v = 1$。其中：

$$w^v = \frac{1}{\sum_{v=1}^{N}(r_v + s_v + q_v)}\left[\sum_{i=1}^{r_v}\left(\frac{p_{xi}^v x_i^v}{\sum_{v=1}^{N} p_{xi}^v x_i^v}\right) + \sum_{i=1}^{s_v}\left(\frac{p_{yi}^v y_i^v}{\sum_{v=1}^{N} p_{yi}^v y_i^v}\right) + \sum_{i=1}^{q_v}\left(\frac{p_{zi}^{(v\to n)} z_i^{(v\to n)}}{\sum_{v=1}^{N} p_{zi}^{(v\to n)} z_i^{(v\to n)}}\right)\right]$$

(2-31)

2.5 动态效率评估：SBM-Malmquist 生产率指数

综合分析上述 SBM 模型及其多种拓展模型发现，这些评估方法均是利用生产系统的决策单元构建自身的生产前沿面，而各决策单元的效率评估也是基于这一相同前沿面进行的，因此，上述模型均适用于生产系统的静态效率评估，即决策单元间的横向相对效率对比。而由于各决策单元的生产技术、生产规模存在时间序列上的趋势变化，笼统地将不同时间段的决策单元置于统一生产前沿面进行效率评估和对比，就无法分析生产技术变化、生产规模变化对决策单元效率变化的贡献。因此，Färe（1994）基于 DEA 模型，构建一个生产系统动态效率评估模型 DEA-Malmquist 生产率指数，根据该模型的基本原理，可构建一个跨期（$t,t+1$）的 SBM-Malmquist 生产率指数如式（2-32）所示。

$$SMTFP_t^{t+1} = \left[\frac{S_C^t(x^{t+1},y^{t+1})}{S_C^t(x^t,y^t)} \times \frac{S_C^{t+1}(x^{t+1},y^{t+1})}{S_C^{t+1}(x^t,y^t)}\right]^{\frac{1}{2}} \quad (2-32)$$

其中：$S_C^t(x^t,y^t)$ 和 $S_C^t(x^{t+1},y^{t+1})$ 分别表示在规模报酬不变的条件下，决策单元 t 期和 $t+1$ 期基于 t 期前沿面的效率值；$S_C^{t+1}(x^t,y^t)$ 和 $S_C^{t+1}(x^{t+1},y^{t+1})$ 分别表示在规模报酬不变的条件下，决策单元 t 期和 $t+1$ 期基于 $t+1$ 期前沿面的效率值。该指数可以进一步分解为技术效率指数（$SMTE_t^{t+1}$）和技术进步指数（$SMTA_t^{t+1}$），分解式为：

$$SMTFP_t^{t+1} = \frac{S_C^{t+1}(x^{t+1},y^{t+1})}{S_C^t(x^t,y^t)} \times \left[\frac{S_C^t(x^{t+1},y^{t+1})}{S_C^{t+1}(x^{t+1},y^{t+1})} \times \frac{S_C^t(x^t,y^t)}{S_C^{t+1}(x^t,y^t)}\right]^{\frac{1}{2}}$$
$$= SMTE_t^{t+1} \times SMTA_t^{t+1} \quad (2-33)$$

考虑规模报酬可变的情况下，技术效率指数和技术进步指数可进一步分解为纯技术效率指数（$SMPTE_t^{t+1}$）、规模效率指数（$SMSE_t^{t+1}$）和纯技术进步指数（$SMPTA_t^{t+1}$）、技术规模效率指数（$SMTSE_t^{t+1}$），分解式如下：

$$SMTE_t^{t+1} = \frac{S_V^{t+1}(x^{t+1},y^{t+1})}{S_V^t(x^t,y^t)} \times \left[\frac{S_C^{t+1}(x^{t+1},y^{t+1})}{S_V^{t+1}(x^{t+1},y^{t+1})} \times \frac{S_V^t(x^t,y^t)}{S_C^t(x^t,y^t)}\right]$$
$$= SMPTE_t^{t+1} \times SMSE_t^{t+1} \quad (2-34)$$

$$SMTA_t^{t+1} = \left[\frac{S_V^t(x^{t+1},y^{t+1})}{S_V^{t+1}(x^{t+1},y^{t+1})} \times \frac{S_V^t(x^t,y^t)}{S_V^{t+1}(x^t,y^t)}\right]^{\frac{1}{2}} \times \left[\begin{array}{l}\frac{S_C^t(x^{t+1},y^{t+1})}{S_V^t(x^{t+1},y^{t+1})} \times \frac{S_V^{t+1}(x^{t+1},y^{t+1})}{S_C^{t+1}(x^{t+1},y^{t+1})} \times \\ \frac{S_C^t(x^t,y^t)}{S_V^t(x^t,y^t)} \times \frac{S_V^{t+1}(x^t,y^t)}{S_C^{t+1}(x^t,y^t)}\end{array}\right]^{\frac{1}{2}}$$

$$= SMPTA_t^{t+1} \times SMTSE_t^{t+1} \tag{2-35}$$

其中：$S_V^t(x^t,y^t)$ 和 $S_V^t(x^{t+1},y^{t+1})$ 分别表示可变规模报酬条件下，决策单元 t 期和 $t+1$ 期基于 t 期前沿面的效率值；$S_V^{t+1}(x^t,y^t)$ 和 $S_V^{t+1}(x^{t+1},y^{t+1})$ 分别表示可变规模报酬条件下，决策单元 t 期和 $t+1$ 期基于 $t+1$ 期前沿面效率值。据此得到的 SBM - Malmquist 生产率指数分解模型如下：

$$SMTFP_t^{t+1} = SMPTE_t^{t+1} \times SMSE_t^{t+1} \times SMPTA_t^{t+1} \times SMTSE_t^{t+1}$$

$$SMPTE_t^{t+1} = \frac{S_V^{t+1}(x^{t+1},y^{t+1})}{S_V^t(x^t,y^t)}$$

$$SMSE_t^{t+1} = \frac{S_C^{t+1}(x^{t+1},y^{t+1})}{S_V^{t+1}(x^{t+1},y^{t+1})} \times \frac{S_V^t(x^t,y^t)}{S_C^t(x^t,y^t)} \tag{2-36}$$

$$SMPTA_t^{t+1} = \left[\frac{S_V^t(x^{t+1},y^{t+1})}{S_V^{t+1}(x^{t+1},y^{t+1})} \times \frac{S_V^t(x^t,y^t)}{S_V^{t+1}(x^t,y^t)}\right]^{\frac{1}{2}}$$

$$SMTSE_t^{t+1} = \left[\frac{S_C^t(x^{t+1},y^{t+1})}{S_V^t(x^{t+1},y^{t+1})} \times \frac{S_V^{t+1}(x^{t+1},y^{t+1})}{S_C^{t+1}(x^{t+1},y^{t+1})} \times \frac{S_C^t(x^t,y^t)}{S_V^t(x^t,y^t)} \times \frac{S_V^{t+1}(x^t,y^t)}{S_C^{t+1}(x^t,y^t)}\right]^{\frac{1}{2}}$$

模型评估过程中，当 SBM - Malmquist 生产率指数（$SMTFP_t^{t+1}$）、纯技术效率指数（$SMPTE_t^{t+1}$）、规模效率指数（$SMSE_t^{t+1}$）、纯技术进步指数（$SMPTA_t^{t+1}$）和技术规模效率指数（$SMTSE_t^{t+1}$）均大于1时，分别表示决策单元从 t 期至 $t+1$ 期表现为生产率提高、纯效率改善、规模效率提高、生产技术进步以及技术规模效率提高。

2.6 本章小结

本书主要的研究目标是基于环境规制和空间经济学的视角分析中国区域环境效率的演化趋势，为了实现上述研究目标，本章首先借鉴国内外学者的研究成果，基于本书的研究内容和范围，详细阐述了笔者对于环境效率和环境规制内涵的理解。本书将环境效率定义为“在经济—能源—环境复杂生产系统中，既定资本、人力、能源资源等投入以及经济产出水平下，环境污染物（CO_2、SO_2）的减排潜力”；而环境规制指的是“规定CO_2和SO_2排放总量的条件下，通过区域间自由分配以实现区域环境效率最大化的环境污染制约措施”，明确两者的对象和范围，有助于进一步深化本书重点研究的问题。其次，由于本书后续研究中的研究方法均以 SBM 模型为基础，因此，本章还着重介绍了 SBM 模型的原理以及现今普遍使用的多种拓展的 SBM 模型，为后续内容中计量模型的提出和拓展奠定基础。

3 基于非期望 SBM 模型的区域环境效率评估

3.1 基本研究思路

如前文所述，本书研究的环境效率是指具有既定的资本、人力、能源等投入资源要素的基础上，生产既定经济产出的“经济—能源—环境”生产系统对于环境污染物（CO_2、SO_2）的减排潜力。“经济—能源—环境”生产系统的环境外部性是一个不可忽略的问题，Li（2012）等学者将“经济—能源—环境”生产系统产生的环境污染物定义为“非期望产出”，并从理论上证明了非期望产出产生的不可避免性，即“零联合性”——当非期望产出为0时，期望产出也为0；而期望产出要大于0，必然产生非期望产出。因此，传统的 DEA 效率评估方法忽略了该生产系统的非期望产出，将造成“经济—能源—环境”生产系统环境效率评估的偏误。要解决上述难题，必须在传统 DEA 评估模型中引入非期望产出变量。然而，相对于期望产出变量，非期望产出对于系统环境效率值具有逆向影响，两类产出间的差异也必须反映在环境效率评估模型中。因此，虽然目前国内外许多学者已经通过构建非期望 SBM 模型来解决非期望产出问题，但他们对于非期望产出如何引入模型仍存在较大的争论。

概括而言，在现有文献中具有代表性的非期望产出的处理方法主要有四种：投入化处理法、非线性函数转换法、线性函数转换法和直接建模法。其中，投入化处理法将环境作为“经济—能源—环境”生产系统的一种广义生产要素，而环境污染物则作为环境要素的投入，从而将非期望产出转化成投入变量，应用传统 DEA 方法进行效率评估。然而，该方法的主要缺点在于不符合经济生产系统的实际过程，即环境污染物是经济生产系统运行后的产出物，而非投入要素。非线性函数转换法和线性函数转换法均采用了数据变换的原理，通过函数变换将非期望产出指标正向化，然后应用于传统 DEA 模型中。然而，这种函数变换改变了非期望产出变量本身的数值，计算结果显然不准确。因此，本章着重应用直接建模法直接构建非期望 SBM 模型，并结合我国其中 30 个省、直辖市和自治区 2003—2012 年的实际数据来评估区域环境效率值，通过实证分析对比这四种考虑非期望产出的 SBM 效率评估方法的优劣势，讨论和选择最优的区域环境效率评估方法。

现有的研究文献在考察全国整体环境效率与区域（省际）环境效率间的关系时，大多采用区域环境效率的均值来替代全国整体环境效率评估值。然而，大量研究文献表明，我国各区域、各省、直辖市、自治区经济生产系统的投入产出效率差异较大。而 SBM 效率评估模型的原理在于构建一个生产系统的前沿面，然后根据各决策单元投入、产出要素距离其前沿面映射点的相对距离（即松弛量）来计算效率评估值，因此，各区域、各省、直辖市、自治区的环境效率对于全国整体环境效率的贡献并不相同。区域环境效率均值与全国整体环境效率之间必然存在差异，现有的全国整体环境效率评估值存在偏差。本章针对现有文献的这一缺陷，借鉴 Li（2012）和郭文（2013）的建模思路，分别从松弛量和前沿面两个视角构建了全国整体环境效率评估的改进方法，以期更准确地获得全国整体环境效率的评估值。

3.2 非期望 SBM 模型及其分析

考虑一个包含 m 个生产单元 $DUM_i(i=1,\cdots,m)$ 的生产系统，并且用 $\boldsymbol{x}$，$\boldsymbol{y}^g, \boldsymbol{y}^b$ 表示其投入向量、产出向量和非期望产出向量，则：

$$\boldsymbol{x}=(\boldsymbol{x}_i,\cdots,\boldsymbol{x}_m);\boldsymbol{y}^g=(\boldsymbol{y}_i^g,\cdots,\boldsymbol{y}_m^g);\boldsymbol{y}^b=(\boldsymbol{y}_i^b,\cdots,\boldsymbol{y}_m^b)\quad(i=1,\cdots,m) \tag{3-1}$$

进而可以得到该生产系统的生产可能集如式（3－2）所示：

$$\boldsymbol{P}(x)=\left\{(\boldsymbol{x},\boldsymbol{y}^g,\boldsymbol{y}^b)\left|\begin{array}{l}\boldsymbol{x}\geqslant\sum_{i=1}^{m}\boldsymbol{x}_i\boldsymbol{\lambda}_i,\boldsymbol{y}^g\leqslant\sum_{i=1}^{m}\boldsymbol{y}_i^g\lambda_i\\ \boldsymbol{y}^b\geqslant\sum_{i=1}^{m}\boldsymbol{y}_i^b\boldsymbol{\lambda}_i,\ (i=1,\cdots,m)\\ \boldsymbol{x}_i\geqslant 0,\boldsymbol{y}_i^g\geqslant 0,\boldsymbol{y}_i^b\geqslant 0,\boldsymbol{\lambda}_i\geqslant 0\end{array}\right.\right\} \tag{3-2}$$

其中：$\boldsymbol{\lambda}\in R_+$ 是一个列向量，$\boldsymbol{s}^-$、$\boldsymbol{s}^{g+}$ 和 $\boldsymbol{s}^{b-}$ 分别表示投入松弛、产出松弛和非期望产出松弛矩阵。

3.2.1 投入化处理法

（1）模型构建。实践中的经济生产活动往往存在外部性的特征，比如：化石能源作为经济生产活动的常用生产要素，它的使用往往会产生CO_2、SO_2等污染物，这些污染物通过恶化经济活动的外部环境对正常的经济生产活动及其效率产生影响。考虑到一切经济活动都是在一定的环境承载力条件下进行的，那么，经济活动产生的污染物（外部性）就可视为环境要素的投入。因此，面临一些恶化外部环境的非期望产出问题时，我们可以从“环境投入”的视角重新考虑经济活动的效率测算方法。在这种建模思路下，我们首先将非期望产出转化为投入要素，转化方法如式（3－3）所示：

$$\boldsymbol{x}^1 = \boldsymbol{y}^b = (\boldsymbol{x}_i^1, \cdots, \boldsymbol{x}_m^1) \quad (i = 1, \cdots, m) \tag{3-3}$$

则生产系统生产可能集 $P^1(x)$ 可以表示为：

$$\boldsymbol{P}^1(x) = \left\{ (\boldsymbol{x}, \boldsymbol{x}^1, \boldsymbol{y}^g) \middle| \begin{array}{l} \boldsymbol{x} \geqslant \sum_{i=1}^{m} \boldsymbol{x}_i \boldsymbol{\lambda}_i, \boldsymbol{x}^1 \geqslant \sum_{i=1}^{m} \boldsymbol{x}_i^1 \boldsymbol{\lambda}_i, \\ \boldsymbol{y}^g \leqslant \sum_{i=1}^{m} \boldsymbol{y}_i^g \boldsymbol{\lambda}_i, \\ \boldsymbol{x}_i \geqslant 0, \boldsymbol{x}_i^1 \geqslant 0, \boldsymbol{y}_i^g \geqslant 0, \boldsymbol{\lambda}_i \geqslant 0 \end{array} \right\} \tag{3-4}$$

则非期望产出在该种处理方式下的非期望SBM模型如式（3－5）所示：

$$\theta_o^1 = \min_{\lambda, s_o^-, s_o^+} \frac{1 - \frac{1}{r+t}\left(\sum_{p=1}^{r} \frac{\boldsymbol{s}_{po}^-}{\boldsymbol{x}_{po}} + \sum_{l=1}^{t} \frac{\boldsymbol{s}_{lo}^{1-}}{\boldsymbol{x}_{lo}^1} \right)}{1 + \frac{1}{s}\left(\sum_{q=1}^{s} \frac{\boldsymbol{s}_{qo}^+}{\boldsymbol{y}_{qo}^g} \right)}$$

$$\text{s. t.}: \sum_{i=1}^{m} \boldsymbol{x}_i \boldsymbol{\lambda}_i + \boldsymbol{s}_o^- = \boldsymbol{x}_o, \sum_{i=1}^{m} \boldsymbol{x}_i^1 \boldsymbol{\lambda}_i + \boldsymbol{s}_o^{1-} = \boldsymbol{x}_o^1, \tag{3-5}$$

$$\sum_{i=1}^{m} \boldsymbol{y}_i^g \boldsymbol{\lambda}_i - \boldsymbol{s}_o^{g+} = \boldsymbol{y}_o^g,$$

$$\boldsymbol{s}_o^- \geqslant 0, \boldsymbol{s}_o^{1-} \geqslant 0, \boldsymbol{s}_o^{g+} \geqslant 0, \boldsymbol{\lambda}_i \geqslant 0, \sum_{i=1}^{m} \boldsymbol{\lambda}_i = 1$$

式（3－5）基于经济生产系统规模报酬可变的经济假设，若考虑经济生产系统规模报酬不变，仅需在式（3－5）中剔除约束条件 $\sum_{i=1}^{m} \boldsymbol{\lambda}_i = 1$。上述模型可以直接得出决策单元投入、产出的混合效率，整体效率值分解为投入混合效率与产出混合效率的乘积，其中：

$$\theta_o^{1x} = 1 - \frac{1}{r+t}\left(\sum_{p=1}^{r}\frac{\boldsymbol{s}_{po}^{-}}{\boldsymbol{x}_{po}} + \sum_{l=1}^{t}\frac{\boldsymbol{s}_{lo}^{1-}}{\boldsymbol{x}_{lo}^{1}}\right) \tag{3-6}$$

表示决策单元 DMU_o 的投入混合效率。而：

$$\theta_o^{1y} = 1/1 + \frac{1}{s}\left(\sum_{q=1}^{s}\frac{\boldsymbol{s}_{qo}^{+}}{\boldsymbol{y}_{qo}^{g}}\right) \tag{3-7}$$

则表示决策单元DMU_o 的产出混合效率。并有：

$$\theta_o^{1} = \theta_o^{1x} \times \theta_o^{1y} \tag{3-8}$$

（2）模型分析。上述式（3－5）是在现有的 SBM 模型基础上通过指标拓展获得的，因此，该模型仍应满足 SBM 模型的基本性质——单调性。即对于生产系统的任意决策单元，利用式（3－5）评估其效率时，投入少、期望产出高、非期望产出少的决策单元对应的效率评估值相对更高，满足定理 3.1。

定理 3.1：假定决策单元 $DMU_o(\boldsymbol{x}_o,\boldsymbol{x}_o^1,\boldsymbol{y}_o^g)$ 利用式（3－5）评估得到的效率值为 θ_o^{1*} 。则对于 $\forall DMU_i(\alpha\boldsymbol{x}_o,\gamma\boldsymbol{x}_o^1,\beta\boldsymbol{y}_o^g)$ ，若满足 $1 \geqslant \alpha \geqslant 0, 1 \geqslant \gamma \geqslant 0, \beta \geqslant 1$ ，且其利用式（3－5）得到的效率评估值为 θ_i^{1*} ，则：

$$\theta_i^{1*} \geqslant \theta_o^{1*} \tag{3-9}$$

证明 3.1：假定对于 $\forall DMU_i(\alpha\boldsymbol{x}_o,\gamma\boldsymbol{x}_o^1,\beta\boldsymbol{y}_o^g)$ ，采用上述式（3－5）评估其效率值的评估结果为 $(\theta_i^{1*},\boldsymbol{s}_i^{-*},\boldsymbol{s}_i^{1-*},\boldsymbol{s}_i^{g*},\boldsymbol{\lambda}_i^{*})$ 。将评估结果代入式（3－5）的约束条件可得：

$$\begin{aligned}
&\sum_{i=1}^{m}\boldsymbol{x}_i\boldsymbol{\lambda}_i^{*} + \boldsymbol{s}_i^{-*} = \alpha\boldsymbol{x}_o \leqslant \boldsymbol{x}_o \\
&\sum_{i=1}^{m}\boldsymbol{x}_i^{1}\boldsymbol{\lambda}_i^{*} + \boldsymbol{s}_i^{1-*} = \gamma\boldsymbol{x}_o^{1} \leqslant \boldsymbol{x}_o^{1} \\
&\sum_{i=1}^{m}\boldsymbol{y}_i^{g}\boldsymbol{\lambda}_i^{*} - \boldsymbol{s}_i^{g+*} = \beta\boldsymbol{y}_o^{g} \geqslant \boldsymbol{y}_o^{g}
\end{aligned} \tag{3-10}$$

再假定：

$$\boldsymbol{s}_i^{-*\prime} = \boldsymbol{x}_o - \sum_{i=1}^{m}\boldsymbol{x}_i\boldsymbol{\lambda}_i^{*} - \boldsymbol{s}_i^{-*}$$

$$\boldsymbol{s}_i^{1-*\prime} = \boldsymbol{x}_o^{1} - \sum_{i=1}^{m}\boldsymbol{x}_i^{1}\boldsymbol{\lambda}_i^{*} - \boldsymbol{s}_i^{1-*}$$

$$s_i^{g*'} = \sum_{i=1}^{m} y_i^g \lambda_i^* - s_i^{g+*} - y_o^g \tag{3-11}$$

因此，向量（$\theta_i^{1*}, s_i^{-*} + s_i^{-*'}, s_i^{1-*} + s_i^{1-*'}, s_i^{g+*} + s_i^{g+*'}, \lambda_i^*$）是决策单元 $DMU_o(x_o, x_o^1, y_o^g)$ 在式（3－5）中的一个可行解。可得：

$$\theta_o^{1*'} = \frac{1 - \frac{1}{r+t}\left(\sum_{p=1}^{r} \frac{s_{pi}^{-*} + s_{pi}^{-*'}}{x_{pi}} + \sum_{l=1}^{t} \frac{s_{li}^{1-*} + s_{li}^{1-*'}}{x_{li}^1}\right)}{1 + \frac{1}{s}\left(\sum_{q=1}^{s} \frac{s_{qi}^{g+*} + s_{qi}^{g+*'}}{y_{qi}^g}\right)} \tag{3-12}$$

由于（$\theta_o^*, s_o^{-*}, s_o^{1-*}, s_o^{g+*}, \lambda_o^*$）是决策单元 $DMU_o(x_o, x_o^1, y_o^g)$ 在式（3－5）中的最优解，可得 $\theta_o^{1*'} \geq \theta_o^{1*}$。又由于 θ_i^{1*} 是决策单元 $DMU_i(\alpha x_o, \gamma x_o^1, \beta y_o^g)$ 的评估结果，则有：

$$\theta_i^{1*} = \frac{1 - \frac{1}{r+t}\left(\sum_{p=1}^{r} \frac{s_{pi}^{-*}}{x_{pi}} + \sum_{l=1}^{t} \frac{s_{li}^{1-*}}{x_{li}^1}\right)}{1 + \frac{1}{s}\left(\sum_{q=1}^{s} \frac{s_{qi}^{g+*}}{y_{qi}^g}\right)} \tag{3-13}$$

对比式（3－12）和式（3－13）可知 $\theta_o^{1*'} \leq \theta_i^{1*}$，从而得证 $\theta_o^{1*} \leq \theta_o^{1*'} \leq \theta_i^{1*}$。

3.2.2 非线性函数转换法

（1）模型构建。SBM 模型的基本原理是利用运筹学中的优化方法评估经济生产系统决策单元投入、期望产出和非期望产出间的配置优化程度，其中，投入要素和非期望产出要素采用最小优化目标，期望产出要素采用最大优化目标，方法的计算过程依赖于投入产出要素的优化目标方向。因此，可以通过函数变换改变非期望产出的优化方向使之与期望产出一致来简化模型的评估计算，在这种建模思路下，首先通过函数变换进行非期望产出的变换，变换方法包括非线性变换和线性变换，此处先介绍非线性变换方法及其效率评估过程，非期望产出的非线性变化如式（3－14）所示：

$$y_i^2 = 1/y_i^b = (y_i^2, \cdots, y_m^2) \quad (i = 1, \cdots, m) \tag{3-14}$$

则生产系统生产可能集 $P^2(x)$ 可以表示为：

$$P^2(x)=\left\{(x,y^g,y^2)\left|\begin{array}{l}x\geqslant\sum_{i=1}^{m}x_i\lambda_i,y^g\leqslant\sum_{i=1}^{m}y_i^g\lambda_i,\\ y^2\leqslant\sum_{i=1}^{m}y_i^2\lambda_i,\\ x_i\geqslant 0,y_i^g\geqslant 0,y_i^2\geqslant 0,\lambda_i\geqslant 0\end{array}\right.\right\} \tag{3-15}$$

则非期望产出在该种处理方式下的非期望 SBM 模型如下所示：

$$\theta_o^2=\min_{\lambda,s_o^-,s_o^+}\frac{1-\frac{1}{r}\left(\sum_{p=1}^{r}\frac{s_{po}^-}{x_{po}}\right)}{1+\frac{1}{s+t}\left(\sum_{q=1}^{s}\frac{s_{qo}^+}{y_{qo}^g}+\sum_{q=1}^{s}\frac{s_{lo}^{2+}}{y_{lo}^2}\right)}$$

$$\begin{aligned}\text{s. t.}: &\sum_{i=1}^{m}x_i\lambda_i+s_o^-=x_o,\\ &\sum_{i=1}^{m}y_i^g\lambda_i-s_o^{g+}=y_o^g,\\ &\sum_{i=1}^{m}y_i^2\lambda_i-s_o^{2+}=y_o^2,\\ &s_o^-\geqslant 0,s_o^{g+}\geqslant 0,s_o^{2+}\geqslant 0,\lambda_i\geqslant 0,\sum_{i=1}^{m}\lambda_i=1\end{aligned} \tag{3-16}$$

上模型可以直接得出决策单元投入、产出的混合效率，整体效率值分解为投入混合效率与产出混合效率的乘积，其中：

$$\theta_o^{2x}=1-\frac{1}{r}\left(\sum_{p=1}^{r}\frac{s_{po}^-}{x_{po}}\right) \tag{3-17}$$

表示决策单元 DMU_o 的投入混合效率。而：

$$\theta_o^{2y}=1\Bigg/1+\frac{1}{s+t}\left(\sum_{q=1}^{s}\frac{s_{qo}^+}{y_{qo}^g}+\sum_{q=1}^{s}\frac{s_{lo}^{2+}}{y_{lo}^2}\right) \tag{3-18}$$

则表示决策单元 DMU_o 的产出混合效率。并有：

$$\theta_o^2=\theta_o^{2x}\times\theta_o^{2y} \tag{3-19}$$

（2）模型分析。上述式（3-16）同样是在现有的 SBM 模型基础上通过指标拓展获得的，因此，该模型仍应满足 SBM 模型的基本性质——单调性，满足定理 3.2。

定理 3.2：假定决策单元 $DMU_o(x_o,y_o^g,y_o^2)$ 利用式（3-16）评估得到的效率值为 θ_o^{2*}。则对于 $\forall DMU_i(\alpha x_o,\beta y_o^g,\gamma y_o^2)$，若满足 $1\geqslant\alpha\geqslant 0,\beta\geqslant 1,\gamma\geqslant$

1，且其利用式（3－16）得到的效率评估值为 θ_i^{2*}，则：

$$\theta_i^{2*} \geqslant \theta_o^{2*} \tag{3-20}$$

定理3.2的证明过程与定理3.1相似，此处不再赘述。

3.2.3 线性函数转换法

（1）模型构建。同理，也可以采用线性变换的方法改变非期望产出的优化方向，使之与期望产出一致来简化模型的评估计算，在这种建模思路下，非期望产出的线性变换如式（3－21）所示：

$$\boldsymbol{y}_i^3 = (\boldsymbol{v} - \boldsymbol{y}_i^b) = (\boldsymbol{y}_i^3, \cdots, \boldsymbol{y}_m^3) \quad (i = 1, \cdots, m) \tag{3-21}$$

同时，公式（3－21）必须满足 $\boldsymbol{v}$ 是足够大的整数矩阵，以保证转换后 $\boldsymbol{y}_i^3 \geqslant 0(\forall i = 1, \cdots, m)$。则生产系统生产可能集 $\boldsymbol{P}^3(x)$ 可以表示为：

$$\boldsymbol{P}^3(x) = \left\{ (\boldsymbol{x}, \boldsymbol{y}^g, \boldsymbol{y}^3) \middle| \begin{array}{l} \boldsymbol{x} \geqslant \sum_{i=1}^{m} \boldsymbol{x}_i \boldsymbol{\lambda}_i, \boldsymbol{y}^g \leqslant \sum_{i=1}^{m} \boldsymbol{y}_i^g \boldsymbol{\lambda}_i, \\ \boldsymbol{y}^3 \leqslant \sum_{i=1}^{m} \boldsymbol{y}_i^3 \boldsymbol{\lambda}_i, \\ \boldsymbol{x}_i \geqslant 0, \boldsymbol{y}_i^g \geqslant 0, \boldsymbol{y}_i^3 \geqslant 0, \boldsymbol{\lambda}_i \geqslant 0 \end{array} \right\} \tag{3-22}$$

则非期望产出在该种处理方式下的非期望SBM模型如下所示：

$$\begin{aligned} \theta_o^3 = \min_{\boldsymbol{\lambda}, s_o^-, s_o^+} & \frac{1 - \frac{1}{r}\left(\sum_{p=1}^{r} \frac{\boldsymbol{s}_{po}^-}{\boldsymbol{x}_{po}}\right)}{1 + \frac{1}{s+t}\left(\sum_{q=1}^{s} \frac{\boldsymbol{s}_{qo}^+}{\boldsymbol{y}_{qo}^g} + \sum_{l=1}^{t} \frac{\boldsymbol{s}_{lo}^{3+}}{\boldsymbol{y}_{lo}^3}\right)} \\ \text{s.t.}: & \sum_{i=1}^{m} \boldsymbol{x}_i \boldsymbol{\lambda}_i + \boldsymbol{s}_o^- = \boldsymbol{x}_o, \\ & \sum_{i=1}^{m} \boldsymbol{y}_i^g \boldsymbol{\lambda}_i - \boldsymbol{s}_o^{g+} = \boldsymbol{y}_o^g, \\ & \sum_{i=1}^{m} \boldsymbol{y}_i^3 \boldsymbol{\lambda}_i - \boldsymbol{s}_o^{3+} = \boldsymbol{y}_o^3, \\ & \boldsymbol{s}_o^- \geqslant 0, \boldsymbol{s}_o^{g+} \geqslant 0, \boldsymbol{s}_o^{3+} \geqslant 0, \boldsymbol{\lambda}_i \geqslant 0, \sum_{i=1}^{m} \boldsymbol{\lambda}_i = 1 \end{aligned} \tag{3-23}$$

上述模型可以直接得出决策单元投入、产出的混合效率，整体效率值分解为投入混合效率与产出混合效率的乘积，其中：

$$\theta_o^{3x} = 1 - \frac{1}{r}\left(\sum_{p=1}^{r}\frac{s_{po}^{-}}{x_{po}}\right) \tag{3-24}$$

表示决策单元 DMU_o 的投入混合效率。而：

$$\theta_o^{3y} = 1 \Big/ 1 + \frac{1}{s+t}\left(\sum_{q=1}^{s}\frac{s_{qo}^{+}}{y_{qo}^{g}} + \sum_{l=1}^{t}\frac{s_{lo}^{3+}}{y_{lo}^{3}}\right) \tag{3-25}$$

则表示决策单元 DMU_o 的产出混合效率。并有：

$$\theta_o^{3} = \theta_o^{3x} \times \theta_o^{3y} \tag{3-26}$$

（2）模型分析。上述式（3-23）同样是在现有的 SBM 模型基础上通过指标拓展获得的，因此，该模型仍应满足 SBM 模型的基本性质——单调性，满足定理 3.3。

定理 3.3： 假定决策单元 $DMU_o(x_o, y_o^g, y_o^3)$ 利用式（3-23）评估得到的效率值为 θ_o^{3*}。则对于$\forall\ DMU_i(\alpha x_o, \beta y_o^g, \gamma y_o^3)$，若满足 $1 \geqslant \alpha \geqslant 0$，$\beta \geqslant 1, \gamma \geqslant 1$，且其利用式（3-23）得到的效率评估值为 θ_i^{3*}，则：

$$\theta_i^{3*} \geqslant \theta_o^{3*} \tag{3-27}$$

定理 3.3 的证明过程与定理 3.1 相似，此处不再赘述。

3.2.4 直接建模法

（1）模型构建。进一步分析上述三个非期望 SBM 模型可以发现，三种处理方法都不同程度地改变了非期望产出的指标值，即扭曲了经济生产系统的实际生产过程，计算获得的效率值并不准确。因此，本文借鉴 Lozano 等（2011）的建模原理，采用直接建模的方式构建了一个直接应用非期望产出指标的非期望 SBM 模型（后文简称为“USBM 模型”），在这种建模思路下，经济生产系统生产可能集 $P^4(x)$ 可以表示为：

$$P^4(x) = P(x) = \left\{ (x, y^g, y^b) \middle| \begin{array}{l} x \geqslant \sum_{i=1}^{m} x_i \lambda_i, \\ y^g \leqslant \sum_{i=1}^{m} y_i^g \lambda_i, \\ y^b \geqslant \sum_{i=1}^{m} y_i^b \lambda_i,\ (i = 1, \cdots, m) \\ x_i \geqslant 0, y_i^g \geqslant 0, y_i^b \geqslant 0, \lambda_i \geqslant 0 \end{array} \right\} \tag{3-28}$$

由于 USBM 模型解决了前三种非期望产出处理方法的缺陷，本书后续研究方法和模型均以该非期望 SBM 模型为基础，USBM 模型的具体形式如式（3－29）所示：

$$\theta_o^4 = \min_{\lambda,s_o^-,s_o^+} \frac{1 - \frac{1}{r}\left(\sum_{p=1}^{r} \frac{s_{po}^-}{x_{po}}\right)}{1 + \frac{1}{s+t}\left(\sum_{q=1}^{s} \frac{s_{qo}^{g+}}{y_{qo}^g} + \sum_{l=1}^{t} \frac{s_{lo}^{b-}}{y_{lo}^b}\right)}$$

$$\text{s. t.}: \sum_{i=1}^{m} \boldsymbol{x}_i \boldsymbol{\lambda}_i + \boldsymbol{s}_o^- = \boldsymbol{x}_o,$$

$$\sum_{i=1}^{m} \boldsymbol{y}_i^g \boldsymbol{\lambda}_i - \boldsymbol{s}_o^{g+} = \boldsymbol{y}_o^g, \tag{3-29}$$

$$\sum_{i=1}^{m} \boldsymbol{y}_i^b \boldsymbol{\lambda}_i + \boldsymbol{s}_o^{b-} = \boldsymbol{y}_o^b,$$

$$\boldsymbol{s}_o^- \geqslant 0, \boldsymbol{s}_o^{g+} \geqslant 0, \boldsymbol{s}_o^{b-} \geqslant 0, \boldsymbol{\lambda}_i \geqslant 0, \sum_{i=1}^{m} \boldsymbol{\lambda}_i = 1$$

上述模型可以直接得出决策单元投入、产出的混合效率，整体效率值分解为投入混合效率与产出混合效率的乘积，其中：

$$\theta_o^{4x} = 1 - \frac{1}{r}\left(\sum_{p=1}^{r} \frac{s_{po}^-}{x_{po}}\right) \tag{3-30}$$

表示决策单元 DMU_o 的投入混合效率。而：

$$\theta_o^{4y} = 1 \Big/ 1 + \frac{1}{s+t}\left(\sum_{q=1}^{s} \frac{s_{qo}^{g+}}{y_{qo}^g} + \sum_{l=1}^{t} \frac{s_{lo}^{b-}}{y_{lo}^b}\right) \tag{3-31}$$

则表示决策单元 DMU_o 的产出混合效率。并有：

$$\theta_o^4 = \theta_o^{4x} \times \theta_o^{4y} \tag{3-32}$$

（2）模型分析。USBM 模型以传统 SBM 模型为基础，通过直接将非期望产出要素引入模型来拓展模型。根据传统 SBM 模型生产可能集的特征，USBM 模型的生产可能集具有如下两条性质：

性质 3.1：$(\boldsymbol{x}, \boldsymbol{y}^g, \boldsymbol{y}^b) \in \boldsymbol{P}^4(x)$，若存在 $\boldsymbol{x}' \geqslant \boldsymbol{x}, \boldsymbol{y}^{g'} \leqslant \boldsymbol{y}^g, \boldsymbol{y}^{b'} \geqslant \boldsymbol{y}^b$，则 $(\boldsymbol{x}', \boldsymbol{y}^{g'}, \boldsymbol{y}^{b'}) \in \boldsymbol{P}^4(x)$。

性质 3.2：$(\boldsymbol{x}, \boldsymbol{y}^g, \boldsymbol{y}^b) \in \boldsymbol{P}^4(x)$，则对于 $\forall \eta \in [0, 1]$，满足 $(\eta \boldsymbol{x}, \eta \boldsymbol{y}^g, \eta \boldsymbol{y}^b) \in P^4(x)$。

对于决策单元在 USBM 模型下的效率评估结果，分别满足以下性质和定理：

性质 3.3：根据前文对 SBM 有效决策单元的定义可知，在考虑不可分离变量后，若决策单元 DMU_o 为 SBM 有效，则其满足 $\theta_o^4 = 1$ 。那么对于 SBM 无效决策单元 DMU_i ，其投入、产出和非期望产出的改进方向，即其在系统前沿面的投影可以表示如式（3－33）所示：

$$\begin{aligned} \tilde{\boldsymbol{x}}_o &= \boldsymbol{x}_o - \boldsymbol{s}^- \\ \tilde{\boldsymbol{y}}_o^g &= \boldsymbol{y}_o^g + \boldsymbol{s}^{g+} \\ \tilde{\boldsymbol{y}}_o^b &= \boldsymbol{y}_o^b - \boldsymbol{s}^{b-} \end{aligned} \tag{3-33}$$

定理 3.4：假定决策单元 $DMU_o(\boldsymbol{x}_o,\boldsymbol{y}_o^g,\boldsymbol{y}_o^b)$ 利用 USBM 模型评估得到的效率值为 θ_o^{4*} 。则对于 $\forall DMU_i(\alpha\boldsymbol{x}_o,\beta\boldsymbol{y}_o^g,\gamma\boldsymbol{y}_o^b)$ ，若满足 $1 \geqslant \alpha \geqslant 0,\beta \geqslant 1,1 \geqslant \gamma \geqslant 0$ ，其利用 USBM 模型得到的效率评估值为 θ_i^{4*} ，则：

$$\theta_i^{4*} \geqslant \theta_o^{4*} \tag{3-34}$$

上述定理 3.4 的意义在于，对于生产系统的任意决策单元，利用 USBM 模型评估其效率时，其效率评估值具有单调性，即投入少、期望产出高、非期望产出少的决策单元对应的效率评估值相对更高。定理 3.4 的证明过程与定理 3.1 相似，此处不再赘述。

3.3 区域环境效率动态评估模型

上述 SBM 模型以生产系统所有决策单元构成的前沿面为参考集，静态地评估了决策单元的生产效率，适用于不同决策单元生产效率的比较，能从投入、产出层面分析决策单元无效率的来源。然而，静态效率评估无法体现各决策单元长期的效率变化趋势，不利于分析生产技术变化、生产规模变化对决策单元效率变化的贡献。在区域环境效率评估中，探索区域环境效率在时间序列上的变化趋势，便于分析区域生产过程中生产规模、技术创新和环境规制的变动对区域环境效率的影响，从而有利于在生产规模、技术层面和环境改进层面进一步分析区域环境无效率的来源，探索区域环境效率改进的外部动力。

在以 SBM 模型为基础的动态效率评估方法中，Malmquist 生产率指数和 Luenberger 生产率指标，两者的主要区别在于前者采用了比率方式，能方便地比较两者间的差异程度；而后者的优势在于其采用减法形式，无须变量间的等比例变化要求（王兵，2011）。本书结合 Malmquist 生产率指数和 Luenberger 生产率指标，构建一个跨期（$t,t+1$）的 SBM－ML 生产率指数如式（3－35）所示：

$$ML\_TFP_t^{t+1}=\left[\frac{1+S_V^t(x^{t+1},y^{t+1})}{1+S_V^t(x^t,y^t)}\times\frac{1+S_V^{t+1}(x^{t+1},y^{t+1})}{1+S_V^{t+1}(x^t,y^t)}\right]^{\frac{1}{2}} \quad (3-35)$$

其中：$S_V^t(x^t,y^t)$ 和 $S_V^{t+1}(x^{t+1},y^{t+1})$ 分别表示可变规模报酬条件下，决策单元 t 期基于 t 期前沿面和 $t+1$ 期基于 $t+1$ 期前沿面的效率值，即分别为决策单元 t 期和 $t+1$ 期的数据采用式（3－29）的效率评估结果；而 $S_V^t(x^{t+1},y^{t+1})$ 和 $S_V^{t+1}(x^t,y^t)$ 分别表示可变规模报酬条件下，决策单元 t 期基于 $t+1$ 期前沿面和 $t+1$ 期基于 t 期前沿面的效率值。该指数可以进一步分解为技术效率指数（$ML\_TE_t^{t+1}$）和技术进步指数（$ML\_TA_t^{t+1}$），分解式如式（3－36）所示：

$$\begin{aligned}ML\_TFP_t^{t+1}&=\frac{1+S_V^{t+1}(x^{t+1},y^{t+1})}{1+S_V^t(x^t,y^t)}\times\left[\frac{1+S_V^t(x^{t+1},y^{t+1})}{1+S_V^{t+1}(x^{t+1},y^{t+1})}\times\frac{1+S_V^t(x^t,y^t)}{1+S_V^{t+1}(x^t,y^t)}\right]^{\frac{1}{2}}\\&=ML\_TE_t^{t+1}\times ML\_TA_t^{t+1}\end{aligned} \quad (3-36)$$

在进一步考虑规模报酬不变的情况下，技术效率指数（$ML\_TE_t^{t+1}$）和技术进步指数（$ML\_TA_t^{t+1}$）可进一步分解为纯技术效率指数（$ML\_PTE_t^{t+1}$）、规模效率指数（$ML\_SE_t^{t+1}$）和纯技术进步指数（$ML\_PTA_t^{t+1}$）、技术规模效率指数（$ML\_TSE_t^{t+1}$），分解式如式（3－37）所示：

$$\begin{aligned}ML\_TE_t^{t+1}&=\frac{1+S_C^{t+1}(x^{t+1},y^{t+1})}{1+S_C^t(x^t,y^t)}\times\left[\frac{1+S_V^{t+1}(x^{t+1},y^{t+1})}{1+S_C^{t+1}(x^{t+1},y^{t+1})}\times\frac{1+S_C^t(x^t,y^t)}{1+S_V^t(x^t,y^t)}\right]\\&=ML\_PTE_t^{t+1}\times ML\_SE_t^{t+1}\end{aligned} \quad (3-37)$$

$$\begin{aligned}ML\_TA_t^{t+1}&=\left[\frac{1+S_C^t(x^{t+1},y^{t+1})}{1+S_C^{t+1}(x^{t+1},y^{t+1})}\times\frac{1+S_C^t(x^t,y^t)}{1+S_C^{t+1}(x^t,y^t)}\right]^{\frac{1}{2}}\times\\&\left[\frac{1+S_V^t(x^{t+1},y^{t+1})}{1+S_C^t(x^{t+1},y^{t+1})}\times\frac{1+S_C^{t+1}(x^{t+1},y^{t+1})}{1+S_V^{t+1}(x^{t+1},y^{t+1})}\times\frac{1+S_V^t(x^t,y^t)}{1+S_C^t(x^t,y^t)}\times\frac{1+S_C^{t+1}(x^t,y^t)}{1+S_V^{t+1}(x^t,y^t)}\right]^{\frac{1}{2}}\\&=ML\_PTA_t^{t+1}\times ML\_TSE_t^{t+1}\end{aligned} \quad (3-38)$$

其中：$S_C^t(x^t,y^t)$ 和 $S_C^{t+1}(x^{t+1},y^{t+1})$ 分别表示规模报酬不变假设下，决策单

元 t 期和 $t+1$ 期基于自身时期前沿面的效率评估值；$S_C^t(x^{t+1},y^{t+1})$ 和 $S_C^{t+1}(x^t,y^t)$ 分别表示规模报酬不变假设下，决策单元 t 期基于 $t+1$ 期前沿面和 $t+1$ 期基于 t 期前沿面的效率值。据此得到的 SBM－ML 生产率指数分解如式（3－39）所示。

显然，式（3－39）中各决策单元包含八个静态 USBM 模型效率评估值，其中四个［$S_V^t(x^t,y^t),S_V^{t+1}(x^{t+1},y^{t+1}),S_V^t(x^{t+1},y^{t+1}),S_V^{t+1}(x^t,y^t)$］基于可变规模报酬假设条件，四个［$S_C^t(x^t,y^t)$，$S_C^{t+1}(x^{t+1},y^{t+1})$，$S_C^t(x^{t+1},y^{t+1})$，$S_C^{t+1}(x^t,y^t)$］基于不变规模报酬假设条件。同时也可分为四个［$S_V^t(x^t,y^t)$，$S_V^{t+1}(x^t,y^t),S_C^t(x^t,y^t),S_C^{t+1}(x^t,y^t)$］为基于 t 期前沿面的决策单元效率评估值和四个［$S_V^{t+1}(x^{t+1},y^{t+1}),S_V^t(x^{t+1},y^{t+1}),S_C^{t+1}(x^{t+1},y^{t+1}),S_C^t(x^{t+1},y^{t+1})$］基于 $t+1$ 期前沿面的决策单元效率评估值。模型评估过程中，当 SBM－ML 生产率指数（$ML\_TFP_t^{t+1}$）、纯技术效率指数（$ML\_PTE_t^{t+1}$）、规模效率指数（$ML\_SE_t^{t+1}$）、纯技术进步指数（$ML\_PTA_t^{t+1}$）和技术规模效率指数（$ML\_TSE_t^{t+1}$）均大于1时，分别表示决策单元从 t 期至 $t+1$ 期表现为生产率提高、纯效率改善、规模效率提高、生产技术进步以及技术规模效率提高。

$$
\begin{aligned}
ML\_TFP_t^{t+1} &= ML\_PTE_t^{t+1} \times ML\_SE_t^{t+1} \times ML\_PTA_t^{t+1} \times ML\_TSE_t^{t+1} \\
ML\_PTE_t^{t+1} &= \frac{1+S_C^{t+1}(x^{t+1},y^{t+1})}{1+S_C^t(x^t,y^t)} \\
ML\_SE_t^{t+1} &= \frac{1+S_V^{t+1}(x^{t+1},y^{t+1})}{1+S_C^{t+1}(x^{t+1},y^{t+1})} \times \frac{1+S_C^t(x^t,y^t)}{1+S_V^t(x^t,y^t)} \\
ML\_PTA_t^{t+1} &= \left[\frac{1+S_C^t(x^{t+1},y^{t+1})}{1+S_C^{t+1}(x^{t+1},y^{t+1})} \times \frac{1+S_C^t(x^t,y^t)}{1+S_C^{t+1}(x^t,y^t)}\right]^{\frac{1}{2}} \\
ML\_TSE_t^{t+1} &= \left[\frac{1+S_V^t(x^{t+1},y^{t+1})}{1+S_C^t(x^{t+1},y^{t+1})} \times \frac{1+S_C^{t+1}(x^{t+1},y^{t+1})}{1+S_V^{t+1}(x^{t+1},y^{t+1})} \times \frac{1+S_V^t(x^t,y^t)}{1+S_C^t(x^t,y^t)} \times \right. \\
&\quad \left. \frac{1+S_C^{t+1}(x^t,y^t)}{1+S_V^{t+1}(x^t,y^t)}\right]^{\frac{1}{2}}
\end{aligned} \tag{3-39}
$$

3.4 全国整体环境效率评估模型及其分析

前文的实证分析表明，各省、直辖市、自治区经济发展水平、资源禀赋、地理位置的差异决定了各省、直辖市、自治区环境效率值的巨大差异；并且，任何两个省际间边际期望产出的增加、边际投入的减少或者边际非期望产出的减少带来其自身环境效率的边际变化都不相同。因此，各省、直辖市、自治区的环境效率值对于东部、西部区域和全国整体的环境效率值的贡献也存在较大的差异，现有文献中采用的平均法获得的东部、西部区域或全国整体环境效率值可能存在偏误。本章针对全国整体环境效率值平均法计算的缺陷，借鉴 Li（2012）和郭文（2013）的建模思路，分别构建了基于松弛量的全国整体环境效率评估模型和基于前沿面的全国整体环境效率评估模型，以期更准确地获得全国整体环境效率的评估值，下文将着重介绍这两个改进模型。

3.4.1 基于松弛量的全国整体环境效率评估模型及其分析

（1）基于松弛量的全国整体环境效率评估模型（以下简称 S－WUSBM 模型）。SBM 模型将生产系统中目标决策单元的效率值定义为决策单元实际投入产出值与其在生产系统包络面的投影间的距离，这个距离也被称为松弛量。基于松弛量的全国整体环境效率评估模型的基本原理在于：在评估各省、直辖市、自治区环境效率的基础上，计算各省、直辖市、自治区投入要素和产出变量的松弛量，从而获得全国整体投入产出实际值和投入产出松弛量总值，再评估全国整体和东西部区域环境效率值。基本的测度模型如式（3－40）所示。

$$\theta_1 = \frac{1 - \frac{1}{r}\left(\sum_{p=1}^{r} \frac{\boldsymbol{S}_{1p}^{-}}{\boldsymbol{x}_{1p}}\right)}{1 + \frac{1}{s+t}\left(\sum_{q=1}^{s} \frac{\boldsymbol{S}_{1q}^{g+}}{\boldsymbol{y}_{1q}^{g}} + \sum_{l=1}^{t} \frac{\boldsymbol{S}_{1l}^{b-}}{\boldsymbol{y}_{1l}^{b}}\right)} \tag{3-40}$$

$$\boldsymbol{S}_{1p}^{-} = \sum_{i=1}^{m} \boldsymbol{s}_{1pi}^{-*};\boldsymbol{S}_{1q}^{g+} = \sum_{i=1}^{m} \boldsymbol{s}_{1qi}^{g+*};\boldsymbol{S}_{1l}^{b-} = \sum_{i=1}^{m} \boldsymbol{s}_{1li}^{b-*}$$

其中：$\boldsymbol{S}_{1p}^{-},\boldsymbol{S}_{1q}^{g+},\boldsymbol{S}_{1l}^{b-}$ 分别表示全国整体或东西部区域投入、产出和非期望产出指标的松弛总量，$\boldsymbol{s}_{1pi}^{-*},\boldsymbol{s}_{1qi}^{g+*},\boldsymbol{s}_{1li}^{b-*}$ 分别表示通过式（3－29）评估各省份环境效率的基础上，计算获得的各省、直辖市、自治区投入、产出和非期望产出指标的松弛量。鉴于各省、直辖市、自治区投入产出松弛量的客观存在性，通过式（3－40）评估的全国整体或东西部区域环境效率值必然介于 0 和 1 之间。

上述 S－WUSBM 模型可以直接得出决策单元投入、产出的混合效率，效率值分解为整体投入混合效率与整体产出混合效率的乘积，其中：

$$\theta_1^x = 1 - \frac{1}{r}\left(\sum_{p=1}^{r} \frac{\boldsymbol{S}_{1p}^-}{\boldsymbol{x}_{1p}}\right) \tag{3-41}$$

表示全国整体的投入混合效率。而：

$$\theta_1^y = 1\bigg/1 + \frac{1}{s+t}\left(\sum_{q=1}^{s} \frac{\boldsymbol{S}_{1q}^{g+}}{\boldsymbol{y}_{1q}^g} + \sum_{l=1}^{t} \frac{\boldsymbol{S}_{1l}^{b-}}{\boldsymbol{y}_{1l}^b}\right) \tag{3-42}$$

则表示全国整体的产出混合效率。并有：

$$\theta_1 = \theta_1^x \times \theta_1^y \tag{3-43}$$

（2）模型分析。S - WUSBM 模型是在现有的 USBM 模型基础上通过指标拓展获得的，因此，该模型仍应满足 SBM 模型的基本性质——单调性，即对于生产系统的任意决策单元，利用 S - WUSBM 模型评估其效率时，投入少、期望产出高、非期望产出少的决策单元对应的效率评估值相对更高，满足定理 3. 5。

定理 3. 5：假定决策单元 $DMU_o(\boldsymbol{x}_{1o}, \boldsymbol{y}_{1o}^g, \boldsymbol{y}_{1o}^b)$ 利用 S - WUSBM 模型评估得到的效率值为 θ_{1o}^* 。则对于 $\forall DMU_i(\alpha\boldsymbol{x}_{1o}, \beta\boldsymbol{y}_{1o}^g, \gamma\boldsymbol{y}_{1o}^b)$ ，若满足 $1 \geqslant \alpha \geqslant 0, \beta \geqslant 1, 1 \geqslant \gamma \geqslant 0$ ，且其利用 S - WUSBM 模型得到的效率评估值为 θ_{1i}^* ，则：

$$\theta_{1i}^* \geqslant \theta_{1o}^* \tag{3-44}$$

证明 3. 5：假定对于 $\forall DMU_i(\alpha\boldsymbol{x}_{1o}, \beta\boldsymbol{y}_{1o}^g, \gamma\boldsymbol{y}_{1o}^b)$ ，采用上述 USBM 模型评估其效率值的评估结果为 $(\theta_{1i}^*, \boldsymbol{s}_{1i}^{-*}, \boldsymbol{s}_{1i}^{g*}, \boldsymbol{s}_{1i}^{b-*}, \boldsymbol{\lambda}_{1i}^*)$ 。则将评估结果代入式(3-29)的约束条件可得：

$$\begin{aligned}
&\sum_{i=1}^{m} \boldsymbol{x}_{1i}\boldsymbol{\lambda}_{1i}^* + \boldsymbol{s}_{1i}^{-*} = \alpha\boldsymbol{x}_{1o} \leqslant \boldsymbol{x}_{1o} \\
&\sum_{i=1}^{m} \boldsymbol{y}_{1i}^g\boldsymbol{\lambda}_{1i}^* - \boldsymbol{s}_{1i}^{g+*} = \beta\boldsymbol{y}_{1o}^g \geqslant \boldsymbol{y}_{1o}^g \\
&\sum_{i=1}^{m} \boldsymbol{y}_{1i}^b\boldsymbol{\lambda}_{1i}^* + \boldsymbol{s}_{1i}^{b-*} = \gamma\boldsymbol{y}_{1o}^b \leqslant \boldsymbol{y}_{1o}^b
\end{aligned} \tag{3-45}$$

再假定：

$$\begin{aligned}
&\boldsymbol{s}_{1i}^{-*\prime} = \boldsymbol{x}_o - \sum_{i=1}^{m} \boldsymbol{x}_{1i}\boldsymbol{\lambda}_{1i}^* - \boldsymbol{s}_{1i}^{-*} \\
&\boldsymbol{s}_{1i}^{g*\prime} = \sum_{i=1}^{m} \boldsymbol{y}_{1i}^g\boldsymbol{\lambda}_{1i}^* - \boldsymbol{s}_{1i}^{g+*} - \boldsymbol{y}_{1o}^g \\
&\boldsymbol{s}_{1i}^{b-*\prime} = \boldsymbol{y}_{1o}^b - \sum_{i=1}^{m} \boldsymbol{y}_{1i}^b\boldsymbol{\lambda}_{1i}^* - \boldsymbol{s}_{1i}^{b-*}
\end{aligned} \tag{3-46}$$

因此，向量 $\begin{pmatrix}\theta_{1i}^{*}, s_{1i}^{-*} + s_{1i}^{-*'}, s_{1i}^{g+*} + \\ s_{1i}^{g+*'}, s_{1i}^{b-*} + s_{1i}^{b-*'}, \boldsymbol{\lambda}_{1i}^{*}\end{pmatrix}$ 是决策单元 $DMU_o(\boldsymbol{x}_{1o}, \boldsymbol{y}_{1o}^{g}, \boldsymbol{y}_{1o}^{b})$ 在 USBM 模型中的一个可行解。由于 $(\theta_{1o}^{*}, s_{1o}^{-*}, s_{1o}^{g*}, s_{1o}^{b-*}, \boldsymbol{\lambda}_{1o}^{*})$ 是决策单元 $DMU_o(\boldsymbol{x}_{1o}, \boldsymbol{y}_{1o}^{g}, \boldsymbol{y}_{1o}^{b})$ 在 USBM 模型中最优解，可得：

$$\begin{aligned}
\sum_{i=1}^{m} \boldsymbol{x}_{1o} \boldsymbol{\lambda}_{1o}^{*} + s_{1o}^{-*} &= \boldsymbol{x}_{1o} \\
\sum_{i=1}^{m} \boldsymbol{y}_{1o}^{g} \boldsymbol{\lambda}_{1o}^{*} - s_{1o}^{g+*} &= \boldsymbol{y}_{1o}^{g} \\
\sum_{i=1}^{m} \boldsymbol{y}_{1o}^{b} \boldsymbol{\lambda}_{1o}^{*} + s_{1o}^{b-*} &= \boldsymbol{y}_{1o}^{b}
\end{aligned} \tag{3-47}$$

结合式（3－40）、式（3－45）、式（3－46）和式（3－47）可知：

$$\begin{aligned}
\boldsymbol{S}_{1i}^{-} &= \sum_{i=1}^{m} s_{1i}^{-*} \leqslant \alpha \boldsymbol{S}_{1o}^{-} \\
\boldsymbol{S}_{1i}^{g+} &= \sum_{i=1}^{m} s_{1i}^{g+*} \geqslant \beta \boldsymbol{S}_{1o}^{g+} \\
\boldsymbol{S}_{1i}^{b-} &= \sum_{i=1}^{m} s_{1i}^{b-*} \leqslant \gamma \boldsymbol{S}_{1o}^{b-}
\end{aligned} \tag{3-48}$$

从而得证 $\theta_{1i}^{*} \geqslant \theta_{1o}^{*}$。

3.4.2 基于前沿面的全国整体环境效率评估模型

（1）基于前沿面的全国整体环境效率评估模型（以下简称 F－WUSBM 模型）。SBM 模型评估生产系统中各省、直辖市、自治区的环境效率值的基本思路是通过对比目标决策单元投入产出的配置与系统前沿面（包络面）投入产出配置间的差异，利用两者间的距离进行效率评估。本书基于前沿面的全国整体环境效率评估模型继承了上述建模思路，将全国整体或东西部区域作为一个特殊的决策单元（各省、直辖市、自治区），它的投入、期望产出和非期望产出值可以通过各省份指标值的求和获得，再考虑到全国或东西部区域经济规模因素，评估实践中可以采用其平均值来计算。综上，将全国整体作为一个特殊的决策单元，则投入、期望产出和非期望产出值的计算公式如式（3－49）所示：

$$\boldsymbol{X}_2 = \sum_{i=1}^{m} \boldsymbol{x}_{2i}/m; \boldsymbol{Y}_2^{g} = \sum_{i=1}^{m} \boldsymbol{y}_{2i}^{g}/m; \boldsymbol{Y}_2^{b} = \sum_{i=1}^{m} \boldsymbol{y}_{2i}^{b}/m \tag{3-49}$$

其中：X_2, Y_2^g, Y_2^b 分别表示全国整体或东西部区域投入、期望产出和非期望产出指标值，$x_{2i}, y_{2i}^g, y_{2i}^b$ 分别表示各省、直辖市、自治区投入、期望产出和非期望产出指标值。最后，评估全国整体和东西部区域环境效率值。具体测度模型如式（3－50）所示：

$$\theta_2 = \frac{1 - \frac{1}{r}\left(\sum_{p=1}^{r} \frac{S_{2p}^-}{x_{2p}}\right)}{1 + \frac{1}{s+t}\left(\sum_{q=1}^{s} \frac{S_{2q}^{g+}}{y_{2q}^g} + \sum_{l=1}^{t} \frac{S_{2l}^{b-}}{y_{2i}^b}\right)}$$

$$\text{s. t.}: \sum_{i=1}^{m} x_{2i}\lambda_{2i} + S_2^- = X_2, \tag{3-50}$$

$$\sum_{i=1}^{m} y_{2i}^g \lambda_{2i} - S_2^{g+} = Y_2^g,$$

$$\sum_{i=1}^{m} y_{2i}^b \lambda_{2i} + S_2^{b-} = Y_2^b,$$

$$S_2^- \geq 0, S_2^{g+} \geq 0, S_2^{b-} \geq 0, \lambda_{2i} \geq 0 \text{ 且} \sum_{i=1}^{m} \lambda_{2i} = 1$$

上述 F－WUSBM 模型可以直接得出决策单元投入、产出的混合效率，效率值分解为整体投入混合效率与整体产出混合效率的乘积，其中：

$$\theta_2^x = 1 - \frac{1}{r}\left(\sum_{p=1}^{r} \frac{S_{2p}^-}{x_{2p}}\right) \tag{3-51}$$

表示全国整体的投入混合效率。而：

$$\theta_2^y = 1 \Big/ 1 + \frac{1}{s+t}\left(\sum_{q=1}^{s} \frac{S_{2q}^{g+}}{y_{2q}^g} + \sum_{l=1}^{t} \frac{S_{2l}^{b-}}{y_{2l}^b}\right) \tag{3-52}$$

则表示全国整体的产出混合效率。并有：

$$\theta_2 = \theta_2^x \times \theta_2^y \tag{3-53}$$

（2）模型分析。同理，F－WUSBM 模型也是在现有的 USBM 模型基础上通过指标拓展获得的，因此，该模型也满足 SBM 模型的基本性质——单调性，即对于生产系统的任意决策单元，利用 F－WUSBM 模型评估其效率时，投入少、期望产出高、非期望产出少的决策单元对应的效率评估值相对更高，满足定理 3.6。

定理 3.6：假定决策单元 $DMU_o(X_{2o}, Y_{2o}^g, Y_{2o}^b)$ 利用 F－WUSBM 模型评估得到的效率值为 θ_{2o}^*。则对于 $\forall DMU_i(\alpha X_{2o}, \beta Y_{2o}^g, \gamma Y_{2o}^b)$，若满足 $1 \geq \alpha \geq 0, \beta \geq 1, 1 \geq \gamma \geq 0$，且其利用 F－WUSBM 模型得到的效率评估值为

θ_{2i}^{*}，则：

$$\theta_{2i}^{*} \geqslant \theta_{2o}^{*} \tag{3-54}$$

证明 3.6：假定对于 $\forall DMU_i(\alpha X_{2o},\beta Y_{2o}^{g},\gamma Y_{2o}^{b})$，采用上述 F－WUSBM 模型评估其效率值的评估结果为（$\theta_{2i}^{*},S_{2i}^{-*},S_{2i}^{g*},S_{2i}^{b-*},\lambda_{2i}^{*}$）。则将评估结果代入式（3－29）的约束条件可得：

$$\begin{aligned} \sum_{i=1}^{m} x_{2i}\lambda_{2i}^{*} + S_{2i}^{-*} &= \alpha X_{2o} \leqslant X_{2o} \\ \sum_{i=1}^{m} y_{2i}^{g}\lambda_{2i}^{*} - S_{2i}^{g+*} &= \beta Y_{2o}^{g} \geqslant Y_{2o}^{g} \\ \sum_{i=1}^{m} y_{2i}^{b}\lambda_{2i}^{*} + S_{2i}^{b-*} &= \gamma Y_{2o}^{b} \leqslant Y_{2o}^{b} \end{aligned} \tag{3-55}$$

再假定：

$$\begin{aligned} S_{2i}^{-*'} &= X_{2o} - \sum_{i=1}^{m} x_{2i}\lambda_{2i}^{*} - S_{2i}^{-*} \\ S_{2i}^{g*'} &= \sum_{i=1}^{m} y_{2i}^{g}\lambda_{2i}^{*} - S_{2i}^{g+*} - Y_{2o}^{g} \\ S_{2i}^{b-*'} &= Y_{2o}^{b} - \sum_{i=1}^{m} y_{2i}^{b}\lambda_{2i}^{*} - S_{2i}^{b-*} \end{aligned} \tag{3-56}$$

因此，向量（$\theta_{2i}^{*},S_{2i}^{-*}+S_{2i}^{-*'},S_{2i}^{g+*}+S_{2i}^{g+*'},S_{2i}^{b-*}+S_{2i}^{b-*'},\lambda_{2i}^{*}$）是决策单元 $DMU_o(X_{2o},Y_{2o}^{g},Y_{2o}^{b})$ 在 F－WUSBM 模型中的一个可行解。可得：

$$\theta_{2}^{*'} = \frac{1 - \frac{1}{r}\left(\sum_{p=1}^{r}\frac{S_{2ip}^{-*} + S_{2ip}^{-*'}}{x_{2ip}}\right)}{1 + \frac{1}{s+t}\left(\sum_{q=1}^{s}\frac{S_{2qi}^{g+*} + S_{2qi}^{g+*'}}{y_{2qi}^{g}} + \sum_{l=1}^{t}\frac{S_{2li}^{b-*} + S_{2li}^{b-*'}}{y_{2li}^{b}}\right)} \tag{3-57}$$

又由于（$\theta_{2o}^{*},s_{2o}^{-*},s_{2o}^{g*},s_{2o}^{b-*},\lambda_{2o}^{*}$）是决策单元 $DMU_o(X_{2o},Y_{2o}^{g},Y_{2o}^{b})$ 在 F－WUSBM 模型中的最优解，可得 $\theta_{2o}^{*'} \geqslant \theta_{2o}^{*}$。又因为 θ_{2i}^{*} 是决策单元 $DMU_i(\alpha X_{2o},\beta Y_{2o}^{g},\gamma Y_{2o}^{b})$ 的评估结果，则：

$$\theta_{2i}^{*} = \frac{1 - \frac{1}{r}\left(\sum_{p=1}^{r}\frac{S_{2ip}^{-*}}{x_{2ip}}\right)}{1 + \frac{1}{s+t}\left(\sum_{q=1}^{s}\frac{S_{2qi}^{g+*}}{y_{2qi}^{g}} + \sum_{l=1}^{t}\frac{S_{2li}^{b-*}}{y_{2li}^{b}}\right)} \tag{3-58}$$

对比式（3－57）和式（3－58）可知 $\theta_{2o}^{*'} \leqslant \theta_{2i}^{*}$，从而得证 $\theta_{2o}^{*} \leqslant \theta_{2o}^{*'} \leqslant \theta_{2i}^{*}$。

3.5 区域环境效率评估：基于非期望SBM模型

3.5.1 变量与数据

由于SBM评估方法无须事先设定模型的具体形式，使得变量的选取对于确保评估结果的准确性至关重要。与其他经济生产系统相同，考虑环境污染的区域生产系统环境效率评估过程中，也应选择相应的投入、产出变量。下文将详细阐述在采用NS－USBM模型评估区域环境效率的过程中选择的投入、期望产出和非期望产出变量及其相应的数据来源。

（1）投入变量：经典的Cobb－Douglas（柯布—道格拉斯）生产函数表明，劳动力和资本要素是经济生产系统的基本投入要素，而由于近年来全球经济的快速增长对于能源消费的依赖，许多学者［Mandal（曼达尔），2010；Urpelainen（奥普莱恩），2011；Stern等，2012］均将其视为经济生产系统的一种必需的投入要素。综合上述分析，本书选择的投入变量也包括劳动力、资本存量和能源消费量。在数据来源上，劳动力变量选用的是区域年末与年初平均就业总人口指标，其原始数据来源于2004—2014年《中国统计年鉴》和2004—2014年各省、直辖市、自治区统计年鉴；由于我国至今未出现区域资本存量的官方统计数据，因此，本书借鉴叶明确等（2012）估算的我国各省、直辖市、自治区2003—2009年资本存量结果，进一步借鉴其测算方法将测算结果拓展至2012年；而能源消费方面，我国尚未出现各省、直辖市、自治区历年能源消费总量的统计数据，本书借鉴郭文等（2015）的计算方法，使用《中国能源统计年鉴》中披露的各省、直辖市、自治区主要能源（包括：原煤、原油、天然气等）的实物消耗及其折算系数折算成标准煤。其中主要能源的类型及其折算系数如表3－1所示：

该方法折算各省、直辖市、自治区能源消费量的具体公式如下：

$$E_{i,t} = \sum_{j=1}^{n} e_{i,t,j} \times c_j \tag{3-59}$$

其中：$E_{i,t}$ 表示区域 i 第 t 年的能源消费总量，$e_{i,t,j}$ 表示区域 i 第 t 年的能源 j 的消费量，c_j 表示能源 j 的折算系数。

表 3-1　　主要能源的类型及其折算系数

能源种类	折算系数	能源种类	折算系数
原煤	0.7143 kgce/kg	煤油	1.4714 kgce/kg
洗精煤	0.9000 kgce/kg	柴油	1.4571 kgce/kg
其他洗煤	0.2850 kgce/kg	燃料油	1.4286 kgce/kg
焦炭	0.9714 kgce/kg	液化石油气	1.7143 kgce/kg
焦炉煤气	0.5714 $kgce/m^3$	炼厂干气	1.5714 kgce/kg
其他煤气	0.3570 $kgce/m^3$	天然气	1.2143 $kgce/m^3$
原油	1.4286 kgce/kg	热力	34.12 $kgce/10^6kJ$
汽油	1.4714 kgce/kg	电力	0.3270 kgce/kW·h

资料来源：作者通过《中国能源统计年鉴》披露的各种能源的折算系数计算而来，原始数据来源于2004—2014年《中国能源统计年鉴》。

（2）产出变量：区域环境效率评估研究中涉及的产出变量包括期望产出和非期望产出两类。首先，对于期望产出，本书选用的是区域GDP指标，由于该指标的统计数据采用的是货币单位，为消除通货膨胀带来的影响，本书以2003年为基期，采用各省、直辖市、自治区居民消费不变价格指数对其进行平减处理。另外，上述各省资本存量的估算以1978年为基期，此处以2003年为基期进行数据转换。其次，在非期望产出的选择上，本书最终选择了SO_2和CO_2两种气体污染物作为指代指标，其原因在于：其一，虽然在经济系统生产过程中主要排放的环境污染物包括废水、废气、固体废弃物、工业烟尘、工业粉尘和工业SO_2六种，然而本书主要研究的是“经济—能源—环境”这一复杂系统的环境效率，并且将能源消费纳入了投入要素，而能源要素，特别是化石能源的燃烧带来的主要环境污染物为SO_2和CO_2，两者能够在一定程度上反映区域生产系统的环境外部性；其二，在以往的环境效率相关研究文献中，SO_2和CO_2指标也是最常用的非期望产出指标，学者们都认为在考虑能源消费作为投入指标的情况下，SO_2和CO_2排放量指标是典型的环境污染物指代指标，将其作为非期望产出指标符合经济系统的实际生产情况；其三，我国的排污权交易已于2007年开始，在广东、江苏等地展开试点实施，排污权交易制度为我国区域环境治理和保护提供了新的思路。而目前，我国排污权交易的标的物主要为SO_2和CO_2，这说明SO_2和CO_2排放对我国区域环境污染具有重要影响，也在一定程度上体现了我国区域环境污染物的排放情况。综上所述，笔者认为SO_2和CO_2排放量能够在一定程度上反映区域生产系统的环境外部性，因此，本书的非期望产出变量就选用区域SO_2排放量指标和区域CO_2排放量指标。其中，区域SO_2排放量指标的原始数据来源于2004—2014年《中国统计年鉴》，而区域CO_2排放量指标不存在直接的统计数据，本书借鉴孙作人等（2015）的计算方法，使用《中国能源统计年鉴》中披露的区域20种终端能源消费量及其CO_2排放系数进行折算。这20种终端能源消费量的类型及其CO_2排放系数如表3－2所示：

表3－2　20种终端能源消费量的类型及其CO_2排放系数

能源种类	CO_2排放系数	能源种类	CO_2排放系数
原煤	1.9779 kg CO_2/kg	煤油	3.0924 kg CO_2/kg
洗精煤	2.4921 kg CO_2/kg	柴油	3.1605 kg CO_2/kg
其他洗煤	0.7911 kg CO_2/kg	燃料油	3.2366 kg CO_2/kg
型煤	2.0385 kg CO_2/kg	液化石油气	3.1663 kg CO_2/kg
焦炭	3.0425 kg CO_2/kg	炼厂干气	2.6495 kg CO_2/kg
焦炉煤气	7.4263 kg CO_2/m^3	其他石油制品	3.0651 kg CO_2/kg
其他煤气	7.4263 kg CO_2/m^3	天然气	21.8403 kg CO_2/m^3
其他焦化产品	2.2947 kg CO_2/kg	热力	0.0001 kg CO_2/kJ
原油	3.0651 kg CO_2/kg	电力	2.2553 kg CO_2/kW·h
汽油	3.0149 kg CO_2/kg	其他能源	2.7718kg CO_2/kg

资料来源：作者通过《中国能源统计年鉴》披露的各种能源的CO_2排放系数计算而来。

孙作人等（2015）认为上述CO_2折算方法克服了以往文献中使用三种一次能源测算CO_2排放量产生的区域分配不公的缺陷。该方法折算CO_2排放量的具体公式如下：

$$Cd_{i,t} = \sum_{k=1}^{20} c_{i,t,k} \times d_k \tag{3-60}$$

其中：$Cd_{i,t}$表示区域i第t年的CO_2排放量，$c_{i,t,k}$表示区域i第t年的能源k的消费量，d_k表示能源k的CO_2排放系数。在通过上述数据筛选和折算后，各省投入、期望产出和非期望产出变量原始数据的描述性统计结果如表3－3所示：

表 3-3　　变量数据的描述性统计结果

变量类型	变量	单位	最大值	最小值	平均值	标准差
投入	劳动力	万人	6214.7490	258.6660	2435.9370	1627.44
	资本存量	亿元	102553.1790	386.3550	22088.9538	18783.0385
	能源消费	亿吨	38899.2490	742.0000	11762.3399	7797.6350
期望产出	GDP	亿元	57067.9180	466.1000	12224.8790	11056.7629
非期望产出	SO_2 排放量	万吨	200.3000	2.1750	77.7433	44.4479
	CO_2 排放量	万吨	61360.5100	1257.0580	18690.0310	12371.0847

资料来源：作者通过《中国统计年鉴》《中国能源统计年鉴》披露的数据，并以 2003 年为基期计算获得，限于篇幅，本书仅列出其 2003—2012 年的均值和标准差，历年具体数据见附录 A。

3.5.2　区域环境效率评估结果及分析

3.5.2.1　区域环境效率静态评估结果及分析：基于 USBM 模型

如前文所述，在四种非期望 SBM 模型中，USBM 模型最契合经济生产系统的实际生产过程，为便于比较分析，本节先采用 USBM 模型来评估我国大陆其中 30 个省、直辖市、自治区的环境效率，结果如表 3-4 所示：

表 3-4　　2003—2012 年各省、直辖市、自治区环境效率评估值

地区	USBM 模型									
	2003 年	2004 年	2005 年	2006 年	2007 年	2008 年	2009 年	2010 年	2011 年	2012 年
北京市	1.0000	1.0000	1.0000	1.0000	1.0000	1.0000	1.0000	1.0000	1.0000	1.0000
天津市	1.0000	1.0000	1.0000	1.0000	1.0000	1.0000	1.0000	1.0000	1.0000	1.0000
河北省	0.3173	0.3444	0.3830	0.3876	0.3948	0.3852	0.3735	0.3800	0.3860	0.3955
辽宁省	1.0000	1.0000	1.0000	0.6558	0.6123	0.5683	0.5425	0.5548	0.5718	0.5917
吉林省	0.5651	0.5887	0.6250	0.6415	0.6207	0.5881	0.5719	0.5582	0.5646	0.5820
黑龙江省	0.4929	0.5231	0.5664	0.5782	0.5634	0.5546	0.5151	0.5284	0.5475	0.5436
上海市	1.0000	1.0000	1.0000	1.0000	1.0000	1.0000	1.0000	1.0000	1.0000	1.0000
江苏省	0.6779	0.6402	0.6702	0.7139	0.7313	0.7623	0.7853	1.0000	1.0000	1.0000
浙江省	1.0000	0.7491	0.7677	0.7947	1.0000	0.7698	0.7720	0.7998	0.8080	0.8214
福建省	1.0000	0.8774	0.8247	0.8213	0.8188	0.7421	0.7062	0.6985	0.7010	0.7152
山东省	0.5197	0.5323	0.5334	0.5631	0.5620	0.5698	0.5705	0.5586	0.5363	0.5581

续 表

地区	USBM 模型									
	2003 年	2004 年	2005 年	2006 年	2007 年	2008 年	2009 年	2010 年	2011 年	2012 年
广东省	1.0000	1.0000	1.0000	1.0000	1.0000	1.0000	1.0000	1.0000	1.0000	1.0000
海南省	1.0000	1.0000	1.0000	1.0000	1.0000	1.0000	1.0000	1.0000	1.0000	1.0000
山西省	0.3024	0.3410	0.3814	0.3890	0.4075	0.4187	0.3758	0.3905	0.4047	0.4032
安徽省	1.0000	1.0000	0.7531	0.6184	0.6087	0.5993	0.5943	0.5871	0.5941	0.5813
江西省	0.4409	0.4793	0.5086	0.5337	0.5371	0.5605	0.5523	0.5789	0.6104	0.6192
河南省	0.4024	0.4021	0.4318	0.4370	0.4499	0.4247	0.4029	0.3958	0.3983	0.4136
湖北省	0.4444	0.4503	0.4775	0.4945	0.5141	0.5024	0.4969	0.5062	0.5206	0.5349
湖南省	0.4974	0.5046	0.4832	0.4955	0.5145	0.5327	0.5081	0.5054	0.5297	0.5460
内蒙古自治区	0.3722	0.3913	0.4165	0.4332	0.4474	0.4777	0.4711	0.4681	0.4869	0.4819
广西壮族自治区	0.5920	0.5709	0.5660	0.5723	0.5699	0.5386	0.4897	0.4626	0.4807	0.4655
重庆市	0.4307	0.4355	0.4181	0.4239	0.4396	0.4842	0.4916	0.5000	0.5422	0.5615
四川省	0.3865	0.3946	0.4294	0.4422	0.4537	0.4437	0.4212	0.4233	0.4588	0.4776
贵州省	0.1792	0.1942	0.2344	0.2497	0.2712	0.3120	0.3274	0.3331	0.3680	0.3920
云南省	0.3687	0.3903	0.3859	0.3992	0.4124	0.4290	0.4099	0.3944	0.3936	0.3956
陕西省	0.4434	0.4667	0.4865	0.5118	0.5261	0.5396	0.5204	0.5220	0.5297	0.5447
甘肃省	0.2939	0.3246	0.3440	0.3841	0.4140	0.4139	0.4160	0.4328	0.4565	0.4741
青海省	1.0000	1.0000	1.0000	1.0000	1.0000	1.0000	1.0000	1.0000	1.0000	1.0000
宁夏回族自治区	0.6677	0.6924	0.7238	0.7452	0.7676	0.8019	0.8003	0.8022	0.8344	0.8590
新疆维吾尔自治区	0.5418	0.5403	0.5698	0.5877	0.5550	0.5515	0.5168	0.5446	0.5451	0.5314

注：限于篇幅，本书仅列示基于 VRS 假设下，各省、直辖市、自治区历年的环境效率评估值。

由表 3 -4 可知，我国各省、直辖市、自治区历年的环境效率评估值差异较大，北京市、天津省、上海市、广东省、海南省、青海省历年的环境效率评估值均为 1.0000，表明其始终位于效率前沿面。而环境效率较低的贵州省、甘肃省等省、直辖市、自治区的历年环境效率值都介于0.1500～0.5000，可见，省际环境效率存在巨大差异，其极差达到450%。另外，值得特别注意的省份包括辽宁省、安徽省、江苏省、河北省、青海省和山西省。首先，辽宁省（2004）、安徽省（2004）、江苏省（2010、2012）的环境效率值也为1.0000，表明2004年辽宁和安徽位于环境效率前沿，2010年和2012年的江苏省也是如此；并且，辽宁省和安徽省的环境效率值呈波动下降趋势。其次，河北省的环境效率较低，排名也在后五位。然而，与河北省邻近的北京市、天津市和山东省等地的环境效率值都较高，因此，河北省应注重通过邻近省、直辖市、自治区的高效技术引入等渠道提升自身环境效率。再次，本书通过CRS假设与VRS假设下我国省际环境效率评估结果的对比发现，青海省在VRS假设下位于环境效率前沿面上，即其环境效率最高，而在CRS假设下，其环境效率则排名后三位，说明青海省纯技术效率较高，但其规模效率相对较低。最后，山西省的环境效率较低，其历年效率值均介于0.3000～0.4200。主要原因在于山西省是我国最重要的煤炭资源省份，天然的资源禀赋导致山西省以煤矿开采和加工、焦炭开采和加工、冶金和电力生产为主要产业，这些产业不仅资源依赖较强、污染严重，且能源耗费较多，从而造成了其能源投入、非期望产出无效率的情况较为严重。可见，对于这类资源依赖较强的省份，产业结构的调整是其能源效率提升的必经之路。

为了探索区域环境无效率的来源，本书将从投入、产出效率和具体投入产出要素的松弛率两方面深入分析。表3－5列示了2003—2012年我国各省、直辖市、自治区投入、产出效率值及其松弛率，与上述评估结果相对应，位于效率前沿面的北京市、天津市、上海市、广东省、海南省、青海省等省、直辖市、自治区的投入效率、产出效率均为1.0000，且不存在投入、产出松弛量。而从投入效率和产出效率的视角来看，环境效率较低省、直辖市、自治区的环境无效率来源则各有差异。以年均环境效率评估值低于0.5000的八大省、自治区为例，湖北省、云南省两个省份环境无效率的主要原因在于投入无效率；而产出无效率则是新疆维吾尔自治区、内蒙古自治区环境无效率的主要来源；河北省、山西省、贵州省和甘肃省等省份则是同时存在显著的投入和产出双面无效率，说明这四个省份在投入要素和产出方面都存在巨大的优化潜力。具体到各个投入、产出变量而言，投入无效率的来源主要有劳动力和资本要素的过量投入，其中，上述八大环境效率最差的省、自治区中，河北省、湖北省、山西省、贵州省、云南省和甘肃省的劳动力松弛率都高于

35%；除湖北省外的其他七个省、自治区的资本存量松弛率均高于40%。产出无效率的主要来源则是SO_2过度排放，特别是以江西、广西和陕西省为首的中西部省、直辖市、自治区。

表3-5 各省、直辖市、自治区2003—2012年投入、产出效率值及其松弛率

地区	α	投入效率	产出效率	投入松弛率			产出松弛率		
				劳动力	资本	能源	GDP	CO_2	SO_2
北京市	1.0000	1.0000	1.0000	0.0000	0.0000	0.0000	0.0000	0.0000	0.0000
天津市	1.0000	1.0000	1.0000	0.0000	0.0000	0.0000	0.0000	0.0000	0.0000
河北省	0.3747	0.5311	0.6677	0.4643	0.3333	0.0000	0.0041	0.0730	0.1257
辽宁省	0.7097	0.8482	0.8256	0.1278	0.0952	0.0000	0.0000	0.0241	0.1569
吉林省	0.5906	0.7263	0.8061	0.2482	0.3764	0.0259	0.0000	0.0960	0.2117
黑龙江省	0.5413	0.6584	0.7223	0.3695	0.3707	0.0895	0.0000	0.0000	0.2226
上海市	1.0000	1.0000	1.0000	0.0000	0.0000	0.0000	0.0000	0.0000	0.0000
江苏省	0.7981	0.8300	0.8577	0.0212	0.1593	0.0014	0.0000	0.0102	0.0377
浙江省	0.8283	0.7652	0.8351	0.1849	0.2755	0.0940	0.0000	0.0000	0.2303
福建省	0.7905	0.8463	0.8403	0.2854	0.0521	0.0141	0.0000	0.0892	0.2502
山东省	0.5504	0.6388	0.6597	0.2206	0.1828	0.0169	0.0000	0.0474	0.1378
广东省	1.0000	1.0000	1.0000	0.0000	0.0000	0.0000	0.0000	0.0000	0.0000
海南省	1.0000	1.0000	1.0000	0.0000	0.0000	0.0000	0.0000	0.0000	0.0000
山西省	0.3814	0.5379	0.7402	0.4163	0.3533	0.0015	0.0000	0.0180	0.1658
安徽省	0.6936	0.7618	0.7991	0.5259	0.0228	0.0000	0.0000	0.0973	0.2448
江西省	0.5421	0.5974	0.6735	0.5890	0.3906	0.0000	0.0000	0.0962	0.5192
河南省	0.4158	0.5292	0.6406	0.6196	0.3076	0.0093	0.0169	0.0520	0.2576
湖北省	0.4942	0.6006	0.7260	0.5331	0.2685	0.0000	0.0000	0.0956	0.1934
湖南省	0.5117	0.6407	0.7296	0.6219	0.1717	0.0071	0.0000	0.0814	0.2703
内蒙古自治区	0.4446	0.5931	0.6773	0.1890	0.4151	0.0142	0.0000	0.0149	0.2638
广西壮族自治区	0.5308	0.6555	0.7296	0.6567	0.1868	0.0000	0.0000	0.1155	0.4727

续 表

地区	α	投入效率	产出效率	投入松弛率			产出松弛率		
				劳动力	资本	能源	GDP	CO_2	SO_2
重庆市	0.4727	0.5725	0.6818	0.5438	0.4181	0.0044	0.0000	0.0484	0.4021
四川省	0.4331	0.5827	0.7199	0.6742	0.2489	0.0391	0.0000	0.0175	0.2879
贵州省	0.2861	0.3756	0.5828	0.7143	0.4641	0.0000	0.1304	0.0310	0.2573
云南省	0.3979	0.5150	0.7074	0.6876	0.4409	0.0214	0.0000	0.0681	0.2549
陕西省	0.5091	0.6214	0.7033	0.5126	0.3168	0.0109	0.0000	0.0468	0.4151
甘肃省	0.3954	0.4679	0.6763	0.5843	0.5035	0.0265	0.0000	0.0049	0.2924
青海省	1.0000	1.0000	1.0000	0.0000	0.0000	0.0000	0.0000	0.0000	0.0000
宁夏回族自治区	0.7694	0.9053	0.8505	0.0000	0.1935	0.0007	0.0364	0.0617	0.3202
新疆维吾尔自治区	0.5484	0.7087	0.7927	0.1689	0.3863	0.0258	0.0000	0.0121	0.2326

注：限于篇幅，本书仅列示各变量的均值，若需要，作者可提供历年的测算值，下同。

3.5.2.2 区域环境效率动态评估结果及分析：基于 SBM－ML 指数模型

上述 USBM 模型对省际环境效率的评估仅从静态视角反映各省、直辖市、自治区经济生产过程中的环境外部性，而环境全要素生产率则提供了一个动态的研究视角，更有利于探索省级环境效率的变化趋势，表 3－6 报告了本书利用 SBM－ML 指数对省际环境全要素生产率及其分解值的评估结果。

表 3－6 各省、直辖市、自治区 2003—2012 年 SBM－ML 指数测算结果

地区	全要素生产率	$ML\_ PTE_t^{t+1}$	$ML\_ SE_t^{t+1}$	$ML\_ PTA_t^{t+1}$	$ML\_ TSE_t^{t+1}$
北京市	1.0105	1.0000	1.0006	1.0053	1.0048
天津市	1.0191	1.0000	0.9939	1.0048	1.0214
河北省	1.0101	1.0048	0.9924	1.0098	1.0028
辽宁省	1.0038	0.9803	1.0462	1.0014	0.9803
吉林省	1.0084	0.9983	1.0050	1.0070	0.9984
黑龙江省	1.0139	0.9963	1.0079	1.0099	0.9996
上海市	1.0121	1.0000	1.0006	1.0092	1.0025

续 表

地区	全要素生产率	$ML\_ PTE_t^{t+1}$	$ML\_ SE_t^{t+1}$	$ML\_ PTA_t^{t+1}$	$ML\_ TSE_t^{t+1}$
江苏省	1.0153	1.0019	1.0086	1.0017	1.0079
浙江省	1.0195	0.9988	1.0082	1.0161	0.9964
福建省	1.0121	0.9848	1.0315	1.0093	0.9874
山东省	1.0394	1.0029	1.0068	1.0083	1.0247
广东省	1.0054	1.0000	1.0003	1.0090	0.9959
海南省	1.0289	1.0000	1.0220	1.0083	0.9995
山西省	1.0060	1.0033	0.9925	1.0029	1.0062
安徽省	0.9927	0.9783	1.0281	0.9901	1.0048
江西省	1.0126	1.0042	0.9899	1.0082	1.0090
河南省	1.0097	0.9977	1.0007	1.0134	0.9975
湖北省	1.0095	1.0012	0.9962	1.0082	1.0024
湖南省	1.0062	0.9962	1.0062	1.0063	0.9965
内蒙古自治区	1.0127	1.0041	0.9866	1.0077	1.0132
广西壮族自治区	1.0061	0.9903	1.0195	1.0024	0.9929
重庆市	1.0089	0.9998	0.9991	1.0043	1.0046
四川省	1.0077	1.0001	0.9994	1.0074	1.0000
贵州省	1.0155	1.0130	0.9785	0.9964	1.0271
云南省	1.0067	0.9979	1.0051	1.0051	0.9988
陕西省	1.0100	1.0004	0.9980	1.0058	1.0056
甘肃省	1.0070	1.0049	0.9923	0.9993	1.0105
青海省	1.0088	1.0000	1.0022	1.0066	1.0006
宁夏回族自治区	1.0068	1.0132	0.9807	0.9778	1.0360
新疆维吾尔自治区	1.0078	0.9965	1.0074	1.0028	1.0013
均值	1.0112	0.9990	1.0035	1.0048	1.0043

由表3－6可知，整体而言，30个省、直辖市、自治区的环境全要素生产率均值为1.0112，表明2003—2012年，我国各省、直辖市、自治区环境效率得到改善，其环境效率正以每年1.12%的速度逐年提升。从环境全要素生产率的分解值来看，各省、直辖市、自治区环境纯技术效率指数均值为0.9990，规模效

率指数均值为1.0035，纯技术进步指数均值为1.0048、技术规模效率指数均值为1.0043，表明样本期间内，我国省际环境效率的提升主要依赖于技术进步和技术规模效率的改善。具体而言，大部分东部和中部省、直辖市、自治区的技术进步指数较大，说明样本期间内，东部和中部省、直辖市、自治区的生产技术进步较快，也促进了环境效率的提升；大部分西部省、直辖市、自治区的技术规模效率较大，表明技术规模的积累对于西部省份环境效率的提升具有重要作用。最后，安徽省的环境全要素生产率小于1.0000，其环境效率在时间趋势上表现为恶化形态，这应当引起相关管理部门的重视，进一步优化协调其经济发展与环境改善的关系，防止其环境效率的进一步恶化。

3.5.3 区域环境效率评估结果对比分析：基于四类非期望产出SBM模型

同理，采用MaxDEA7软件评估投入化处理法、非线性函数转换法、线性函数转换法三种非期望产出处理方法条件下省际环境效率，结果如表3-7所示。对比表3-7和表3-5的结果可知：对于北京市、天津市、上海市、江苏省、广东省、海南省、青海省等环境效率较好的省、直辖市、自治区，四类非期望产出SBM模型的评估值几乎保持一致，均为1.0000，位于效率前沿面。而环境效率较低的贵州省、甘肃省等省、直辖市、自治区，历年环境效率值差异较大。以贵州省为例，投入化处理法和线性函数变换法都极大地高估了其环境效率，而非线性函数变换法则反之。

表3-7 2010—2012年基于三类非期望SBM模型的各省、直辖市、自治区环境效率评估值

地区	投入化处理非期望SBM			非线性函数变换非期望SBM			线性函数变换非期望SBM		
	2010年	2011年	2012年	2010年	2011年	2012年	2010年	2011年	2012年
北京市	1.0000	1.0000	1.0000	1.0000	1.0000	1.0000	1.0000	1.0000	1.0000
天津市	1.0000	1.0000	1.0000	1.0000	1.0000	1.0000	1.0000	1.0000	1.0000
河北省	0.4483	0.4466	0.4487	0.0450	0.0492	0.0541	0.3404	0.3397	0.3531
辽宁省	0.5611	0.5596	0.5743	0.0806	0.0930	0.1050	0.5414	0.5486	0.5708
吉林省	0.4843	0.4760	0.4939	0.1285	0.1367	0.1555	0.5823	0.5859	0.6011
黑龙江省	0.4997	0.5010	0.4899	0.1025	0.1173	0.1234	0.5591	0.5807	0.5744

续 表

地区	投入化处理非期望 SBM			非线性函数变换非期望 SBM			线性函数变换非期望 SBM		
	2010 年	2011 年	2012 年	2010 年	2011 年	2012 年	2010 年	2011 年	2012 年
上海市	1.0000	1.0000	1.0000	1.0000	1.0000	1.0000	1.0000	1.0000	1.0000
江苏省	1.0000	1.0000	1.0000	1.0000	1.0000	1.0000	1.0000	1.0000	1.0000
浙江省	0.8537	0.8347	0.8355	0.1700	0.1984	0.2150	0.8145	0.8207	0.8270
福建省	0.6624	0.6592	0.6705	0.1584	0.1924	0.2129	0.7339	0.7391	0.7479
山东省	0.6726	0.6360	0.6487	0.1466	0.1428	0.1714	0.4712	0.4374	0.4500
广东省	1.0000	1.0000	1.0000	1.0000	1.0000	1.0000	1.0000	1.0000	1.0000
海南省	1.0000	1.0000	1.0000	1.0000	1.0000	1.0000	1.0000	1.0000	1.0000
山西省	0.3849	0.3869	0.3763	0.0376	0.0411	0.0452	0.3711	0.3881	0.3856
安徽省	0.5943	0.6059	0.6005	0.0998	0.1204	0.1290	0.6249	0.6496	0.6477
江西省	0.5376	0.5532	0.5544	0.1006	0.1193	0.1307	0.5982	0.6310	0.6364
河南省	0.4915	0.4729	0.4876	0.0509	0.0565	0.0655	0.3853	0.3981	0.4182
湖北省	0.5218	0.5260	0.5415	0.0832	0.0963	0.1090	0.5423	0.5560	0.5718
湖南省	0.5353	0.5374	0.5490	0.0727	0.0975	0.1107	0.5421	0.5703	0.5824
内蒙古自治区	0.4709	0.4725	0.4771	0.0572	0.0692	0.0757	0.4148	0.4480	0.4435
广西壮族自治区	0.4581	0.4466	0.4322	0.0571	0.1002	0.1058	0.4746	0.5128	0.4956
重庆市	0.4458	0.4675	0.4810	0.0667	0.0959	0.1088	0.5000	0.5502	0.5668
四川省	0.4780	0.4863	0.5029	0.0513	0.0718	0.0821	0.4329	0.4842	0.5019
贵州省	0.3131	0.3286	0.3451	0.0291	0.0366	0.0435	0.3159	0.3593	0.3822
云南省	0.3685	0.3594	0.3582	0.0655	0.0616	0.0675	0.4211	0.4144	0.4144
陕西省	0.4913	0.4875	0.4956	0.0726	0.0765	0.0904	0.5375	0.5450	0.5600
甘肃省	0.3766	0.3927	0.4004	0.0666	0.0727	0.0841	0.4463	0.4712	0.4871
青海省	1.0000	1.0000	1.0000	1.0000	1.0000	1.0000	1.0000	1.0000	1.0000
宁夏回族自治区	0.6346	0.6686	0.7023	0.3658	0.3807	0.4094	0.7905	0.8223	0.8420
新疆维吾尔自治区	0.4524	0.4499	0.4394	0.0830	0.0782	0.0782	0.5600	0.5554	0.5340

注：限于篇幅，本书仅列示 2010—2012 年，基于三类非期望 SBM 模型的各省环境效率评估值。

四类非期望 SBM 模型应用于各省、直辖市、自治区环境效率评估时的差异不仅体现为其绝对评估值的差异，也可能扭曲各省、直辖市、自治区环境无效率的来源，下文将以劳动力投入要素和非期望产出变量SO_2 环境无效率重要来源为例进行对比分析。表 3 - 8 列示了 2003—2012 年，基于四类非期望 SBM 模型的劳动力投入要素和非期望产出变量SO_2 的松弛率均值，结果发现：其一，非期望产出投入化处理法极大地降低了SO_2 的松弛率，测算的SO_2 松弛率对省际环境无效率的贡献较小，扭曲了省际环境无效率的主要来源，主要原因在于该方法改变了系统包络面的维度。其二，函数变换法的评估结果同样不够精确，非线性函数变换法的评估结果高估了SO_2 松弛率，低估了劳动力松弛率；而线性函数变换法低估了SO_2 松弛率，主要原因在于该方法受既定常数 v 的影响较大，评估结果不稳定。总之，无论从省际环境效率绝对评估值，或是投入产出松弛评估结果而言，USBM 模型的评估原理符合生产系统的实际生产过程，评估结果更加准确稳定。因此，后文的内容以 USBM 模型的评估结果为基础进行分析。

表 3 - 8　2003—2012 年基于四类非期望 SBM 模型的投入产出要素的松弛率

地区	劳动力要素松弛率				SO_2 变量松弛率			
	USBM	投入化处理	非线性函数变换	线性函数变换	USBM	投入化处理	非线性函数变换	线性函数变换
北京市	0.0000	0.0000	0.0000	0.0000	0.0000	0.0000	0.0000	0.0000
天津市	0.0000	0.0000	0.0000	0.0000	0.0000	0.0000	0.0000	0.0000
河北省	0.4643	0.4145	0.2892	0.4145	0.1257	0.0244	0.3461	0.0243
辽宁省	0.1278	0.1437	0.0000	0.1437	0.1569	0.0344	0.4513	0.0340
吉林省	0.2482	0.0000	0.0000	0.2519	0.2117	0.0200	0.6863	0.0225
黑龙江省	0.3695	0.2915	0.1600	0.3948	0.2226	0.0219	0.6052	0.0229
上海市	0.0000	0.0000	0.0000	0.0000	0.0000	0.0000	0.0000	0.0000
江苏省	0.0212	0.0000	0.0000	0.0000	0.0377	0.0000	0.0000	0.0000
浙江省	0.1849	0.1836	0.0978	0.1836	0.2303	0.0041	0.2572	0.0042
福建省	0.2854	0.3590	0.0973	0.3590	0.2502	0.0123	0.5088	0.0125
山东省	0.2206	0.1393	0.1167	0.1393	0.1378	0.0121	0.0910	0.0122
广东省	0.0000	0.0000	0.0000	0.0000	0.0000	0.0000	0.0000	0.0000
海南省	0.0000	0.0000	0.0000	0.0000	0.0000	0.0000	0.0000	0.0000

续 表

地区	劳动力要素松弛率				SO_2 变量松弛率			
	USBM	投入化处理	非线性函数变换	线性函数变换	USBM	投入化处理	非线性函数变换	线性函数变换
山西省	0.4163	0.3213	0.2023	0.4143	0.1658	0.0691	0.6352	0.0668
安徽省	0.5259	0.6103	0.5436	0.6103	0.2448	0.0090	0.3981	0.0091
江西省	0.5890	0.5060	0.4085	0.5659	0.5192	0.0198	0.5449	0.0205
河南省	0.6196	0.5649	0.4949	0.5649	0.2576	0.0157	0.2290	0.0158
湖北省	0.5331	0.4863	0.3071	0.4863	0.1934	0.0147	0.4223	0.0149
湖南省	0.6219	0.5740	0.4553	0.5740	0.2703	0.0149	0.3648	0.0150
内蒙古自治区	0.1890	0.0000	0.0000	0.3481	0.2638	0.1005	0.6328	0.0904
广西壮族自治区	0.6567	0.5998	0.5270	0.6523	0.4727	0.0271	0.4894	0.0275
重庆市	0.5438	0.4676	0.3888	0.5388	0.4021	0.0327	0.6033	0.0331
四川省	0.6742	0.6410	0.5348	0.6410	0.2879	0.0182	0.3088	0.0183
贵州省	0.7143	0.6760	0.6715	0.6715	0.2573	0.0449	0.5735	0.0428
云南省	0.6876	0.6251	0.6048	0.6950	0.2549	0.0146	0.5091	0.0154
陕西省	0.5126	0.3973	0.2680	0.4698	0.4151	0.0342	0.5845	0.0345
甘肃省	0.5843	0.4971	0.5057	0.5760	0.2924	0.0342	0.6882	0.0346
青海省	0.0000	0.0000	0.0000	0.0000	0.0000	0.0000	0.0000	0.0000
宁夏回族自治区	0.0000	0.0000	0.0000	0.0000	0.3202	0.0525	0.7475	0.0549
新疆维吾尔自治区	0.1689	0.0596	0.0000	0.1918	0.2326	0.0609	0.7832	0.0599

注：限于篇幅，本书仅列示2003—2012年，基于四类非期望SBM模型的劳动力投入要素和非期望产出变量SO_2的松弛率均值。

3.5.4 全国整体、经济区域环境效率评估结果及分析

如前文所述，现有的研究文献在评估全国整体、经济区域环境效率时，大多采用所包含的省际环境效率的均值来替代全国整体、经济区域环境效率评估值。然而，由于各省、直辖市、自治区资源要素禀赋、经济发展水平和生产技术水平的差异，各省、直辖市、自治区的环境效率对全国整体、经济

区域环境效率的贡献并不相同。因此，本书分别从松弛量和前沿面两个视角重构了全国整体、经济区域环境效率的评估方法，结合2003—2012年我国省际面板数据的实证分析结果如表3-9所示。

表3-9 2003—2012年全国整体及三大经济区域环境效率评估值

区域		2003年	2004年	2005年	2006年	2007年	2008年	2009年	2010年	2011年	2012年
全国	均值	0.6312	0.6278	0.6327	0.6291	0.6397	0.6324	0.6211	0.6308	0.6423	0.6496
	松弛量	0.5658	0.5631	0.5670	0.5642	0.5727	0.5668	0.5577	0.5655	0.5747	0.5806
	前沿面	0.5230	0.5206	0.5241	0.5216	0.5290	0.5238	0.5159	0.5228	0.5308	0.5360
东部	均值	0.8133	0.7889	0.7977	0.7812	0.7926	0.7646	0.7567	0.7752	0.7781	0.7852
	松弛量	0.7117	0.6921	0.6992	0.6860	0.6951	0.6727	0.6663	0.6812	0.6835	0.6892
	前沿面	0.6507	0.6336	0.6398	0.6283	0.6362	0.6166	0.6110	0.6241	0.6261	0.6310
中部	均值	0.5146	0.5295	0.5059	0.4947	0.5053	0.5064	0.4884	0.4940	0.5096	0.5164
	松弛量	0.4724	0.4844	0.4655	0.4565	0.4650	0.4658	0.4515	0.4559	0.4685	0.4738
	前沿面	0.4412	0.4517	0.4352	0.4273	0.4347	0.4355	0.4229	0.4268	0.4378	0.4425
西部	均值	0.4796	0.4910	0.5068	0.5226	0.5325	0.5447	0.5331	0.5348	0.5542	0.5621
	松弛量	0.4444	0.4535	0.4662	0.4789	0.4867	0.4966	0.4873	0.4886	0.5042	0.5105
	前沿面	0.4167	0.4247	0.4357	0.4469	0.4538	0.4624	0.4542	0.4554	0.4690	0.4746

注：限于篇幅，本书仅列示各变量的均值，若需要，作者可提供历年的测算值，下同。

实证分析结果表明，直接用各省、直辖市、自治区环境效率的均值来测算全国整体和经济区域的环境效率将高估环境效率较高地区的贡献，进而高估我国整体环境效率；而基于前沿面的评估方法符合SBM模型的计算原理，体现了全国整体环境效率与各省、直辖市、自治区环境效率的勾稽关系，因此，后文的分析也均以基于前沿面的效率评估结果为准。从整体来看，我国历年的环境效率围绕0.5250呈波动趋势，表明我国环境效率具有47.50%的提升空间。按地理位置划分，上述30个省、直辖市、自治区可划分为东部、中部和西部三大经济区域。从区域视角来看，我国三大经济区域的环境效率也存在较大差异。其中，东部区域的环境效率最高，其历年环境效率值在0.6100以上，并且呈现先下降后上升的波动变化趋势；2003—2005年，中部地区的环境效率高于西部地区，而2006—2012年，西部地区的环境效率高于中部区域。主要原因在于，中部的环境效率与我国整体环境效率变化趋势相似，围绕0.4350呈波动状态；而西部地区环境效率的上升趋势较为明显，并于2006年超过中部地区。另外，中部、西部地区的历年环境效率值均小于0.4750，具有52.50%以上的提升空间，可见，我国环境效率的改进应着重关注中部、西部区域，特别是贵州、甘肃等省、直辖市、自治区。

同理，可以通过测算全国整体、三大经济区域投入、产出松弛率来分析其环境无效率的主要来源，结果见表3－10。

表3－10　2003—2012年全国整体及三大经济区域投入、产出松弛率

区域		α	投入松弛率			产出松弛率		
			劳动力	资本	能源	GDP	CO_2	SO_2
全国	均值	0.6337	0.3320	0.2311	0.0134	0.0063	0.0400	0.2074
	松弛量	0.5678	0.3376	0.2366	0.0187	0.0116	0.0454	0.2129
	前沿面	0.5248	0.3613	0.2567	0.0309	0.0235	0.0585	0.2321
东部	均值	0.7834	0.1478	0.1419	0.0186	0.0003	0.0261	0.1056
	松弛量	0.6877	0.1494	0.1435	0.0206	0.0023	0.0280	0.1073
	前沿面	0.6297	0.1536	0.1476	0.0217	0.0030	0.0293	0.1105
中部	均值	0.5065	0.5510	0.2524	0.0030	0.0028	0.0734	0.2752
	松弛量	0.4659	0.5536	0.2545	0.0048	0.0046	0.0753	0.2774
	前沿面	0.4356	0.5746	0.2641	0.0047	0.0045	0.0779	0.2878
西部	均值	0.5261	0.4301	0.3249	0.0130	0.0152	0.0383	0.2908
	松弛量	0.4817	0.4344	0.3285	0.0147	0.0169	0.0401	0.2942
	前沿面	0.4493	0.4571	0.3455	0.0146	0.0169	0.0414	0.3093

首先，从全国整体来看，劳动力、资本存量和能源消费的松弛率分别为36.13%、25.67%和3.09%，即可通过减少36.13%的劳动力投入、25.67%的资本存量和3.09%的能源投入来实现区域投入效率的有效状态。产出变量方面，可通过增加2.35%的GDP、分别减少5.85%和23.21%的CO_2和SO_2排放量来实现区域产出效率的有效状态。

其次，从区域视角分析，东部区域的六大投入产出变量的松弛率分别为15.36%、14.76%、2.17%、0.30%、2.93%和11.05%，即东部地区可通过减少15.36%的劳动力投入、14.76%的资本存量投入、2.17%的能源投入，增加0.30%的GDP产出和减少2.93%的CO_2排放、11.05%的SO_2排放来改进东部区域环境效率，实现区域环境效率的有效状态。中部区域六大投入产出变量的松弛率分别为57.46%、26.41%、0.47%、0.45%、7.79%和28.78%；西部区域六大投入产出变量的松弛率分别为45.71%、34.55%、1.46%、

1.69%、4.14%和30.93%，其环境效率改进方向与东部相似。

最后，采用SBM－ML指数模型动态地测算全国整体及三大经济区域的环境全要素生产率及其分解值，其结果如表3－11所示。我国整体环境全要素生产率均值为1.0123，表明2003—2012年，我国整体环境效率正以1.23%的速度逐年提升，整体环境效率得到改善。从环境全要素生产率的分解值来看，我国整体纯技术效率指数为0.9863，规模效率指数为1.0039，纯技术进步指数为1.0053，技术规模效率指数为1.0047。表明样本期间内，我国整体环境效率的提升主要依赖于技术进步和规模效率的改善。从区域视角来看，东部、中部和西部三大区域的环境全要素生产率分别为1.0168、1.0067和1.0098，表明样本期间内，三大区域的环境效率均有所提高。其中，东部区域环境效率的改善主要来源于规模效率提高和技术进步；中部区域环境效率的改善主要源于生产技术进步；西部地区的环境效率的提升主要依赖于技术规模效率的提高，并且西部地区的规模效率小于1，处于规模报酬递减阶段。

表3－11　2003—2012年全国整体及三大经济区域SBM－ML指数测算结果

区域	全要素生产率	$ML\_\ PTE_t^{t+1}$	$ML\_\ SE_t^{t+1}$	$ML\_\ PTA_t^{t+1}$	$ML\_\ TSE_t^{t+1}$	
整体	均值	1.0112	0.9990	1.0035	1.0048	1.0043
	松弛量	1.0115	0.9958	1.0036	1.0049	1.0044
	前沿面	1.0123	0.9863	1.0039	1.0053	1.0047
东部	均值	1.0153	0.9975	1.0095	1.0077	1.0017
	松弛量	1.0157	0.9944	1.0097	1.0079	1.0017
	前沿面	1.0168	0.9850	1.0105	1.0085	1.0019
中部	均值	1.0061	0.9968	1.0023	1.0049	1.0027
	松弛量	1.0063	0.9937	1.0024	1.0050	1.0028
	前沿面	1.0067	0.9843	1.0025	1.0054	1.0030
西部	均值	1.0089	1.0018	0.9972	1.0014	1.0082
	松弛量	1.0091	1.0017	0.9971	1.0014	1.0084
	前沿面	1.0098	1.0013	0.9969	1.0015	1.0090

图3－1呈现了2003—2012年，我国整体、东部、中部和西部区域环境全要素生产率的变化趋势。由图3－1可知，我国整体环境全要素生产率在2004—2011年呈现波动上升趋势，表明该时期内我国整体环境效率在加速改

善；而2003—2004年、2011—2012年两个时间段减小，并且各部的全要素生产率小于1，表明这两个时间段内我国整体环境效率正在恶化。东部地区的环境全要素生产率变化趋势与整体环境全要素生产率的变化趋势相似，而中部和西部地区的环境全要素生产率的变化趋势趋于一致，2004—2008年呈现明显的上升趋势，而2008—2012年波动减小，表明自2008年以后，我国中部和西部区域的环境效率改善速度在减小，并且在2011—2012年间中部和西部的全要素生产率小于1，表明该阶段中部和西部区域环境效率发生恶化。

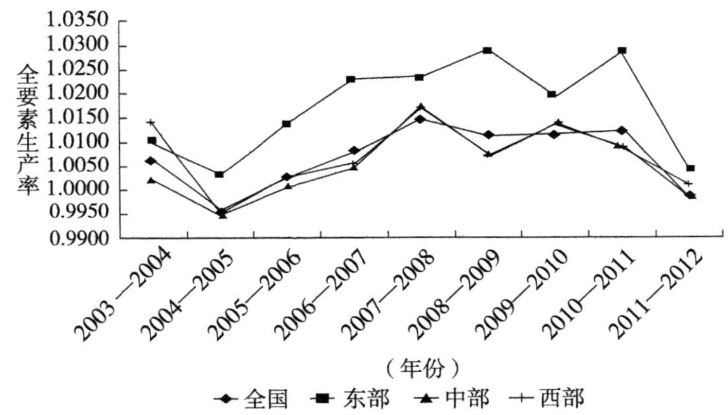

图3-1　2003—2012年我国整体及三大经济区域环境全要素生产率的变化趋势

三大区域环境全要素生产率的分解指数也存在较大差异，图3-2呈现了我国东部、中部、西部2003—2012年三大经济区域纯技术效率指数、规模效率指数、纯技术进步指数和技术规模效率指数的变化趋势。

根据图3-2可知，其一，2003—2009年，我国整体、东部和中部区域的纯技术效率指数均小于1，并且呈现波动下降趋势，说明该时期内，我国整体、东部和中部区域环境纯技术效率正加速恶化；而2009—2012年，其变化趋势变为波动上升且纯技术效率指数大于1，该阶段我国整体、东部和中部的环境纯技术效率得到改善。西部区域的纯技术效率大多大于1，说明西部区域环境纯技术效率对其环境全要素生产率的贡献为正向，其变化趋势与东部、中部相似。其二，我国东部和中部区域的规模效率指数都一直围绕1.0020波动，说明这些区域处于规模报酬递增阶段，但规模效率对区域环境全要素生产率的贡献不高。而西部区域的规模效率指数在2003—2009年呈现波动上升，而2009—2012年呈现显著的下降趋势，并且除个别年份外，其规模效率

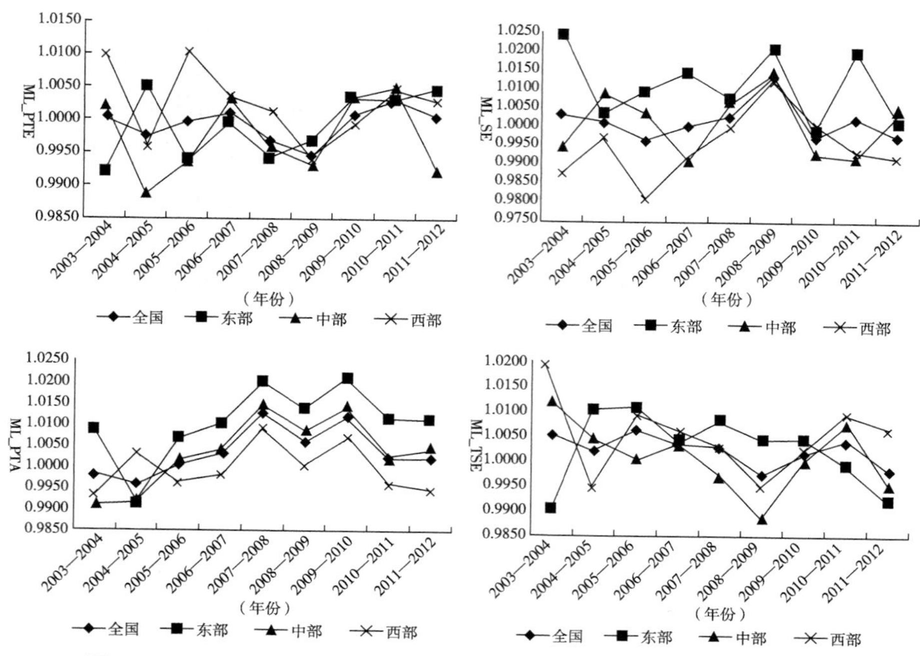

图 3-2 2003—2012 年我国整体及三大经济区域环境全要素生产率四类分解指数的变化趋势

指数值均小于1，说明西部地区正处于规模报酬递减阶段，且其对环境全要素生产率的贡献为负向。其三，我国整体和三大区域的纯技术进步指数均呈现M型变化趋势，2004—2008年这一时期纯技术进步指数增加，2008—2010年处于波动期，而2010—2012年则呈现下降趋势；并且我国整体和三大区域的纯技术进步指数在大多数年份都大于1。说明我国整体和三大区域在样本期间都实现了技术进步，并且前期的技术进步速度快，而后期的技术进步速度减缓。

3.6 本章小结

由于SO_2、CO_2等非期望产出变量的特殊性，在采用数据包络分析（DEA）系列方法评估区域"能源—环境—经济"生产系统的环境效率的评估研究中，可以采用投入化处理、函数变换等多种非期望产出的处理方法。本章首先从模型的构建过程以及模型的性质等方面对比了上述处理方法对应的非期望SBM模型的差异，并将这些模型应用于2003—2012年中国省际环境效率评估的实证分析中。结果发现，相对于投入化处理法、非线性函数变换法、线性函数变换法三种非期望产出的处理方法，USBM 模型遵循“能源—环境—经济”生产系统的实际生产过程，评估结果更为准确；各省、直辖市、自治区环境效率差异较大，北京市、天津市、上海市、广东省、海南省、青海省等省、直辖市、自治区历年的环境效率评估值均为 1.0000，位于效率前沿面上，而中西部地区省份的环境效率评估值相对较低，最低的山西省环境效率值低于0.3500，极差接近200%；各省、直辖市、自治区历年的环境效率均值围绕0.6500 呈波动趋势，具有35%左右的提升空间，并且，劳动力和资本要素的过度投入，SO_2 的过量排放是目前我国环境无效率的主要来源。

其次，本书通过 SBM－ML 指数分解方法从动态视角探索了我国区域环境全要素生产率的变动趋势。结果表明，2003—2012 年，我国各省、直辖市、自治区环境效率正逐年改善，表现为除安徽省外，共有 29 个省、直辖市、自治区的环境全要素生产率大于 1；从全国整体分析，环境效率的改善主要依赖于技术进步和规模效率的改善；而从三大经济区域的视角来看，东部、中部、西部三大区域环境效率进步的主要来源不同，中部和西部区域分别依赖于生产技术进步和技术规模效率的提高，而东部区域则与全国整体一致。

4 基于不可分离变量的区域环境效率评估研究

4.1 基本研究思路

在利用 SBM 模型或其众多拓展模型进行效率评估的过程中，变量的选择、划分和筛选是准确进行效率评估的关键步骤。例如，传统 SBM 模型中，投入、产出变量的选择直接影响决策单元的效率评估值；非期望 SBM 模型中，变量又可分为期望变量（Desirable Variable）和非期望变量（Undesirable Variable），两种变量的处理方法截然不同；而网络 SBM 模型中，除去常用的投入、产出变量外，相应地增加了中间变量，该类变量既是前一子过程的产出变量，又是下一子过程的投入变量。另外，根据变量的可支配性，又可以将其分为可任意支配变量和不可任意支配变量。以上变量的分类和讨论在以往的众多研究文献中已有体现，本章主要讨论两种特殊的变量及其对以往非期望 SBM 模型评估结果的影响，这两种变量分别为可分离变量（Separable Variable）和不可分离变量（Non - Separable Variable）。Tone 等（2011）讨论了变量间的不可分离特性，他们认为在生产系统的实际生产过程中，由于投入的变动必然引起产出量的变动，进而可能影响部分非期望产出的变动，即这些投入、产出和非期望产出变量之间存在 trade - off（权衡）关系，因而我们将其称为不可分离变量。

在考虑环境外部性的区域实际生产过程中，投入、产出和非期望产出间的不可分离特性普遍存在。例如，能源作为实际生产过程的主要“源动力”，是区域生产中必不可少的一种投入要素。在我国，化石能源的消费依旧占据能源投入的 70% 以上，而随着化石能源的燃烧，CO_2、SO_2 等空气污染物排放量也随之增加。即在区域生产过程中，能源的投入量一方面影响着产品产量的变动，另一方面也决定了CO_2、SO_2 排放量的变动。可见，能源投入变量与非期望产出（CO_2、SO_2）变量存在不可分离特性，可以称之为不可分离变量。又比如：火力发电企业，煤炭等投入要素的变动不仅决定了其发电量的变动情况，也决定了CO_2、SO_2等空气污染物排放量的变动。此时，可以将煤炭等投入变量、发电量等期望产出以及CO_2、SO_2等非期望产出统称为不可分离变量，在模型评估过程中应考虑这些变量间的不可分离特性。

不同于其他效率评估方法，SBM 模型是一种以数据为基础的效率评估方法。该方法主要基于一套决策单元的投入、产出数据，而不存在具体的生产函数形式。因此，不可分离变量间存在一定的数量关系，变量间的不可分离特性在一定程度上限制了管理者对于投入、产出的组合配置，否则将违背实际的生产规律。基于上述考虑，本书在构建 SBM 效率评估模型评估区域环境效率过程中，在考虑CO_2、SO_2变量作为系统非期望产出变量的基础上，同时考虑它们与能源投入要素间的不可分离特性，将不可分离变量引入模型。借鉴 Tone 等（2011）对不可分离变量的处理方法，在模型中体现其 trade - off 关系，本章构建一个区别于非期望 SBM 模型的基于不可分离变量的非期望 SBM 模型，以期更为准确、合理地评估区域环境效率。

4.2 基于不可分离变量的非期望 SBM（NS - USBM）模型

4.2.1 NS - USBM 模型的提出

在 USBM 模型的基础上，考虑不可分离变量时，假定各决策单元分别包含 r_1 个可分离投入，r_2 个不可分离投入（$r = r_1 + r_2$）；s_1 个可分离期望产出，s_2 个不可分离期望产出（$s = s_1 + s_2$）；t_1 个可分离非期望产出，t_2 个不可分离非期望产出（$t = t_1 + t_2$）。为了区分可分离变量和不可分离变量，本书以上标“S”表示可分离变量，上标“NS”表示不可分离变量。假定各不可分离变量同比例变化，则不可分离变量必须满足以下约束条件：

$$
\begin{aligned}
&\sum_{i=1}^{m} \boldsymbol{x}_i^{NS} \boldsymbol{\lambda}_i + \boldsymbol{s}^{NS-} = \alpha_o \boldsymbol{x}_o^{NS} \\
&\sum_{i=1}^{m} \boldsymbol{y}_i^{gNS} \boldsymbol{\lambda}_i - \boldsymbol{s}^{gNS+} = \alpha_o \boldsymbol{y}_o^{gNS} \qquad (4-1) \\
&\sum_{i=1}^{m} \boldsymbol{y}_i^{bNS} \boldsymbol{\lambda}_i + \boldsymbol{s}^{bNS-} = \alpha_o \boldsymbol{y}_o^{bNS}
\end{aligned}
$$

此时，生产系统的生产可能集为：

$$P(x)^{NS}=\left\{\begin{pmatrix}x^{S},x^{NS},y^{gS},\\ y^{gNS},y^{bS},y^{bS}\end{pmatrix}\left|\begin{array}{l}x^{S}\geqslant\sum_{i=1}^{m}x_i^{S}\boldsymbol{\lambda}_i,y^{gS}\leqslant\sum_{i=1}^{m}y_i^{gS}\boldsymbol{\lambda}_i\\ y^{bS}\geqslant\sum_{i=1}^{m}y_i^{bS}\boldsymbol{\lambda}_i,\alpha x^{NS}\geqslant\sum_{i=1}^{m}x_i^{NS}\boldsymbol{\lambda}_i\\ \alpha y^{gNS}\leqslant\sum_{i=1}^{m}y_i^{gNS}\boldsymbol{\lambda}_i,\alpha y^{bNS}\geqslant\sum_{i=1}^{m}y_i^{bNS}\boldsymbol{\lambda}_i,\\ x_i\geqslant 0,y_i^{g}\geqslant 0,y_i^{b}\geqslant 0,\boldsymbol{\lambda}_i\geqslant 0\end{array}\right.\right\} \tag{4-2}$$

其中：$s^{S-},s^{NS-}\in R_r$、$s^{gS+},s^{gNS+}\in R_s$和$s^{bS-},s^{bNS-}\in R_t$分别表示可分离与不可分离投入松弛、可分离与不可分离期望产出松弛和可分离与不可分离非期望产出松弛矩阵。那么本书 NS－USBM 模型可以表示如下：

$$\theta_o^{NS}=\min\frac{1-\frac{1}{r}\left(\sum_{p=1}^{r_1}\frac{s_{po}^{S-}}{x^{S}{}_{,po}}+r_2(1-\alpha_o)+\sum_{p=1}^{r_2}\frac{s_{po}^{NS-}}{x_{po}^{NS}}\right)}{1+\frac{1}{s+t}\left(\begin{array}{l}\sum_{q=1}^{s_1}\frac{s_{qo}^{gS+}}{y_{qo}^{gS}}+s_2(1-\alpha_o)+\sum_{q=1}^{s_2}\frac{s_{qo}^{gNS+}}{y_{qo}^{gNS}}+\sum_{l=1}^{t_1}\frac{s_{lo}^{bS-}}{y_{lo}^{bS}}+\\ t_2(1-\alpha_o)+\sum_{l=1}^{t_2}\frac{s_{lo}^{bNS-}}{y_{lo}^{bNS}}\end{array}\right)}$$

$$\begin{aligned}\text{s. t.}:&\sum_{i=1}^{m}x_i^{S}\boldsymbol{\lambda}_i+s^{S-}=x_o^{S}\\ &\sum_{i=1}^{m}x_i^{NS}\boldsymbol{\lambda}_i+s^{NS-}=\alpha_o x_o^{NS}\\ &\sum_{i=1}^{m}y_i^{gS}\boldsymbol{\lambda}_i-s^{gS+}=y_o^{gS}\\ &\sum_{i=1}^{m}y_i^{gNS}\boldsymbol{\lambda}_i-s^{gNS+}=\alpha_o y_o^{gNS}\\ &\sum_{i=1}^{m}y_i^{bS}\boldsymbol{\lambda}_i+s^{bS-}=y_o^{bS}\\ &\sum_{i=1}^{m}y_i^{bNS}\boldsymbol{\lambda}_i+s^{bNS-}=\alpha_o y_o^{bNS}\\ &\boldsymbol{\lambda}_i\geqslant 0,\sum_{i=1}^{m}\boldsymbol{\lambda}_i=1,1\geqslant\alpha_o\geqslant 0\\ &s^{S-}\geqslant 0,s^{NS-}\geqslant 0,s^{gS+}\geqslant 0,s^{gNS+}\geqslant 0,s^{bS-}\geqslant 0,s^{bNS-}\geqslant 0\end{aligned} \tag{4-3}$$

上述 NS－USBM 模型可以直接得出决策单元投入、产出的混合效率，整体效率值分解为投入混合效率与产出混合效率的乘积，其中：

$$\theta_o^{xNS} = 1 - \frac{1}{r}\left(\sum_{p=1}^{r_1} \frac{s_{po}^{S-}}{x_{po}^{S}} + r_2(1-\alpha_o) + \sum_{p=1}^{r_2} \frac{s_{po}^{NS-}}{x_{po}^{NS}} \right) \tag{4-4}$$

表示决策单元 DMU_o 的投入混合效率。而：

$$\theta_o^{yNS} = \frac{1}{1 + \frac{1}{s+t}\left(\sum_{q=1}^{s_1} \frac{s_{qo}^{gS+}}{y_{qo}^{gS}} + s_2(1-\alpha_o) + \sum_{q=1}^{s_2} \frac{s_{qo}^{gNS+}}{y_{qo}^{NS}} + \sum_{l=1}^{t_1} \frac{s_{lo}^{bS-}}{y_{lo}^{bS}} + t_2(1-\alpha_o) + \sum_{l=1}^{t_2} \frac{s_{lo}^{bNS-}}{y_{lo}^{bNS}} \right)} \tag{4-5}$$

则表示决策单元 DMU_o 的产出混合效率。并有：

$$\theta_o^{NS} = \theta_o^{xNS} \times \theta_o^{yNS} \tag{4-6}$$

4.2.2 模型分析

本书 NS－USBM 模型以非期望 SBM 模型为基础，首先通过引入不可分离变量的思想拓展了生产系统的生产可能集，然后通过不可分离变量的等比例变动这一数量关系构建模型。根据传统非期望 SBM 模型生产可能集的特征，本书拓展的生产可能集具有如下两条性质：

性质 4.1：$(x^S, x^{NS}, y^{gS}, y^{gNS}, y^{bS}, y^{bNS}) \in P(x)^{NS}$，若存在 $x^{S'} \geq x^S, x^{NS'} \geq x^{NS}$、$y^{gS'} \leq y^{gS}, y^{gNS'} \leq y^{gNS}$、$y^{bS'} \geq y^{bS}, y^{bNS'} \leq y^{bNS}$，则 $(x^{S'}, x^{NS'}, y^{gS'}, y^{gNS'}, y^{bS'}, y^{bNS'}) \in P(x)^{NS}$。

性质 4.2：$(x^S, x^{NS}, y^{gS}, y^{gNS}, y^{bS}, y^{bNS}) \in P(x)^{NS}$，则对于 $\forall \gamma \in [0,1]$，满足 $(\gamma x^S, \gamma x^{NS}, \gamma y^{gS}, \gamma y^{gNS}, \gamma y^{bS}, \gamma y^{bNS}) \in P(x)^{NS}$。

对于决策单元在 NS－USBM 模型下的评估结果，分别满足以下性质和定理：

性质 4.3：根据前文对 SBM 有效决策单元的定义可知，在考虑不可分离变量后，若决策单元 DMU_o 为 SBM 有效，则其满足 $\theta_o^{NS} = 1$。那么对于 SBM 无效决策单元 DMU_i，其投入、产出和非期望产出的改进方向，即其在系统前沿面的投影可以表示如下：

$$
\begin{aligned}
\tilde{x}_o^S &= x_o^S - s^{S-} \\
\tilde{x}_o^{NS} &= \alpha_o x_o^{NS} - s^{NS-} \\
\tilde{y}_o^{gS} &= y_o^{gS} + s^{gS+} \\
\tilde{y}_o^{gNS} &= \alpha_o y_o^{gNS} + s^{gNS+} \\
\tilde{y}_o^{bS} &= y_o^{bS} - s^{bS-} \\
\tilde{y}_o^{bNS} &= \alpha_o y_o^{bNS} - s^{bNS-}
\end{aligned}
\tag{4-7}
$$

定理 4.1：假定决策单元 $DMU_o(x_o^S, x_o^{NS}, y_o^{gS}, y_o^{gNS}, y_o^{bS}, y_o^{bNS})$ 利用 NS - USBM 模型评估得到的效率值为 θ_o^{NS*}。则对于 $\forall DMU_i(\alpha x_o^S, \alpha x_o^{NS}, \beta y_o^{gS}, \beta y_o^{gNS}, \gamma y_o^{bS}, \gamma y_o^{bNS})$，其利用 NS - USBM 模型得到的效率评估值为 θ_i^{NS*}，若满足 $1 \geqslant \alpha \geqslant 0, \beta \geqslant 1, 1 \geqslant \gamma \geqslant 0$，则：

$$
\theta_i^{NS*} \geqslant \theta_o^{NS*} \tag{4-8}
$$

上述定理 4.1 的意义在于，对于生产系统的任意决策单元，利用 NS - USBM 模型评估其效率时，其效率评估值具有单调性，即投入少、期望产出高、非期望产出少的决策单元对应的效率评估值相对更高。

证明 4.1：假定对于 $\forall DMU_i(\alpha x_o^S, \alpha x_o^{NS}, \beta y_o^{gS}, \beta y_o^{gNS}, \gamma y_o^{bS}, \gamma y_o^{bNS})$，采用上述 NS - USBM 模型评估其效率值的评估结果为 $(\theta_i^*, s_i^{S-*}, s_i^{NS-*}, s_i^{gS+*}, s_i^{gNS+*}, s_i^{bS-*}, s_i^{bNS-*}, \lambda_i^*)$。则将评估结果代入式（4-3）的约束条件可得：

$$
\begin{aligned}
\sum_{i=1}^{m} x_i^S \lambda_i^* + s_i^{S-*} &= \alpha x_o^S \leqslant x_o^S \\
\sum_{i=1}^{m} x_i^{NS} \lambda_i^* + s_i^{NS-*} &= \alpha \theta_o^* x_o^{NS} \leqslant \theta_o^* x_o^{NS} \\
\sum_{i=1}^{m} y_i^{gS} \lambda_i^* - s_i^{gS+*} &= \beta y_o^{gS} \geqslant y_o^{gS} \\
\sum_{i=1}^{m} y_i^{gNS} \lambda_i^* - s_i^{gNS+*} &= \beta \theta_o^* y_o^{gNS} \geqslant \theta_o^* y_o^{gNS} \\
\sum_{i=1}^{m} y_i^{bS} \lambda_i^* + s_i^{bS-*} &= \gamma y_o^{bS} \leqslant y_o^{bS} \\
\sum_{i=1}^{m} y_i^{bNS} \lambda_i^* + s_i^{bNS-*} &= \gamma \theta_o^* y_o^{bNS} \leqslant \theta_o^* y_o^{bNS}
\end{aligned}
\tag{4-9}
$$

再假定：

$$
s_i^{S-*'} = x_o^S - \sum_{i=1}^{m} x_i^S \lambda_i^* - s_i^{S-*}
$$

$$
\begin{aligned}
s_i^{NS-*\prime} &= \alpha_o^* x_o^{NS} - \sum_{i=1}^{m} x_i^{NS} \boldsymbol{\lambda}_i^* - s_i^{NS-*} \\
s_i^{gS*\prime} &= \sum_{i=1}^{m} y_i^{gS} \boldsymbol{\lambda}_i^* - s_i^{gS+*} - y_o^{gS} \\
s_i^{gNS+*\prime} &= \sum_{i=1}^{m} y_i^{gNS} \boldsymbol{\lambda}_i^* - s_i^{gNS+*} - \alpha_o^* y_o^{gNS} \\
s_i^{bS-*\prime} &= y_o^{bS} - \sum_{i=1}^{m} y_i^{bS} \boldsymbol{\lambda}_i^* - s_i^{bS-*} \\
s_i^{bNS-*\prime} &= \alpha_o^* y_o^{bNS} - \sum_{i=1}^{m} y_i^{bNS} \boldsymbol{\lambda}_i^* - s_i^{bNS-*}
\end{aligned}
\tag{4-10}
$$

因此，向量（$\theta_i^*, s_i^{S-*} + s_i^{S-*\prime}, s_i^{NS-*} + s_i^{NS-*\prime}, s_i^{gS+*} + s_i^{gS+*\prime}, s_i^{gNS+*} + s_i^{gNS+*\prime}, s_i^{bS-*} + s_i^{bS-*\prime}, s_i^{bNS-*} + s_i^{bNS-*\prime}, \boldsymbol{\lambda}_i^*$）是决策单元 DMU_o（$x_o^S, x_o^{NS}, y_o^{gS}, y_o^{gNS}, y_o^{bS}, y_o^{bNS}$）在 NS－USBM 模型中的一个可行解，假定该可行解对应的效率值为 $\theta_o^{NS*\prime}$，则：

$$
\theta_o^{NS*\prime} = \frac{1 - \frac{1}{r}\left(\sum_{p=1}^{r_1} \frac{s_{pi}^{S-*} + s_{pi}^{S-*\prime}}{x_{pi}^S} + r_2(1-\alpha_i^*) + \sum_{p=1}^{r_2} \frac{s_{pi}^{NS-*} + s_{pi}^{NS-*\prime}}{x_{pi}^{NS}} \right)}{1 + \frac{1}{s+t}\left(\begin{aligned} &\sum_{q=1}^{s_1} \frac{s_{qi}^{gS+*} + s_{qi}^{gS+*\prime}}{y_{qi}^{gS}} + s_2(1-\alpha_i^*) + \\ &\sum_{q=1}^{s_2} \frac{s_{qi}^{gNS+*} + s_{qi}^{gNS+*\prime}}{y_{qi}^{gNS}} + \sum_{l=1}^{t_1} \frac{s_{li}^{bS-*} + s_{li}^{bS-*\prime}}{y_{li}^{bS}} + t_2(1-\alpha_i^*) + \\ &\sum_{l=1}^{t_2} \frac{s_{li}^{bNS-*} + s_{li}^{bNS-*\prime}}{y_{li}^{bNS}} \end{aligned} \right)}
\tag{4-11}
$$

由于 θ_o^{NS*} 是决策单元 DMU_o（$x_o^S, x_o^{NS}, y_o^{gS}, y_o^{gNS}, y_o^{bS}, y_o^{bNS}$）在 NS－USBM 模型中最优解，可得 $\theta_o^{NS*\prime} \geqslant \theta_o^{NS*}$。又因为 θ_i^{NS*} 是决策单元 DMU_i（$\alpha x_o^S, \alpha x_o^{NS}, \beta y_o^{gS}, \beta y_o^{gNS}, \gamma y_o^{bS}, \gamma y_o^{bNS}$）的评估结果，则：

$$
\theta_i^{NS*} = \frac{1 - \frac{1}{r}\left(\sum_{p=1}^{r_1} \frac{s_{pi}^{S-*}}{x_{pi}^S} + r_2(1-\alpha_i^*) + \sum_{p=1}^{r_2} \frac{s_{pi}^{NS-*}}{x_{pi}^{NS}} \right)}{1 + \frac{1}{s+t}\left(\begin{aligned} &\sum_{q=1}^{s_1} \frac{s_{qi}^{gS+*}}{y_{qi}^{gS}} + s_2(1-\alpha_i^*) + \sum_{q=1}^{s_2} \frac{s_{qi}^{gNS+*}}{y_{qi}^{gNS}} + \sum_{l=1}^{t_1} \frac{s_{li}^{bS-*}}{y_{li}^{bS}} + \\ &t_2(1-\alpha_i^*) + \sum_{l=1}^{t_2} \frac{s_{li}^{bNS-*}}{y_{li}^{bNS}} \end{aligned} \right)}
\tag{4-12}
$$

对比式（4－11）和式（4－12）可知 $\theta_o^{NS*'} \leqslant \theta_i^{NS*}$，从而得证 $\theta_o^{NS*} \leqslant \theta_o^{NS*'} \leqslant \theta_i^{NS*}$。

4.3 区域环境效率评估及其分解测算分析

4.3.1 不可分离变量的界定

Tone 等（2011）提出了变量 trade－off 关系的理念，并提出了不可分离变量的概念，认为考虑变量间不可分离特性的 SBM 模型能更准确地评估决策单元的生产效率。本章以我国区域环境效率为研究对象，借鉴上述建模思想，充分考虑投入、产出变量间的不可分离特性，构建了基于不可分离变量的非期望 SBM 模型，以期更加合理地分析和比较区域环境效率及其变动趋势。鉴于本章的研究以区域实际生产过程为基础，为使本章构建的“NS－USBM”模型更符合区域实际生产过程，本节首先确定该 NS－USBM 模型中具有不可分离特性的具体变量。

在本书上一节选择的投入、产出变量中，劳动力、资本和能源投入均对期望产出具有重要影响。根据 Cobb－Douglas 生产函数的基本思想，三种投入要素之间存在一定的替代关系，即在产出既定的情况下，可以通过增加劳动力或资本要素的投入来减少能源要素的投入，其他两种要素的变动也可以通过要素间的替代来实现。因此，产出与劳动力、资本和能源三种投入要素之间不具有不可分离特性。而非期望产出中，CO_2、SO_2 的排放均来自于化石能源的燃烧，并且两者的排放量仅与能源的投入及其燃烧效率相关，在不考虑燃烧效率的变化，即燃烧效率既定的情况下，能源投入量决定了CO_2、SO_2 的排放量，因此，本书将投入变量中的能源投入与非期望产出变量中的CO_2、SO_2 排放量视为不可分离变量，三者间存在一定的数量关系。

4.3.2 NS－USBM 模型评估结果与对比分析

根据上述样本数据的统计结果，本书首先对比了利用传统非期望 SBM 模型和本书 NS－USBM 模型测算的我国省际环境效率值。图 4－1 呈现了基于 VRS 假设下我国整体和东部、中部、西部三大区域环境效率的历年评估结果。

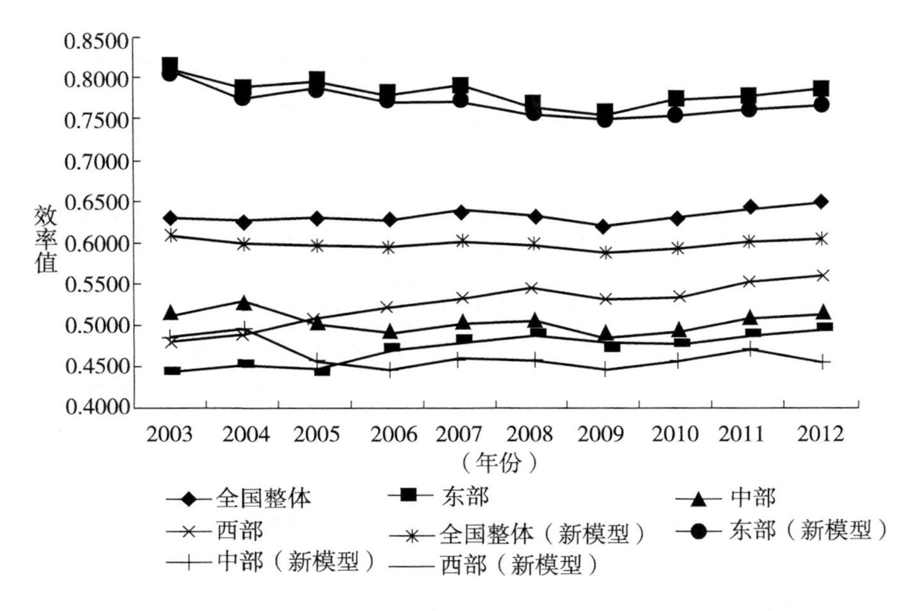

图 4－1　NS－USBM 模型与非期望 SBM 模型对我国区域环境效率的历年评估值

图 4－1 的结果表明，利用传统非期望 SBM 模型获得的环境效率评估值均高于利用 NS－USBM 模型得到的评估值，即传统非期望 SBM 模型高估了我国区域环境效率。主要原因在于 NS－USBM 模型考虑了区域生产系统中，能源要素投入与CO_2、SO_2 等污染物排放量间的不可分离特性，该特性对区域环境效率的改进方向具有重要影响，因此，本书认为 NS－USBM 模型的评估结果更加符合区域经济生产系统的实际生产过程，下文的分析以 NS－USBM 模型的评估结果为主。表 4－1 报告了基于 VRS 假设下省际环境效率的历年评估结果。

表 4－1　各省、直辖市、自治区历年环境效率评估值

地区	NS－USBM 模型									
	2003 年	2004 年	2005 年	2006 年	2007 年	2008 年	2009 年	2010 年	2011 年	2012 年
北京市	1.0000	1.0000	1.0000	1.0000	1.0000	1.0000	1.0000	1.0000	1.0000	1.0000
天津市	1.0000	1.0000	1.0000	1.0000	1.0000	1.0000	1.0000	1.0000	1.0000	1.0000
河北省	0.3083	0.3544	0.3695	0.3732	0.3930	0.3769	0.3680	0.3726	0.4032	0.4324
辽宁省	1.0000	1.0000	1.0000	0.5729	0.5479	0.5096	0.4878	0.4944	0.5072	0.5292
吉林省	0.4515	0.4707	0.4936	0.5125	0.5048	0.4796	0.4684	0.4544	0.4589	0.4748

续 表

地区	NS－USBM 模型									
	2003 年	2004 年	2005 年	2006 年	2007 年	2008 年	2009 年	2010 年	2011 年	2012 年
黑龙江省	0.4208	0.4455	0.4915	0.5017	0.4951	0.4884	0.4431	0.4442	0.4515	0.4421
上海市	1.0000	1.0000	1.0000	1.0000	1.0000	1.0000	1.0000	1.0000	1.0000	1.0000
江苏省	0.9313	0.6435	0.8645	0.9127	0.9188	0.9133	0.9142	1.0000	1.0000	1.0000
浙江省	0.8356	0.7378	0.7550	0.8220	0.8310	0.7864	0.8382	0.8069	0.8148	0.8309
福建省	1.0000	0.8670	0.7422	0.7478	0.7519	0.6652	0.6282	0.6118	0.6049	0.6193
山东省	0.5679	0.5552	0.5494	0.5826	0.5969	0.6234	0.5953	0.6545	0.6656	0.6677
广东省	1.0000	1.0000	1.0000	1.0000	1.0000	1.0000	1.0000	1.0000	1.0000	1.0000
海南省	1.0000	1.0000	1.0000	1.0000	1.0000	1.0000	1.0000	1.0000	1.0000	1.0000
东部	**0.8089**	**0.7749**	**0.7897**	**0.7712**	**0.7723**	**0.7571**	**0.7495**	**0.7568**	**0.7620**	**0.7690**
山西省	0.2758	0.3103	0.3301	0.3368	0.3606	0.3697	0.3361	0.3491	0.3565	0.3511
安徽省	1.0000	1.0000	0.7082	0.5315	0.5303	0.5249	0.5208	0.5101	0.5110	0.4966
江西省	0.4154	0.4639	0.4911	0.5228	0.5108	0.5274	0.5131	0.5355	0.5580	0.5617
河南省	0.3836	0.3739	0.4186	0.4298	0.4563	0.4311	0.4320	0.4715	0.5103	0.4030
湖北省	0.3676	0.3729	0.3876	0.4270	0.4407	0.4283	0.4267	0.4326	0.4427	0.4524
湖南省	0.4742	0.4614	0.4123	0.4281	0.4512	0.4678	0.4495	0.4450	0.4510	0.4652
中部	**0.4861**	**0.4971**	**0.4580**	**0.4460**	**0.4583**	**0.4582**	**0.4464**	**0.4573**	**0.4716**	**0.4550**
内蒙古自治区	0.3411	0.3484	0.3728	0.4031	0.4160	0.4469	0.4410	0.4391	0.4466	0.4516
广西壮族自治区	0.5534	0.5357	0.5283	0.5365	0.5395	0.4952	0.4538	0.4339	0.4176	0.4029
重庆市	0.4179	0.4282	0.3707	0.3786	0.3967	0.4281	0.4339	0.4355	0.4544	0.4693
四川省	0.3670	0.3702	0.4100	0.4293	0.4467	0.4159	0.3961	0.3962	0.4011	0.4178
贵州省	0.2561	0.1992	0.2115	0.2291	0.2480	0.2864	0.2933	0.2967	0.3139	0.3308
云南省	0.3083	0.3805	0.3094	0.3243	0.3479	0.3535	0.3377	0.3242	0.3311	0.3316
陕西省	0.4211	0.4306	0.4320	0.4672	0.4834	0.4924	0.4687	0.4645	0.4699	0.4777
甘肃省	0.2627	0.2800	0.2794	0.3120	0.3420	0.3377	0.3421	0.3573	0.3802	0.3849
青海省	1.0000	1.0000	1.0000	1.0000	1.0000	1.0000	1.0000	1.0000	1.0000	1.0000
宁夏回族自治区	0.5131	0.5420	0.5745	0.6079	0.6272	0.6819	0.6783	0.6714	0.7180	0.7588

续 表

地区	NS - USBM 模型									
	2003 年	2004 年	2005 年	2006 年	2007 年	2008 年	2009 年	2010 年	2011 年	2012 年
新疆维吾尔自治区	0. 4268	0. 4395	0. 4417	0. 4684	0. 4365	0. 4409	0. 4108	0. 4307	0. 4337	0. 4191
西部	**0. 4425**	**0. 4504**	**0. 4482**	**0. 4688**	**0. 4803**	**0. 4890**	**0. 4778**	**0. 4772**	**0. 4879**	**0. 4949**
全国	0. 6100	0. 6004	0. 5981	0. 5953	0. 6024	0. 5990	0. 5892	0. 5944	0. 6034	0. 6057

注：限于篇幅，本书仅列示基于 VRS 假设下，各省、直辖市、自治区的环境效率评估值。

由表 4 - 1 可知，从整体来看，我国历年的环境效率围绕 0. 6000 呈波动趋势，表明我国环境效率具有 40% 的提升空间。按地理位置划分，上述 30 个省、直辖市、自治区可划分为东部、中部和西部三大经济区域。从区域视角来看，我国三大经济区域的环境效率也存在较大差异。其中，东部区域的环境效率最高，其历年环境效率值在 0. 7500 以上，并且呈现先下降后上升的波动变化趋势（见图 4 - 1）；2003—2005 年，中部地区的环境效率高于西部地区，而 2006—2012 年，西部地区的环境效率高于中部区域。主要原因在于，中部的环境效率与我国整体环境效率变化趋势相似，围绕 0. 4500 呈波动状态；而西部地区环境效率的上升趋势较为明显，并于 2006 年超过中部地区。另外，中部、西部地区的历年环境效率值均小于 0. 5000，具有 50% 以上的提升空间，可见，我国环境效率的改进应重点着眼于中部和西部区域，特别是西部的贵州、甘肃等省、直辖市、自治区。

从单个省、直辖市、自治区来看，历年的环境效率评估值差异较大，北京市、天津市、上海市、广东省、海南省、青海省历年的环境效率评估值均为 1. 0000，表明其始终位于效率前沿面。而环境效率较低的贵州、甘肃等省、自治区的历年环境效率值都介于 0. 2000 ~ 0. 3500，可见，省际环境效率存在巨大差异，其极差达到 400% 。另外，值得特别注意的省份包括辽宁省、安徽省、江苏省、河北省、青海省和山西省。首先，辽宁省（2004）、安徽省（2004）、江苏省（2010、2012）的环境效率值也为 1. 0000，表明 2004 年辽宁省和安徽省位于环境效率前沿，2010 年和 2012 年的江苏省也是如此；并且，辽宁省和安徽省的环境效率值呈波动下降趋势。其次，河北省的环境效率较低，其排名也在后五位。然而，与河北省邻近的北京市、天津市和山东省等地的环境效率值都较高，因此，河北省应注重通过邻近省、直辖市的高效技术引入等渠道提升自身环境效率。再次，本书通过 CRS 假设与 VRS 假设下我国省际环境效率评估结果的对比发现，青海省在 VRS 假设下位于环境效率前沿面上，即其环境效率最高，而在 CRS 假设下，其环境效率则排名后三位，说明青海省纯技术效率较高，但其规模效率相对较低。最后，山西省的环境效率较低，其历年效率值均介于 0.3000 ~ 0.3700。主要原因在于山西省是我国最重要的煤炭资源省，天然的资源禀赋导致山西省以煤矿开采和加工、焦炭开采和加工、冶金和电力生产为主要产业，这些产业不仅资源依赖较强、污染严重，且能源耗费较多，从而造成了其能源投入、非期望产出无效率的情况较为严重。可见，对于这类资源依赖较强的省份，产业结构的调整是其能源效率提升的必经之路。

为了探索区域环境无效率的来源，本书将从投入、产出效率和具体投入产出要素的松弛率两方面深入分析。首先，从全国整体来看，其投入无效率值为 0.2771，具体到投入要素变量上，劳动力、资本存量和能源消费的松弛率分别为 33.34%、23.58% 和 1.38%，即可通过减少 33.34% 的劳动力投入、23.58% 的资本存量和 1.38% 的能源投入来实现区域投入效率达到有效状态。同理，其产出无效率值为 0.2010，具体到产出变量上，可通过增加 0.62% 的 GDP，分别减少 4.08% 和 20.69% 的 CO_2 和 SO_2 排放量来实现区域产出效率的有效状态。通过上述分析可以发现，我国省际环境无效率的主要来源有三大要素，在投入要素方面为劳动力和资本要素的过度投入，在产出方面则是 SO_2 的过量排放，可见，我国的区域经济仍未摆脱以环境污染为代价的粗放型发展方式，“环境友好型”经济发展理念的实施刻不容缓。各省、直辖市、自治区历年投入、产出效率值及其松弛率，如表 4－2 所示。

表 4－2　各省、直辖市、自治区历年投入、产出效率值及其松弛率

地区	α	投入效率	产出效率	投入松弛率			产出松弛率		
				劳动力	资本	能源	GDP	CO_2	SO_2
北京市	1.0000	1.0000	1.0000	0.0000	0.0000	0.0000	0.0000	0.0000	0.0000
天津市	1.0000	1.0000	1.0000	0.0000	0.0000	0.0000	0.0000	0.0000	0.0000
河北省	0.3856	0.5465	0.6871	0.4662	0.3402	0.0000	0.0038	0.0740	0.1252
辽宁省	0.6101	0.8151	0.7957	0.1290	0.0969	0.0000	0.0000	0.0250	0.1564
吉林省	0.5333	0.6559	0.7279	0.2497	0.3842	0.0265	0.0000	0.0970	0.2111
黑龙江省	0.5674	0.6125	0.7571	0.3712	0.3784	0.0900	0.0000	0.0000	0.2220

续 表

地区	α	投入效率	产出效率	投入松弛率			产出松弛率		
				劳动力	资本	能源	GDP	CO_2	SO_2
上海市	1.0000	1.0000	1.0000	0.0000	0.0000	0.0000	0.0000	0.0000	0.0000
江苏省	0.9578	0.9361	0.9693	0.0222	0.1624	0.0021	0.0000	0.0111	0.0374
浙江省	0.9302	0.8594	0.9379	0.1863	0.2811	0.0945	0.0000	0.0000	0.2297
福建省	0.7951	0.8512	0.8452	0.2869	0.0528	0.0148	0.0000	0.0902	0.2496
山东省	0.6599	0.7659	0.7910	0.2220	0.1864	0.0176	0.0000	0.0484	0.1373
广东省	1.0000	1.0000	1.0000	0.0000	0.0000	0.0000	0.0000	0.0000	0.0000
海南省	1.0000	1.0000	1.0000	0.0000	0.0000	0.0000	0.0000	0.0000	0.0000
东部	**0.8030**	**0.8494**	**0.8855**	**0.1487**	**0.1448**	**0.0189**	**0.0003**	**0.0266**	**0.1053**
山西省	0.2533	0.5166	0.6535	0.4181	0.3606	0.0022	0.0000	0.0189	0.1653
安徽省	0.7311	0.7654	0.8115	0.5279	0.0229	0.0000	0.0000	0.0983	0.2442
江西省	0.7256	0.6658	0.7676	0.5911	0.3987	0.0000	0.0000	0.0972	0.5183
河南省	0.5671	0.5853	0.7372	0.6218	0.3139	0.0100	0.0166	0.0530	0.2570
湖北省	0.4843	0.5886	0.7115	0.5351	0.2740	0.0000	0.0000	0.0966	0.1929
湖南省	0.5384	0.6215	0.7256	0.6241	0.1750	0.0078	0.0000	0.0824	0.2697
中部	**0.5500**	**0.6239**	**0.7345**	**0.5530**	**0.2575**	**0.0033**	**0.0028**	**0.0744**	**0.2746**
内蒙古自治区	0.3417	0.6095	0.6742	0.1904	0.4238	0.0149	0.0000	0.0158	0.2632
广西壮族自治区	0.6251	0.6660	0.7336	0.6590	0.1905	0.0000	0.0000	0.1166	0.4718
重庆市	0.5371	0.5877	0.7179	0.5458	0.4268	0.0051	0.0000	0.0494	0.4013
四川省	0.5041	0.5618	0.7215	0.6765	0.2539	0.0397	0.0000	0.0184	0.2873
贵州省	0.3158	0.4146	0.6433	0.7167	0.4738	0.0000	0.1300	0.0319	0.2567
云南省	0.4588	0.4785	0.7004	0.6899	0.4501	0.0221	0.0000	0.0691	0.2543
陕西省	0.5567	0.6358	0.7253	0.5146	0.3233	0.0116	0.0000	0.0478	0.4143
甘肃省	0.4026	0.4764	0.6886	0.5864	0.5141	0.0271	0.0000	0.0058	0.2917
青海省	1.0000	1.0000	1.0000	0.0000	0.0000	0.0000	0.0000	0.0000	0.0000
宁夏回族自治区	0.6129	0.8389	0.7571	0.0000	0.1973	0.0014	0.0361	0.0627	0.3195
新疆维吾尔自治区	0.3808	0.6310	0.6893	0.1702	0.3943	0.0264	0.0000	0.0130	0.2320

续 表

地区	α	投入效率	产出效率	投入松弛率			产出松弛率		
				劳动力	资本	能源	GDP	CO_2	SO_2
西部	**0.5214**	**0.6273**	**0.7319**	**0.4318**	**0.3316**	**0.0135**	**0.0151**	**0.0391**	**0.2902**
全国	0.6492	0.7229	0.7990	0.3334	0.2358	0.0138	0.0062	0.0408	0.2069

注：限于篇幅，本书仅列示各变量的均值，若需要，作者可提供历年的测算值，下同。

其次，从区域视角分析，三大区域的产出效率始终大于投入效率，表明区域投入无效率对环境无效率的影响较大，即投入要素的冗余对区域环境无效率具有较大的影响。东部区域的投入无效率为0.1506，产出无效率为0.1145。六大投入产出变量的松弛率分别为14.87%、14.48%、1.89%、0.30%、2.66%和10.53%，即东部地区可通过减少14.87%的劳动力投入、14.48%的资本存量投入、1.89%的能源投入，增加0.30%的GDP产出和减少2.66%的CO_2排放、10.53%的SO_2排放来改进东部区域环境效率，实现区域环境效率的有效状态。中部区域的投入无效率为0.3761，产出无效率为0.2655，六大投入产出变量的松弛率分别为55.30%、25.75%、0.33%、0.28%、7.44%和27.46%；西部区域的投入无效率为0.3727，产出无效率为0.2681，六大投入产出变量的松弛率分别为43.18%、33.16%、1.35%、1.51%、3.91%和29.02%，其环境效率改进方向与东部相似。

4.3.3 SBM－ML指数模型评估与分解结果

省际环境效率评估仅仅从静态的视角反映了各省、直辖市、自治区经济生产过程中的环境外部性，而全要素生产率则提供了一个动态的研究视角，更有利于探索省际环境效率的变化趋势，表4－3报告了本书利用SBM－ML指数对省际环境全要素生产率及其分解值的评估结果。

表4－3　各省、直辖市、自治区历年SBM－ML指数测算结果

地区	全要素生产率	$ML\_PTE_t^{t+1}$	$ML\_SE_t^{t+1}$	$ML\_PTA_t^{t+1}$	$ML\_TSE_t^{t+1}$
北京市	1.0096	1.0000	1.0000	1.0055	1.0041
天津市	1.0182	1.0000	0.9933	1.0050	1.0207
河北省	1.0092	1.0056	0.9918	1.0100	1.0021
辽宁省	1.0029	0.9811	1.0456	1.0016	0.9796

续 表

地区	全要素生产率	$ML\_ PTE_t^{t+1}$	$ML\_ SE_t^{t+1}$	$ML\_ PTA_t^{t+1}$	$ML\_ TSE_t^{t+1}$
吉林省	1.0075	0.9991	1.0044	1.0072	0.9977
黑龙江省	1.0130	0.9971	1.0073	1.0101	0.9989
上海市	1.0112	1.0000	1.0000	1.0094	1.0018
江苏省	1.0144	1.0027	1.0080	1.0019	1.0072
浙江省	1.0186	0.9996	1.0076	1.0163	0.9957
福建省	1.0112	0.9856	1.0309	1.0095	0.9867
山东省	1.0385	1.0037	1.0062	1.0085	1.0240
广东省	1.0048	1.0000	1.0000	1.0095	0.9955
海南省	1.0283	1.0000	1.0217	1.0088	0.9991
东部	**1.0144**	**0.9980**	**1.0090**	**1.0079**	**1.0010**
山西省	1.0054	1.0044	0.9922	1.0034	1.0058
安徽省	0.9995	0.9794	1.0278	0.9906	1.0044
江西省	1.0120	1.0053	0.9896	1.0087	1.0086
河南省	1.0091	0.9988	1.0004	1.0139	0.9971
湖北省	1.0089	1.0023	0.9959	1.0087	1.0020
湖南省	1.0056	0.9973	1.0059	1.0068	0.9961
中部	**1.0067**	**0.9979**	**1.0020**	**1.0054**	**1.0023**
内蒙古自治区	1.0121	1.0052	0.9863	1.0082	1.0128
广西壮族自治区	1.0055	0.9914	1.0192	1.0029	0.9925
重庆市	1.0083	1.0009	0.9988	1.0048	1.0042
四川省	1.0071	1.0011	0.9991	1.0079	0.9996
贵州省	1.0149	1.0141	0.9782	0.9969	1.0267
云南省	1.0061	0.9990	1.0048	1.0056	0.9984
陕西省	1.0090	1.0011	0.9973	1.0059	1.0048
甘肃省	1.0060	1.0056	0.9916	0.9994	1.0097
青海省	1.0078	1.0000	1.0015	1.0067	0.9998
宁夏回族自治区	1.0058	1.0139	0.9800	0.9779	1.0352

续 表

地区	全要素生产率	$ML\_PTE_t^{t+1}$	$ML\_SE_t^{t+1}$	$ML\_PTA_t^{t+1}$	$ML\_TSE_t^{t+1}$
新疆维吾尔自治区	1.0068	0.9972	1.0067	1.0029	1.0005
西部	**1.0081**	**1.0027**	**0.9967**	**1.0017**	**1.0077**
全国	1.0106	0.9997	1.0031	1.0051	1.0037

由表4-3可知，整体而言，我国整体环境全要素生产率均值为1.0106，表明2003—2012年，我国整体环境效率正以1.06%的速度逐年提升，整体环境效率得到一定的改善。从环境全要素生产率的分解值来看，我国整体纯技术效率指数为0.9997，规模效率指数为1.0031，纯技术进步指数为1.0051、技术规模效率指数为1.0037。表明样本期间内，我国整体环境效率的提升主要依赖于技术进步和规模效率的改善。从区域视角来看，东部、中部和西部三大区域的环境全要素生产率分别为1.0144、1.0067和1.0081，表明样本期间内，三大区域的环境效率均有所提高。其中，东部区域环境效率的改善主要来源于规模效率提高和技术进步，而其纯技术效率分解值为0.9980，表明东部区域的纯技术效率退步；中部区域环境效率的改善主要源于生产技术进步，其纯技术效率分解值同样小于1，表明中部区域的纯技术效率退步；西部区域的环境全要素生产率的四项分解指标值，纯技术效率指数为1.0027，规模效率指数为0.9967，纯技术进步指数为1.0017、技术规模效率指数为1.0077，表明西部区域环境效率主要依赖技术规模效率的提高而提升，并且西部区域的规模效率小于1，处于规模报酬递减阶段。

图4-2呈现了2003—2012年我国整体、东部、中部和西部区域环境全要素生产率的变化趋势。由图4-2可知，我国整体环境全要素生产率在2004—2011年呈现波动上升趋势，表明该时期内我国整体环境效率在加速改善；而2003—2004年、2011—2012年两个时间段减小，且数值均小于1，表明这两个时间段内我国整体环境效率正在恶化。东部地区的环境全要素生产率变化趋势与整体环境全要素生产率的变化趋势相似，而中部和西部地区的环境全要素生产率的变化趋势趋于一致，2004—2008年呈现明显的上升趋势，而2008—2012年波动减小，表明自2008年后，我国中部和西部区域的环境效率改善速度在减小，并在2011—2012年这一期间小于1，即该阶段中部和西部区域环境效率发生恶化。

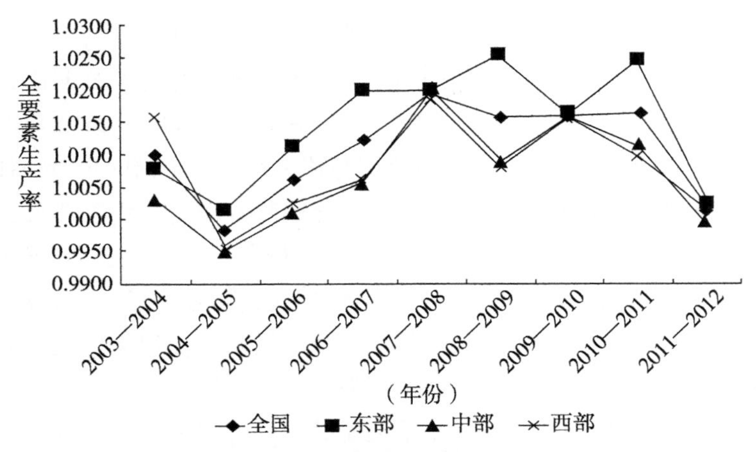

图 4－2　2003—2012 年我国区域环境全要素生产率的变化趋势

三大区域环境全要素生产率的分解指数也存在较大差异，图 4－3 呈现了 2003—2012 年三大经济区域纯技术效率指数、规模效率指数、纯技术进步指数和技术规模效率指数的变化趋势。

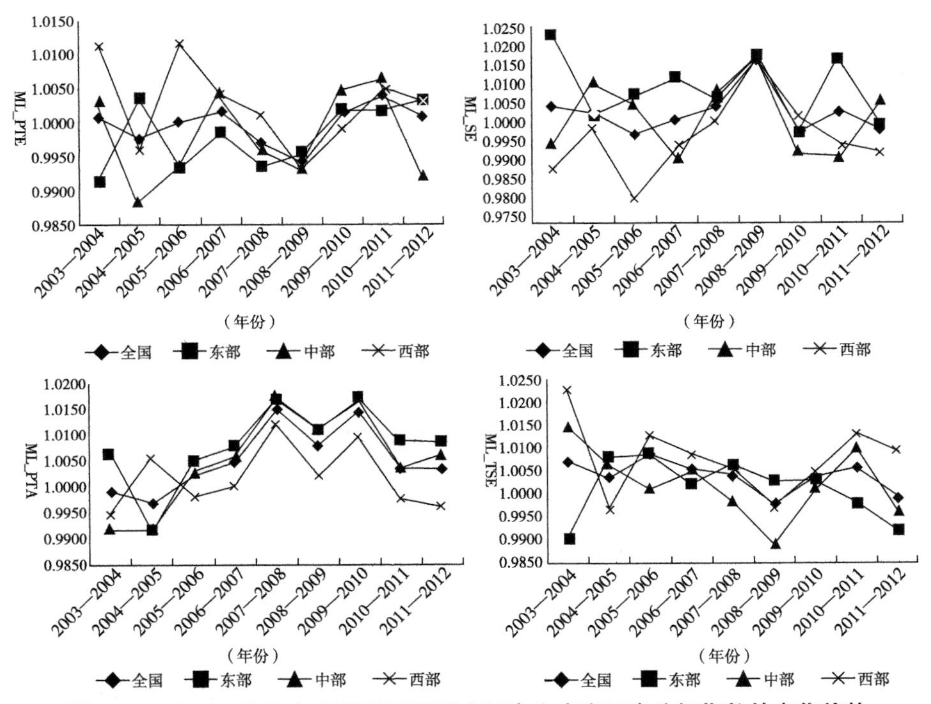

图 4－3　2003—2012 年我国区域环境全要素生产率四类分解指数的变化趋势

根据图4-3可知，其一，2003—2009年，我国整体、东部和中部区域的纯技术效率指数均小于1，并且呈现波动下降趋势，说明该时期内，我国整体、东部和中部区域环境纯技术效率正加速恶化；而2009—2012年，其变化趋势变为波动上升且大于1，该阶段我国整体、东部和中部的环境纯技术效率得到改善。虽然西部区域的纯技术效率变化趋势与东部、中部相似，但其纯技术效率大多大于1，说明西部区域环境纯技术效率对其环境全要素生产率的贡献一直为正。其二，我国整体、东部和中部区域的规模效率指数都一直围绕1.0030波动，说明这些区域处于规模报酬递增阶段，但规模效率对区域环境全要素生产率的贡献不高。而西部区域的规模效率指数在2003—2009年呈现波动上升趋势，而2009—2012年呈现显著的下降趋势，并且其规模效率指数值在大多数年份均小于1，说明西部地区正处于规模报酬递减阶段，且规模效率对环境全要素生产率的贡献为负向。其三，我国整体和三大区域的纯技术进步指数均呈现M型变化趋势，2004—2008年这一时期其纯技术进步指数增加，2008—2010年其处于波动期，而2010—2012年这一阶段则呈现下降趋势；并且除个别年份外，我国整体和三大区域的纯技术进步指数都大于1。说明我国整体和三大区域在样本期间都实现了技术进步，并且前期的技术进步速度快，而后期的技术进步速度减缓。

4.4 本章小结

本章首先通过考虑区域“能源—环境—经济”生产系统中，能源投入与SO_2、CO_2等非期望产出间的不可分离特性来改进区域环境效率评估的非期望SBM模型，并将该模型应用于2003—2012年中国省际环境效率评估的实证分析中。结果发现，传统非期望SBM模型获得的环境效率评估值普遍高于利用NS-USBM模型得到的评估值，高估了我国区域环境效率；我国历年的环境效率围绕0.6000呈波动趋势，具有40%左右的提升空间，并且，劳动力和资本要素的过度投入，SO_2的过量排放是目前我国环境无效率的主要来源；东部区域的历年环境效率值在0.7500以上，明显高于中部和西部地区；北京市、天津市、上海市、广东省、海南省、青海省历年的环境效率评估值均为1.0000，位于效率前沿面上。

其次，本书通过SBM-ML指数分解方法从动态视角探索了我国区域环境全要素生产率的变动趋势。结果表明，2003—2012年，依赖于技术进步和规模效率的改善，我国整体环境效率正以每年1.06%的速度逐年提升，整体环境效率得到改善；三大区域环境效率进步的主要来源不同，东部区域环境效率的改善主要来源于规模效率提高和技术进步，而中部和西部区域也分别依赖于生产技术进步和技术规模效率的提高；样本期间内，我国整体和三大区域都实现了技术进步，并且都表现为前期的技术进步速度快，而后期的技术进步速度减缓。

5　基于系统最大有效面集的区域环境效率评估研究

5.1　基本研究思路

在 SBM 模型及其众多拓展模型中，非期望 SBM 模型、网络非期望 SBM 模型、加性 SBM 模型等方法均被大量学者应用于区域环境效率评估领域，这些文献验证了 SBM 效率评估方法在环境效率评估方面的有效性。上述文献采用 SBM 相关方法时，生产系统的生产可能集均是多面凸集，Simonnard（西莫纳尔）（1966）认为多面凸集有两种表示方法，分别为顶点和支撑超平面。Tone（2010）在该理论的基础上提出，生产系统中各生产单元的效率评估过程中，其参考集既可以选择有效顶点，也可以选择有效支撑超平面，并且在这两种参考集下，决策单元的效率评估值存在显著差异。我们可以利用图 5－1来明确两种参考集的差异：

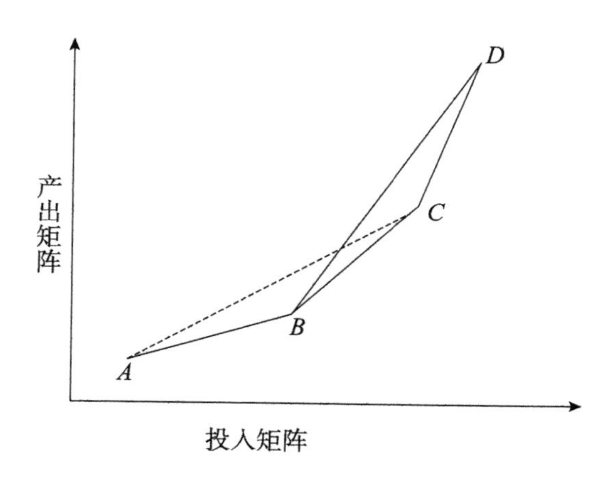

图 5－1　决策单元两种参考集差异的示意图

如图 5 - 1 所示，假设决策单元 A、B、C、D 的效率评估值为 1，即为有效顶点。传统的 SBM 方法都是采用这些有效顶点为参考集，以其他决策单元与有效顶点相对距离作为其效率评估值。而根据 Tone 的分析，A、B、C、D 之间可能构成数个有效支撑超平面，例如：支撑超平面（A、B、C、D），若该超平面有效，则支撑超平面（A、B、C、D）也可作为系统其他决策单元的参考集。实践证明，决策单元以有效支撑超平面为参考集的效率评估值大于或等于以有效顶点为参考集的效率评估值。

本书区域环境效率评估研究的最终目的并非获得效率评估值，而是通过效率评估获得各决策单元的投入、产出和非期望产出的松弛量，从而获得无效率生产单元的效率改进路径。本书强调上述两种参考集下决策单元效率评估值间差异的意义也在于此，以有效支撑超平面为参考集的 SBM 评估模型充分考虑了生产系统的有效顶点和有效支撑超平面，该模型测算下的决策单元投入、产出和非期望产出松弛量体现了无效率决策单元改进为有效的最短路径。因此，本书将基于 Tone（2010）的研究，探索生产系统有效支撑超平面的确定方法，并基于最大有效面集来拓展前文基于不可分离变量的非期望 SBM 模型，以此模型基础对区域环境效率进行重新评估，探寻区域环境无效率的主要来源与最优改进路径。

5.2 基于最大有效面集的不可分离非期望 SBM（MFS - USBM）模型

Fukuyama 等（2011）的研究表明，相对于传统 DEA、SBM 评估方法，非期望 SBM 模型能更好地识别复杂生产系统的决策单元效率。而基于不可分离变量的非期望 SBM 模型较之更加符合系统的实际生产过程，再根据上述分析，以生产系统有效支撑超平面为参考集有利于发现无效率决策单元最优改进路径。因此，本书基于前文的不可分离非期望 SBM 模型，探索生产系统的有效支撑超平面以及有效支撑超平面集（有效面集），并最终利用其最大有效面集来拓展 NS - USBM模型，构建一个基于最大有效面集的不可分离非期望网络 SBM（MFS - USBM）模型，更为精确地评估决策单元的效率值。为明确本书模型的构建过程，简化实证研究的步骤，本书首先补充了与 MFS - USBM 模型相关的几个重要概念。

5.2.1 最大有效面集的定义

鉴于前文非期望SBM模型中的相关概念介绍，以及NS-USBM模型的构建原理及其生产系统的生产可能集。本书在构建MFS-USBM模型前，首先补充有效面、有效面集和最大有效面集等几个重要概念的定义。

定义5.1（有效面）：假设用 $\boldsymbol{x}_i$，$\boldsymbol{y}_i^g$，$\boldsymbol{y}_i^b$ 来表示决策单元 $DUM_i[\forall i \in (1,\cdots,m)]$ 的投入、产出、非期望产出向量，则决策单元 DUM_o 的投入产出变量可用向量 $(\boldsymbol{x}_o,\boldsymbol{y}_o^g,\boldsymbol{y}_o^b)$ 表示，也可用如下线性组合来表示：

$$
\begin{aligned}
\boldsymbol{x}_o &= \alpha_1 \boldsymbol{x}_1 + \cdots + \alpha_m \boldsymbol{x}_m \\
\boldsymbol{y}_o^g &= \alpha_1 \boldsymbol{y}_1^g + \cdots + \alpha_m \boldsymbol{y}_m^g \\
\boldsymbol{y}_o^b &= \alpha_1 \boldsymbol{y}_1^b + \cdots + \alpha_m \boldsymbol{y}_m^b \\
\sum \alpha_i &= 1;\alpha_i > 0(i = 1,\cdots,m)
\end{aligned}
\tag{5-1}
$$

若式（5-1）满足SBM有效，即 $\boldsymbol{s}_o^{-\#} = 0,\boldsymbol{s}_o^{g+\#} = 0,\boldsymbol{s}_o^{b-\#} = 0$，则生产可能子集 $\boldsymbol{P}(x)$ 中存在既通过 $(\boldsymbol{x}_o,\boldsymbol{y}_o^g,\boldsymbol{y}_o^b)$，又通过 $(\boldsymbol{x}_i,\boldsymbol{y}_i^g,\boldsymbol{y}_i^b)$ 的支撑超平面。本书将该支撑超平面定义为生产可能集 $\boldsymbol{P}(x)$ 的有效面。

定义5.2（有效面集）：Tone等（2009）指出，利用非期望SBM模型评估决策单元效率过程中，SBM的有效决策单元必然存在。根据本书对于有效面的定义可知，这些SBM有效决策单元能组合成若干有效面，用 $D_i(i = 1,\cdots,k)$ 来表示这些有效面，其中 k 表示有效面的个数，即 $\{D_i\}$ 的单元素子集数。若有效面 $D_i(i = 1,\cdots,k)$ 的若干单元素子集 $\{D_1\},\cdots,\{D_k\}$ 的线性组合 $\alpha_1 D_1 + \cdots + \alpha_k D_k(\alpha_i \geq 0,i = 1,\cdots,k)$ 为SBM有效，那么将上述单元素子集重新构成的集合 $\{D_1,\cdots,D_k;\forall\ \alpha_i > 0\}$ 称为有效面集。

定义5.3（最大有效面集）：假定 $\{D_1,\cdots,D_k\}$ 为一个有效面集，并且增加 $D_i(i = 1,\cdots,k)$ 的任意一个单元素子集 $\{D_e;e \in (1,\cdots,k)\}$ 都不能满足定义5.2，即 $\{D_1,\cdots,D_k,D_e\}$ 不是系统有效面集，则称有效面集 $\{D_1,\cdots,D_k\}$ 为最大有效面集，简写为 $D_{\max}$，那么此时决策单元 DUM_o 的参考集也可表示为：

$$
R_{o\max} = \{i \mid \lambda_i^{\#} > 0\},i \in \{1,\cdots,m\} \tag{5-2}
$$

为了便于理解最大有效面集，本书以某生产系统为例，采用图5-1直观地刻画其最大有效面集。如图5-1所示，假定生产系统SBM有效的决策单元

为 A、B、C、D，并且应用前文 NS－USBM 模型评估决策单元 DMU_o 的效率过程中，满足 $\lambda_A^{\#} > 0$，则可知决策单元 DMU_o 的参考集为 $R_o = \{A\}$。在此基础上按以下步骤寻找生产系统的最大有效面集：

步骤 1：假设 $\{D_A\}$ 为生产系统的最大有效面集，在该最大有效面集添加元素 B，若集合 $\{D_A, D_B\}$ 满足 $\alpha_1 D_A + \alpha_2 D_B, (\alpha_i > 0, \alpha_1 + \alpha_2 = 1)$ 为 SBM 有效，则根据定义 5.2 可知 $\{D_A, D_B\}$ 也是生产系统的有效面集，此时将 $\{D_A, D_B\}$ 作为其最大有效面集。

步骤 2：在 $\{D_A, D_B\}$ 中继续添加任何元素直至其不满足定义 5.2 为止。例如：添加元素 F（F 为任意 SBM 有效的决策单元）至步骤 1 确定的最新的最大有效面集中，若发现 $\{D_A, D_B, D_F\}$ 的线性组合 $\alpha_1 D_A + \alpha_2 D_B + \alpha_3 D_F$，$(\alpha_i > 0, \alpha_1 + \alpha_2 + \alpha_3 = 1)$ 为 SBM 无效。在该情况下，鉴于 F 的任意性，我们称 $\{D_A, D_B\}$ 为生产系统的一个最大有效面集。

步骤 3：以 $\{D_B\}$ 为生产系统的最大有效面集，重复上述步骤 1 和步骤 2，直到找到生产系统的全部最大有效面集。

5.2.2 基于最大有效面集非期望 SBM 模型的提出

与 NS－USBM 模型一致，考虑一个包含 m 个生产单元 $DUM_i (i = 1, \cdots, m)$ 的生产系统，并且用 $\boldsymbol{x}, \boldsymbol{y}^g, \boldsymbol{y}^b$ 表示其投入向量、产出向量和非期望产出向量。其中包含 r_1 个可分离投入，r_2 个不可分离投入（$r = r_1 + r_2$）；s_1 个可分离期望产出，s_2 个不可分离期望产出（$s = s_1 + s_2$）；t_1 个可分离非期望产出，t_2 个不可分离非期望产出（$t = t_1 + t_2$）。$\boldsymbol{s}^{S-}, \boldsymbol{s}^{NS-} \in R_r$、$\boldsymbol{s}^{gS+}, \boldsymbol{s}^{gNS+} \in R_s$ 和 $\boldsymbol{s}^{bS-}, \boldsymbol{s}^{bNS-} \in R_t$ 分别表示可分离与不可分离投入松弛、可分离与不可分离期望产出松弛和可分离与不可分离非期望产出松弛矩阵。假定各不可分离变量同比例变化，则该生产系统的生产可能集如式（5－3）所示：

$$\boldsymbol{P}(x)^{NS} = \left\{ \begin{pmatrix} \boldsymbol{x}^S, \boldsymbol{x}^{NS}, \boldsymbol{y}^{gS}, \\ \boldsymbol{y}^{gNS}, \boldsymbol{y}^{bS}, \boldsymbol{y}^{bS} \end{pmatrix} \left| \begin{array}{l} \boldsymbol{x}^S, \geqslant \sum_{i=1}^{m} \boldsymbol{x}_i^S \boldsymbol{\lambda}_i, \boldsymbol{y}^{gS} \leqslant \sum_{i=1}^{m} \boldsymbol{y}_i^{gS} \boldsymbol{\lambda}_i \\ \boldsymbol{y}^{bS} \geqslant \sum_{i=1}^{m} \boldsymbol{y}_i^{bS} \boldsymbol{\lambda}_i, \alpha \boldsymbol{x}^{NS} \geqslant \sum_{i=1}^{m} \boldsymbol{x}_i^{NS} \boldsymbol{\lambda}_i \\ \alpha \boldsymbol{y}^{gNS} \leqslant \sum_{i=1}^{m} \boldsymbol{y}_i^{gNS} \boldsymbol{\lambda}_i, \alpha y^{bNS} \geqslant \sum_{i=1}^{m} \boldsymbol{y}_i^{bNS} \boldsymbol{\lambda}_i, \\ \boldsymbol{x}_i \geqslant 0, \boldsymbol{y}_i^g \geqslant 0, \boldsymbol{y}_i^b \geqslant 0, \boldsymbol{\lambda}_i \geqslant 0 \end{array} \right. \right\}$$

（5－3）

基于此，本书构建了如下基于最大有效面集的不可分离非期望SBM模型：

$$\theta'^{NS}_o = \max \frac{1-\frac{1}{r}\left(\sum_{p=1}^{r_1}\frac{s^{S-}_{po}}{x^{S}_{po}}+r_2(1-\alpha_o)+\sum_{p=1}^{r_2}\frac{s^{NS-}_{po}}{x^{NS}_{po}}\right)}{1+\frac{1}{s+t}\left(\sum_{q=1}^{s_1}\frac{s^{gS+}_{qo}}{y^{gS}_{qo}}+s_2(1-\alpha_o)+\sum_{q=1}^{s_2}\frac{s^{gNS+}_{qo}}{y^{NS}_{qo}}+\sum_{l=1}^{t_1}\frac{s^{bS-}_{lo}}{y^{bS}_{lo}}+t_2(1-\alpha_o)+\sum_{l=1}^{t_2}\frac{s^{bNS-}_{lo}}{y^{bNS}_{lo}}\right)}$$

$$\begin{aligned}
\text{s. t.}: &\sum_{i\in R_{omax}} x^{S}_i\lambda_i + s^{S-} = x^{S}_o \\
&\sum_{i\in R_{omax}} x^{NS}_i\lambda_i + s^{NS-} = \alpha_o x^{NS}_o \\
&\sum_{i\in R_{omax}} y^{gS}_i\lambda_i - s^{gS+} = y^{gS}_o \\
&\sum_{i\in R_{omax}} y^{gNS}_i\lambda_i - s^{gNS+} = \alpha_o y^{gNS}_o \\
&\sum_{i\in R_{omax}} y^{bS}_i\lambda_i + s^{bS-} = y^{bS}_o \\
&\sum_{i\in R_{omax}} y^{bNS}_i\lambda_i + s^{bNS-} = \alpha_o y^{bNS}_o \\
&\lambda_i \geqslant 0, \sum_{i=1}^{m}\lambda_i = 1, 1\geqslant\alpha_o\geqslant 0 \\
&s^{S-}\geqslant 0, s^{NS-}\geqslant 0, s^{gS+}\geqslant 0, s^{gNS+}\geqslant 0, s^{bS-}\geqslant 0, s^{bNS-}\geqslant 0
\end{aligned} \tag{5-4}$$

在实际应用中，上述MFS－USBM模型以NS－USBM模型为基础，该模型的应用步骤如下：

步骤1：运用前文NS－USBM模型对区域生产系统的各决策单元的效率进行评估，得到生产系统所有决策单元的效率值。

步骤2：筛选出所有SBM有效的决策单元，运用上述关于最大有效面集的寻找方法找到生产系统的最大有效面集 D_{max} 及其参考集 R_{omax}。

步骤3：获得生产系统的最大有效面集 D_{max} 及其参考集 R_{omax} 后，采用MFS－USBM模型进行SBM无效单元的二次评估。

步骤4：如果生产系统的最大有效面集不唯一，那么就应该计算所有无效决策单元在各个最大有效面集及其参考集条件下的二次评估值，并采用式

（5－5）获得决策单元的最终评估值。

$$\theta''^{NS}_{o} = \max \theta'^{NS}_{o} \tag{5-5}$$

5.2.3 模型分析

本书 MFS－USBM 模型以 NS－USBM 模型为基础，为获得 SBM 无效决策单元的最优改进路径，本书引入最大有效面集的概念，拓展了决策单元效率评估的参考集。对比两种评估模型，可以得到以下定理：

定理 5.1：假定决策单元 $DMU_o(\boldsymbol{x}_o^S, \boldsymbol{x}_o^{NS}, \boldsymbol{y}_o^{gS}, \boldsymbol{y}_o^{gNS}, \boldsymbol{y}_o^{bS}, \boldsymbol{y}_o^{bNS})$ 利用 MFS－USBM模型评估得到的最终效率值为 θ''^{NS*}_{o}；而利用 NS－USBM 模型评估得到的效率值为 θ^{NS*}_{o}，则：

$$\theta''^{NS*}_{o} \geqslant \theta^{NS*}_{o} \tag{5-6}$$

定理 5.1 表明，对于生产系统的任意决策单元 $DMU_o(\boldsymbol{x}_o^S, \boldsymbol{x}_o^{NS}, \boldsymbol{y}_o^{gS}, \boldsymbol{y}_o^{gNS}, \boldsymbol{y}_o^{bS}, \boldsymbol{y}_o^{bNS})$，利用 MFS－USBM 模型评估得到的效率值不小于其利用 NS－USBM模型评估得到的效率值，即决策单元的松弛距离更短，其改进路径更短。

证明 5.1：首先，对于系统的任意 SBM 无效决策单元 $DMU_o(\boldsymbol{x}_o^S, \boldsymbol{x}_o^{NS}, \boldsymbol{y}_o^{gS}, \boldsymbol{y}_o^{gNS}, \boldsymbol{y}_o^{bS}, \boldsymbol{y}_o^{bNS})$，在利用 MFS－USBM 模型和 NS－USBM 模型进行效率评估的过程中，SBM 无效决策单元的参考集分别为：

$$\begin{aligned} R_o &= \{i \mid \lambda_i^{\#} > 0\}, i \in \{1, \cdots, m\} \\ R_{o\max} &= \{i \mid \lambda_i^{\#} > 0\}, i \in \{1, \cdots, m\} \end{aligned} \tag{5-7}$$

由于 MFS－USBM 是基于 NS－USBM 模型对 SBM 无效决策单元的二次评估，根据定义 5.3 可知：

$$R_o \in R_{o\max} \tag{5-8}$$

因此，对于 SBM 无效决策单元，$\theta''^{NS*}_{o} \geqslant \theta^{NS*}_{o}$ 成立。其次，对于生产系统的 SBM 有效单元，满足式（5－9）：

$$\theta''^{NS*}_{o} = \theta^{NS*}_{o} = 1 \tag{5-9}$$

综合上述，对于生产系统的任意决策单元 $DMU_o(\boldsymbol{x}_o^S, \boldsymbol{x}_o^{NS}, \boldsymbol{y}_o^{gS}, \boldsymbol{y}_o^{gNS}, \boldsymbol{y}_o^{bS}, \boldsymbol{y}_o^{bNS})$，其利用 MFS－USBM 模型和 NS－USBM 模型评估得到的效率值都满足 $\theta''^{NS*}_{o} \geqslant \theta^{NS*}_{o}$。

5.3 区域环境效率评估研究

5.3.1 指标与数据

同样以劳动力、资本存量和能源消费作为系统投入要素，区域 GDP 作为系统期望产出要素，区域SO_2 和CO_2 排放量作为非期望产出变量。本章以 2012 年为例，利用 MFS - USBM 模型重新评估区域环境效率，并将结果与 NS - USBM模型的评估结果进行对比，从实证的视角分析 MFS - USBM 模型的优势。表 5 - 1 列示了 2012 年，我国其中 30 个省、直辖市、自治区劳动力、资本存量、能源消费、GDP 总量、SO_2 和CO_2 排放量等数据描述性统计结果。

表 5 - 1　2012 年各省、直辖市、自治区原始数据的描述性统计结果

变量类型	变量	单位	最大值	最小值	平均值	标准差
投入	劳动力	万人	6214.7492	303.4635	2652.5664	1772.4750
	资本存量	亿元	102553.1786	4582.4012	35762.8209	24250.1436
	能源消费	万吨	38899.2491	1687.9811	14773.8862	8912.4041
期望产出	GDP	亿元	44606.6042	1291.2904	14575.2436	10958.1461
非期望产出	SO_2 排放量	万吨	174.8807	3.4137	70.5738	41.8647
	CO_2 排放量	万吨	61360.5100	2990.5139	22999.9884	14185.9030

注：以货币为计量单位的数据均以 2003 年为基期进行了折算。

5.3.2 实证结果与对比分析

根据上述统计数据，首先运用非期望 SBM 模型和 NS - USBM 模型评估了 2012 年我国省际环境效率，并获得了各省、直辖市、自治区环境效率评估过程中的参考集，其结果如表 5 - 2 所示。

表 5 - 2　2012 年我国省际环境效率评估值及其参考集

地区	非期望 SBM 模型		NS - USBM 模型		MFS - USBM 模型	
	评估值	参考集	评估值	参考集	评估值	参考集
北京市	1.0000	北京市	1.0000	北京市	1.0000	北京市

续 表

地区	非期望 SBM 模型		NS－USBM 模型		MFS－USBM 模型	
	评估值	参考集	评估值	参考集	评估值	参考集
天津市	1.0000	天津市	1.0000	天津市	1.0000	天津市
河北省	0.3955	北京市、广东省	0.4324	北京市、广东省	0.4335	北京市、广东省、海南省
辽宁省	1.0000	辽宁省	0.5292	北京市、广东省	0.5292	北京市、广东省
吉林省	0.5820	北京市、海南省	0.4748	北京市、海南省	0.4767	北京市、广东省、海南省
黑龙江省	0.5436	北京市、海南省	0.4421	北京市、海南省	0.4421	北京市、海南省
上海市	1.0000	上海市	1.0000	上海市	1.0000	上海市
江苏省	1.0000	江苏省	1.0000	江苏省	1.0000	江苏省
浙江省	1.0000	浙江省	0.8309	北京市、广东省	0.8309	北京市、广东省
福建省	1.0000	福建省	0.6193	北京市、广东省	0.6193	北京市、广东省
山东省	0.5581	北京市、广东省	0.6677	北京市、广东省	0.6677	北京市、广东省
广东省	1.0000	广东省	1.0000	广东省	1.0000	广东省
海南省	1.0000	海南省	1.0000	海南省	1.0000	海南省
山西省	0.4032	北京市、海南省	0.3511	北京市、海南省	0.3587	北京市、广东省、海南省
安徽省	1.0000	安徽省	0.4966	北京市、海南省	0.4966	北京市、海南省
江西省	0.6192	北京市、海南省	0.5617	北京市、海南省	0.5617	北京市、海南省
河南省	0.4136	北京市、广东省	0.4030	北京市、广东省	0.4030	北京市、广东省
湖北省	0.5349	北京市、广东省	0.4524	北京市、广东省	0.4704	北京市、广东省、海南省
湖南省	0.5460	北京市、广东省	0.4652	北京市、广东省	0.4727	北京市、广东省、海南省

续 表

地区	非期望 SBM 模型		NS－USBM 模型		MFS－USBM 模型	
	评估值	参考集	评估值	参考集	评估值	参考集
内蒙古自治区	0.4819	海南省、上海市	0.4516	海南省、上海市	0.4713	北京市、广东省、海南省
广西壮族自治区	0.4655	北京市、海南省	0.4029	北京市、海南省	0.4029	北京市、海南省
重庆市	0.5615	北京市、海南省	0.4693	北京市、海南省	0.4693	北京市、海南省
四川省	0.4776	北京市、广东省	0.4178	北京市、广东省	0.4208	北京市、广东省、海南省
贵州省	0.3920	北京市、海南省	0.3308	北京市、海南省	0.3308	北京市、海南省
云南省	0.3956	北京市、海南省	0.3316	北京市、海南省	0.3379	北京市、广东省、海南省
陕西省	0.5447	北京市、海南省	0.4777	北京市、海南省	0.4777	北京市、海南省
甘肃省	0.4741	北京市、海南省	0.3849	北京市、海南省	0.4036	北京市、广东省、海南省
青海省	1.0000	青海省	1.0000	青海省	1.0000	青海省
宁夏回族自治区	0.8590	海南省、青海省、天津市	0.7588	海南省、青海省、天津市	0.7588	海南省、青海省、天津市
新疆维吾尔自治区	0.5314	北京市、海南省	0.4191	北京市、海南省	0.4251	北京市、广东省、海南省

表5－2第二、四列的测度结果表明，本书拓展的NS－USBM模型较之传统非期望SBM模型具有更好的识别性。在不考虑投入、产出要素间的不可分离特性时，非期望SBM模型评估的省际环境效率中有11个有效决策单元，占样本总量的36.67%；而NS－USBM模型评估的省际环境效率中仅有7个有效决策单元，占样本总量的23.33%。第三、五列的结果表明，环境有效的省、直辖市的参考集为自身；而环境无效的省、直辖市的参考集为环境有效的决策单元或其组合。以北京市和河北省为例，北京市为环境有效决策单元，其环境效率值为1.0000，参考集是其自身；而河北省是环境无效决策单元，其

环境效率值为0.4324，参考集则是北京市和广东省的组合。

如前文所述，NS－USBM模型忽视了经济系统的有效面，无法获得环境无效省份的最优改进路径。而本书MFS－USBM模型则是以系统最大有效面集为基础，解决了上述问题，因此，本书根据定义5.3以及系统最大有效面集的确定方法探索了我国省际环境经济生产系统在2012年的最大有效面集。结果表明，该系统的最大有效面集共有三个，分别为（北京市、广东省、海南省）、（青海省、海南省、天津市）和（北京市、青海省）的组合。然后，采用MFS－USBM模型进一步评估我国环境无效省份的环境效率值，结果如表5－2第六列所示。评估结果验证了定理5.1的结论，以吉林省为例，其NS－USBM模型和MFS－USBM模型的评估结果分别为0.4748和0.4767，差异的主要来源是两者的参考集不同，分别为（北京市、海南省）和（北京市、广东省、海南省）的组合，MFS－USBM模型采用系统一个最大有效面集为参考集，实际上反映了吉林省改进为环境有效的最优路径。而在实际的生产过程中，限于生产资源的约束，将MFS－NSBM模型测度的投入、产出松弛作为改进目标是较为实际的选择。因此，本书认为利用MFS－NSBM模型评估的省际环境效率及其投入、产出松弛量对于环境无效省、直辖市、自治区的效率提升更具指导性。

利用MFS－USBM模型和NS－USBM模型评估我国省际环境效率不仅能得到不同的效率值，各省、直辖市、自治区环境效率的排序也发生改变，表5－3报告了NS－USBM模型和MFS－USBM模型评估下，我国省际环境效率的排序情况，结果表明其差异较大。以重庆市为例，两种方法评估的环境效率值排名分别为17和20。依据前文结论，MFS－USBM模型以系统最大有效面集为参考集，实际上反映了重庆市有效改善环境的最优路径，因此，MFS－USBM模型的排序结果最符合实际。

表5－3　省际环境效率评估结果排序

地区	评估结果排序		地区	评估结果排序		地区	评估结果排序	
	NS－USBM	MFS－USBM		NS－USBM	MFS－USBM		NS－USBM	MFS－USBM
北京市	1	1	山东省	10	10	广西壮族自治区	26	27
天津市	1	1	广东省	1	1	重庆市	17	20

续　表

地区	评估结果排序		地区	评估结果排序		地区	评估结果排序	
	NS - USBM	MFS - USBM		NS - USBM	MFS - USBM		NS - USBM	MFS - USBM
河北省	22	22	海南省	1	1	四川省	24	24
辽宁省	13	13	山西省	28	28	贵州省	30	30
吉林省	16	16	安徽省	14	14	云南省	29	29
黑龙江省	21	21	江西省	12	12	陕西省	15	15
上海市	1	1	河南省	25	26	甘肃省	27	25
江苏省	1	1	湖北省	19	19	青海省	1	1
浙江省	8	8	湖南省	18	17	宁夏回族自治区	9	9
福建省	11	11	内蒙古自治区	20	18	新疆维吾尔自治区	23	23

5.4　本章小结

本章基于探索环境无效省、直辖市、自治区的环境效率改进路径的研究思路，其主要目的提供一种基于整体生产系统有效面集的不可分离非期望SBM评估方法，从而优化环境无效省份的效率改进路径。不同于NS - USBM模型，本章提出的MFS - USBM模型以生产系统最大有效面集为参考集，通过测算环境无效省、直辖市、自治区距离所有最大有效面集的最短距离来探索其最优改进路径。对比两模型评估的我国其中30个省、直辖市和自治区的环境效率的结果，发现2012年我国仍有23个省、直辖市、自治区是环境无效的；以系统最大有效面集为参考集，评估获得的环境无效省份的效率值大于或等于以系统有效顶点为参考集时的效率值，利用MFS - USBM模型评估的投入、产出松弛量为环境无效省份的效率提升提供了一条更有效的路径。

6　环境规制视角下区域环境效率评估与分析

6.1　基本研究思路

自 20 世纪 60 年代以来，由于全球工业化进程的加速，粗放型的经济发展方式带来了全球普遍的环境污染爆发，人类开始逐步认识环境污染的严重后果，并开始正视经济发展和工业化进程对环境污染问题的责任。面对愈演愈烈的全球环境问题，20 世纪 70 年代，各国学者提出了最初的“末端处理”政策来应对，即“先污染后治理”的经济发展模式。相对于以往的不加约束的粗放型经济增长模式，“末端处理”政策的优势主要体现在其对于环境污染事件的应对，有利于避免环境污染的进一步恶化，也在一定程度上减缓了经济发展的环境外部性。然而，随着全球经济的进一步扩张，“末端处理”政策的劣势也逐步暴露。其一，“末端处理”政策采取的是一种消极的环境污染应对措施，无法从污染源上遏制环境污染物的排放；其二，“末端处理”政策要求企业购置相关环境污染物的处理设备，增加了企业生产成本，即使某些环境污染物的处理由国家相关部门进行处理，这也增加了经济发展的社会成本；其三，“末端处理”政策具有一定的时滞性，有些环境污染物在进入处理程序前，其对人类的生存环境和身体健康已经产生了负面影响。正是由于“末端处理”政策的种种弊端，各国不得不重新审视经济发展与环境保护之间的矛盾，由此，环境规制政策理念也孕育而生。

不同于“末端处理”政策，环境规制从环境污染的源头（具体的生产企业）约束污染物的排放，同时克服了前一种政策的时滞性。环境规制政策要求企业平衡自身发展与环境保护间的关系，通过生产工艺的改进或添加环境污染物处理程序的方式直接作用于环境污染物产生的源头，以达到自身发展与环境改进的双重目标。典型实例：自 20 世纪 90 年代末期以来，随着温室气体排放带来的全球变暖等环境和气候问题，各国清楚地认识到节能减排的重要性。自此，全球各国致力于节能减排技术的创新和改进，并将节能减排的经济发展理念渗透至企业生产、居民生活等各个领域，并要求各生产企业，特别是环境污染排放尤为严重的火力发电、金属冶炼、化学化工等行业的生产企业不断探索具有节能减排效果的创新工艺。

通过上述分析不难发现，相对于“末端处理”政策，环境规制政策无疑将更好地改善区域环境质量，调节区域经济发展与环境保护间的矛盾。然而，由于环境规制的手段涉及政策、技术、生产工艺等各个方面，而本书在分析区域环境效率的过程中，主要采用了SO_2排放量和CO_2排放量两个指标来体现经济发展对环境的影响，因此，本章的定量研究中，也将SO_2排放量和CO_2排放量的约束作为具体的环境规制手段，在SO_2排放量和CO_2排放量的限额约束下研究其对区域环境效率变化的影响。在实际的应用中，我们不得不注意的一个问题是，SO_2、CO_2均属于气体类环境污染物，由于气体的流动性，其在单个省、直辖市、自治区内的规制和控制非常困难，而对整个经济系统或经济区域内进行SO_2排放量和CO_2排放量的限额规制更加符合实际，也容易实现。因此，本章将主要讨论全国整体环境规制总量目标、三大划分区域（东部、中部和西部）环境规制区域目标以及两者都形成限额规制这三种条件下，环境规制具体目标影响区域环境效率变动的阈值效应及其灵敏性。

6.2 基于环境规制总量目标的不可分离变量非期望 SBM 模型

6.2.1 环境规制目标、环境规制总量目标与环境规制区域目标的内涵

如前文所述，环境效率评估只是一种手段，而通过区域环境效率评估及其结果分析，计算区域投入、期望产出和非期望产出松弛量，探索区域环境效率的改进途径，实现区域环境改善才是区域环境效率评估的最终目的。另外，环境规制政策重在约束环境污染的源头，通过更有效率的生产工艺或添加环境处理工艺等生产工艺创新手段解决环境污染问题。因此，环境效率评估的目的与环境规制政策的环境保护理念相契合，若能将环境规制政策理念融入环境评估模型中，便能融合两者的优势，在环境规制的理念下探索区域环境效率的改进方向。现有环境规制政策大多只通过定性的方式探讨区域或企业环境污染排放约束措施，可是将该理念在模型中体现，则必须将其定量化，鉴于上述分析，本书首先定义环境规制的几个相关概念，这些概念有助于将环境规制政策定量化。

定义 6.1（环境规制目标）：为在环境效率评估模型中体现环境规制政策的理念，有必要定量化环境规制政策措施。鉴于本书采用CO_2、SO_2 排放量指标来指代区域经济发展带来的环境负面影响，因此，本书以经济生产过程中对CO_2、SO_2 等环境污染物的排放约束来指代环境规制政策。进而，本书将区域经济生产过程中规定的CO_2、SO_2 等环境污染物的排放量限额定义为环境规制目标。

定义 6.2（环境规制总量目标、环境规制区域目标）：正如前文所述，由于CO_2、SO_2 等气体类环境污染物的流动特性，在单个省、直辖市、自治区内进行规制和控制非常困难，而对整个经济系统或经济区域内进行CO_2 排放量和SO_2 排放量的限额规制更加符合实际。因此，本书定义在国家整体层面上对CO_2、SO_2 等环境污染物排放量的限额为环境规制总量目标；而在经济区域内对环境污染物进行排放限制的限额排放量则称为环境规制区域目标。两者并不存在矛盾，而是在不同范围上的环境规制限额，因此，两者可以共同存在，形成第三种环境规制政策，即同时制定环境规制总量目标和环境规制区域目标。

环境规制总量目标、环境规制区域目标两种环境规制政策对区域环境效率具有重要影响，这也是本章的重点，其定量化分析将在后文详细阐述，此处不再赘述，下文先介绍融入两种环境规制目标的 NS - USBM 模型的拓展形式。

6.2.2 基于环境规制总量目标不可分离变量非期望 SBM 模型的提出

环境规制目标融入 NS - USBM 模型的第一种情况是规定环境规制总量目标限额，假定经济生产系统整体的环境规制总量目标为 $\boldsymbol{Q} = \boldsymbol{Q}^S + \boldsymbol{Q}^{NS}$，并且该环境规制总量目标可在各经济区域内自由调配。在该情况下，NS - USBM 模型应增加如下约束条件：

$$
\begin{aligned}
&\sum_{o=1}^{m}\left(\sum_{i=1}^{m} \boldsymbol{y}_{io}^{bS}\boldsymbol{\lambda}_{io} + \boldsymbol{s}_{o}^{bS+}\right) \leqslant Q^{S} \\
&\sum_{o=1}^{m}\left(\sum_{i=1}^{m} \boldsymbol{y}_{io}^{bNS}\boldsymbol{\lambda}_{io} + \boldsymbol{s}_{o}^{bNS+}\right) \leqslant Q^{NS}
\end{aligned} \qquad (6-1)
$$

同样考虑一个包含 m 个生产单元 $DUM_i(i = 1,\cdots,m)$，r 个投入、s 个期望产出和 t 个非期望产出的生产系统，其中包含：r_1 个可分离投入，r_2 个不可分离投入（$r = r_1 + r_2$）；s_1 个可分离期望产出，s_2 个不可分离期望产出（$s = s_1 + s_2$）；t_1 个可分离非期望产出，t_2 个不可分离非期望产出（$t = t_1 + t_2$）。

用 $(\boldsymbol{x}^S, \boldsymbol{x}^{NS})$，$(\boldsymbol{y}^{gS}, \boldsymbol{y}^{gNS})$，$(\boldsymbol{y}^{bS}, \boldsymbol{y}^{bNS})$ 表示其投入向量、产出向量和非期望产出向量，$\boldsymbol{s}^{S-}, \boldsymbol{s}^{NS-} \in R_r$、$\boldsymbol{s}^{gS+}, \boldsymbol{s}^{gNS+} \in R_s$ 和 $\boldsymbol{s}^{bS-}, \boldsymbol{s}^{bNS-} \in R_t$ 分别表示可分离与不可分离投入松弛、可分离与不可分离期望产出松弛和可分离与不可分离非期望产出松弛矩阵。借鉴郭文等（2015）的成果，本书将约束式（6－1）融入 NS－USBM 模型可得基于环境规制总量目标的 NS－USBM 模型如式（6－2）所示：

$$\tilde{\theta}^{NS} = \min \frac{1}{m}\sum_{o=1}^{m}\left[\frac{1-\frac{1}{r}\left(\sum_{p=1}^{r_1}\frac{\boldsymbol{s}_{po}^{S-}}{\boldsymbol{x}_{po}^{S}} + r_2(1-\alpha_o) + \sum_{p=1}^{r_2}\frac{\boldsymbol{s}_{po}^{NS-}}{\boldsymbol{x}_{po}^{NS}}\right)}{1+\frac{1}{s+t}\left(\sum_{q=1}^{s_1}\frac{\boldsymbol{s}_{qo}^{gS+}}{\boldsymbol{y}_{qo}^{gS}} + s_2(1-\alpha_o) + \sum_{q=1}^{s_2}\frac{\boldsymbol{s}_{qo}^{gNS+}}{\boldsymbol{y}_{qo}^{NS}} + \sum_{l=1}^{t_1}\frac{\boldsymbol{s}_{lo}^{bS-}}{\boldsymbol{y}_{lo}^{bS}} + t_2(1-\alpha_o) + \sum_{l=1}^{t_2}\frac{\boldsymbol{s}_{lo}^{bNS-}}{\boldsymbol{y}_{lo}^{bNS}}\right)}\right]$$

$$\begin{aligned}
\text{s. t.}: & \sum_{i=1}^{m}\boldsymbol{x}_i^S\boldsymbol{\lambda}_i + \boldsymbol{s}^{S-} = \boldsymbol{x}_o^S \\
& \sum_{i=1}^{m}\boldsymbol{x}_i^{NS}\boldsymbol{\lambda}_i + \boldsymbol{s}^{NS-} = \alpha_o\boldsymbol{x}_o^{NS} \\
& \sum_{i=1}^{m}\boldsymbol{y}_i^{gS}\boldsymbol{\lambda}_i - \boldsymbol{s}^{gS+} = \boldsymbol{y}_o^{gS} \\
& \sum_{i=1}^{m}\boldsymbol{y}_i^{gNS}\boldsymbol{\lambda}_i - \boldsymbol{s}^{gNS+} = \alpha_o\boldsymbol{y}_o^{gNS} \\
& \sum_{i=1}^{m}\boldsymbol{y}_i^{bS}\boldsymbol{\lambda}_i + \boldsymbol{s}^{bS-} = \boldsymbol{y}_o^{bS} \qquad (o = 1,\cdots,m) \\
& \sum_{i=1}^{m}\boldsymbol{y}_i^{bNS}\boldsymbol{\lambda}_i + \boldsymbol{s}^{bNS-} = \alpha_o\boldsymbol{y}_o^{bNS} \\
& \sum_{o=1}^{m}\left(\sum_{i=1}^{m}\boldsymbol{y}_{io}^{bS}\boldsymbol{\lambda}_{io} + \boldsymbol{s}_o^{bS-}\right) \leqslant \boldsymbol{Q}^S \\
& \sum_{o=1}^{m}\left(\sum_{i=1}^{m}\boldsymbol{y}_{io}^{bNS}\boldsymbol{\lambda}_{io} + \boldsymbol{s}_o^{bNS-}\right) \leqslant \boldsymbol{Q}^{NS} \\
& \boldsymbol{\lambda}_i \geqslant 0, \sum_{i=1}^{m}\boldsymbol{\lambda}_i = 1, 1 \geqslant \alpha_o \geqslant 0 \\
& \boldsymbol{s}^{S-} \geqslant 0, \boldsymbol{s}^{NS-} \geqslant 0, \boldsymbol{s}^{gS+} \geqslant 0, \boldsymbol{s}^{gNS+} \geqslant 0, \boldsymbol{s}^{bS-} \geqslant 0, \boldsymbol{s}^{bNS-} \geqslant 0
\end{aligned} \qquad (6-2)$$

上述模型可以同时得到系统所有决策单元的平均效率，即生产系统整体平均效率。假定式（6-2）最优解向量为$\begin{pmatrix}\tilde{\theta}^{NS*}, \boldsymbol{s}_i^{S-*}, \boldsymbol{s}_i^{NS-*}, \boldsymbol{s}_i^{gS+*}, \boldsymbol{s}_i^{gNS+*}, \boldsymbol{s}_i^{bS-*}, \boldsymbol{s}_i^{bNS-*}, \\ \boldsymbol{\lambda}_i^{*} \quad i = 1,\cdots,m\end{pmatrix}$，则对于任意决策单元$DMU_o(o \in (1,\cdots,m))$，其效率值为：

$$\theta_o^{NS*} \frac{1 - \frac{1}{r}\left(\sum_{p=1}^{r_1} \frac{\boldsymbol{s}_{po}^{S-*}}{\boldsymbol{x}_{po}^{S}} + r_2(1 - \alpha_o^*) + \sum_{p=1}^{r_2} \frac{\boldsymbol{s}_{po}^{NS-*}}{\boldsymbol{x}_{po}^{NS}}\right)}{1 + \frac{1}{s+t}\left(\begin{array}{l}\sum_{q=1}^{s_1} \frac{\boldsymbol{s}_{qo}^{gS+*}}{\boldsymbol{y}_{qo}^{gS}} + s_2(1 - \alpha_o^*) + \sum_{q=1}^{s_2} \frac{\boldsymbol{s}_{qo}^{gNS+*}}{\boldsymbol{y}_{qo}^{NS}} + \sum_{l=1}^{t_1} \frac{\boldsymbol{s}_{lo}^{bS-*}}{\boldsymbol{y}_{lo}^{bS}} + t_2(1 - \alpha_o^*) + \\ \sum_{l=1}^{t_2} \frac{\boldsymbol{s}_{lo}^{bNS-*}}{\boldsymbol{y}_{lo}^{bNS}}\end{array}\right)} \tag{6-3}$$

同理有决策单元DMU_o的投入混合效率可表示为：

$$\theta_o^{xNS*} = 1 - \frac{1}{r}\left(\sum_{p=1}^{r_1} \frac{\boldsymbol{s}_{po}^{S-*}}{\boldsymbol{x}_{po}^{S}} + r_2(1 - \alpha_o^*) + \sum_{p=1}^{r_2} \frac{\boldsymbol{s}_{po}^{NS-*}}{\boldsymbol{x}_{po}^{NS}}\right) \tag{6-4}$$

而决策单元DMU_o的产出混合效率可表示为：

$$\theta_o^{yNS*} = \frac{1}{1 + \frac{1}{s+t}\left(\begin{array}{l}\sum_{q=1}^{s_1} \frac{\boldsymbol{s}_{qo}^{gS+*}}{\boldsymbol{y}_{qo}^{gS}} + s_2(1 - \alpha_o^*) + \sum_{q=1}^{s_2} \frac{\boldsymbol{s}_{qo}^{gNS+*}}{\boldsymbol{y}_{qo}^{NS}} + \sum_{l=1}^{t_1} \frac{\boldsymbol{s}_{lo}^{bS-*}}{\boldsymbol{y}_{lo}^{bS}} + \\ t_2(1 - \alpha_o^*) + \sum_{l=1}^{t_2} \frac{\boldsymbol{s}_{lo}^{bNS-*}}{\boldsymbol{y}_{lo}^{bNS}}\end{array}\right)} \tag{6-5}$$

并有：

$$\theta_o^{NS*} = \theta_o^{xNS*} \times \theta_o^{yNS*} \tag{6-6}$$

6.2.3 模型分析

假定式（6-2）最优解向量$\begin{pmatrix}\tilde{\theta}^{NS*}, \boldsymbol{s}_i^{S-*}, \boldsymbol{s}_i^{NS-*}, \boldsymbol{s}_i^{gS+*}, \boldsymbol{s}_i^{gNS+*}, \boldsymbol{s}_i^{bS-*}, \boldsymbol{s}_i^{bNS-*}, \alpha_i^*, \\ \boldsymbol{\lambda}_i^{*} \quad i = 1,\cdots,m\end{pmatrix}$，则该解向量满足以下定理。

定理 6.1：系统效率平均值 $\tilde{\theta}^{NS*} \in (0,\ 1]$。

定理 6.2：对于系统中的任意决策单元$DMU_o(o \in (1,\cdots,m))$，假设其利用 NS-USBM 模型测算得到的效率值为θ_o^{NS*}，而利用上述式（6-2）测算得到的系统整体平均效率为 $\tilde{\theta}^{NS*}$，则：

$$\tilde{\theta}^{NS*} \geqslant \frac{1}{m}\sum_{o=1}^{m}\theta_o^{NS*} \tag{6-7}$$

证明6.2：假定向量 $\begin{pmatrix}\tilde{\theta}^{NS*}, s_i^{S-*}, s_i^{NS-*}, s_i^{gS+*}, s_i^{gNS+*}, s_i^{bS-*}, s_i^{bNS-*}, \alpha_i^*, \\ \boldsymbol{\lambda}_i^* \quad i=1,\cdots,m\end{pmatrix}$ 是式（6-2）的最优解向量，由于式（6-2）仅在 NS-USBM 模型增加了约束条件，则向量（$\theta_o^{NS*}, s_o^{xS*}, s_o^{xNS*}, s_o^{yS*}, s_o^{yNS*}, s_o^{zS*}, s_o^{zNS*}, \alpha_o^*, \boldsymbol{\lambda}_o^*$）是 NS-USBM 模型的一个可行解，该可行解对应的目标函数值如下：

$$\theta_o^{NS} = \frac{1-\frac{1}{r}\left(\sum_{p=1}^{r_1}\frac{s_{po}^{S-*}}{x_{po}^{S}} + r_2(1-\alpha_o^*) + \sum_{p=1}^{r_2}\frac{s_{po}^{NS-*}}{x_{po}^{NS}}\right)}{1+\frac{1}{s+t}\left(\begin{array}{l}\sum_{q=1}^{s_1}\frac{s_{qo}^{gS+*}}{y_{qo}^{gS}} + s_2(1-\alpha_o^*) + \sum_{q=1}^{s_2}\frac{s_{qo}^{gNS+*}}{y_{qo}^{NS}} + \sum_{l=1}^{t_1}\frac{s_{lo}^{bS-*}}{y_{lo}^{bS}} + \\ t_2(1-\alpha_o^*) + \sum_{l=1}^{t_2}\frac{s_{lo}^{bNS-*}}{y_{lo}^{bNS}}\end{array}\right)} \tag{6-8}$$

由于 NS-USBM 模型的最优解为 θ_o^{NS*}，则：

$$\theta_o^{NS*} \leqslant \theta_o^{NS} \tag{6-9}$$

而 $\tilde{\theta}^{NS*}$ 满足：

$$\begin{aligned}\tilde{\theta}^{NS*} &= \min\frac{1}{m}\sum_{o=1}^{m}\left(\frac{1-\frac{1}{r}\left(\sum_{p=1}^{r_1}\frac{s_{po}^{S-*}}{x_{po}^{S}} + r_2(1-\alpha_o^*) + \sum_{p=1}^{r_2}\frac{s_{po}^{NS-*}}{x_{po}^{NS}}\right)}{1+\frac{1}{s+t}\left(\begin{array}{l}\sum_{q=1}^{s_1}\frac{s_{qo}^{gS+*}}{y_{qo}^{gS}} + s_2(1-\alpha_o^*) + \sum_{q=1}^{s_2}\frac{s_{qo}^{gNS+*}}{y_{qo}^{NS}} + \\ \sum_{l=1}^{t_1}\frac{s_{lo}^{bS-*}}{y_{lo}^{bS}} + t_2(1-\alpha_o^*) + \sum_{l=1}^{t_2}\frac{s_{lo}^{bNS-*}}{y_{lo}^{bNS}}\end{array}\right)}\right) \\ &= \frac{1}{m}\sum_{o=1}^{m}\theta_o^{NS} \geqslant \frac{1}{m}\sum_{o=1}^{m}\theta_o^{NS*}\end{aligned} \tag{6-10}$$

定理6.2的意义在于，利用基于环境规制总量目标不可分离变量非期望 SBM 模型评估得到的系统整体平均效率大于利用 NS-USBM 模型测算得到的系统所有决策单元效率的平均值，即环境规制总量目标的限额有助于提高系统决策单元的效率平均值，提高系统整体效率。

定理 6.3：对于 $\forall DMU_o$，$\theta_o^{NS*}=1,(o=1,\cdots,m)$ 是系统效率平均值 $\tilde{\theta}^{NS*}=1$ 的充要条件。

证明 6.3：

(1) 充分性。对于 $\forall DMU_o$，$\theta_o^{NS*}=1\ (o=1,\cdots,m)$，则有：

$$\frac{1}{m}\sum_{o=1}^{m}\theta_o^{NS*}=1 \tag{6-11}$$

而根据定理 6.2 可知：

$$\tilde{\theta}^{NS*}\geqslant\frac{1}{m}\sum_{o=1}^{m}\theta_o^{NS*}=1 \tag{6-12}$$

由定理 1 可知 $\tilde{\theta}^{NS*}\in(0,1]$，则可得：

$$1\geqslant\tilde{\theta}^{NS*}\geqslant\frac{1}{m}\sum_{o=1}^{m}\theta_o^{NS*}=1 \tag{6-13}$$

由此可知 $\tilde{\theta}^{NS*}=1$。

(2) 必要性。假定向量 $\left(\begin{matrix}\tilde{\theta}^{NS*},\boldsymbol{s}_i^{S-*},\boldsymbol{s}_i^{NS-*},\boldsymbol{s}_i^{gS+*},\boldsymbol{s}_i^{gNS+*},\boldsymbol{s}_i^{bS-*},\boldsymbol{s}_i^{bNS-*},\alpha_i^*,\\ \boldsymbol{\lambda}_i^*\quad i=1,\cdots,m\end{matrix}\right)$ 是式 (6-2)的最优解向量，且 $\tilde{\theta}^{NS*}=1$，则各决策单元 $DMU_o(o=1,\cdots,m)$ 的效率评估值为 θ_o^{NS} 满足：

$$\theta_o^{NS}=\frac{1-\frac{1}{r}\left(\sum_{p=1}^{r_1}\frac{\boldsymbol{s}_{po}^{S-*}}{\boldsymbol{x}_{po}^{S}}+r_2(1-\alpha_o^*)+\sum_{p=1}^{r_2}\frac{\boldsymbol{s}_{po}^{NS-*}}{\boldsymbol{x}_{po}^{NS}}\right)}{1+\frac{1}{s+t}\left(\begin{matrix}\sum_{q=1}^{s_1}\frac{\boldsymbol{s}_{qo}^{gS+*}}{\boldsymbol{y}_{qo}^{gS}}+s_2(1-\alpha_o^*)+\sum_{q=1}^{s_2}\frac{\boldsymbol{s}_{qo}^{gNS+*}}{\boldsymbol{y}_{qo}^{NS}}+\\ \sum_{l=1}^{t_1}\frac{\boldsymbol{s}_{lo}^{bS-*}}{\boldsymbol{y}_{lo}^{bS}}+t_2(1-\alpha_o^*)+\sum_{l=1}^{t_2}\frac{\boldsymbol{s}_{lo}^{bNS-*}}{\boldsymbol{y}_{lo}^{bNS}}\end{matrix}\right)}=1 \tag{6-14}$$

由于式 (6-2) 在 NS-USBM 模型的基础上增加了约束条件，则可知 $\theta_o^{NS*}(o=1,\cdots,m)$ 也是 NS-USBM 模型的可行解。则可得：

$$\theta_o^{NS*}=1,(o=1,\cdots,m) \tag{6-15}$$

定理 6.3 的意义是，当系统整体为 SBM 有效时，系统中的所有决策单元也是 SBM 有效的，反之，若系统中所有决策单元满足 SBM 有效，则系统整体也是 SBM 有效的。

6.3 基于环境规制区域目标的不可分离变量非期望 SBM 模型

在我国经济系统效率分析的相关文献中，由于我国区域经济发展水平由东至西呈现出明显的下降趋势，因此，大量文献采用将其分为东部、中部和西部三大经济区域进行深入分析的研究模式。本书参考上述研究模式，按东部、中部和西部三大经济区域的经济发展水平和环境污染物的排放水平制定相应的环境规制区域目标，以此来分析环境规制区域目标对区域环境效率的影响及其灵敏性。下文首先将环境规制区域目标融入 NS－USBM 模型构建一个基于环境规制区域目标的 NS－USBM 模型。

6.3.1 基于环境规制区域目标不可分离变量非期望 SBM 模型的提出

根据环境规制区域目标与环境规制总量目标之间的关系，可以将基于环境规制区域目标不可分离变量非期望 SBM 模型分为两类。

（1）环境规制区域目标以环境规制总量目标为基础，按照一定的分配方式分配至各经济区域中。按照具体的分配方式，又可将其具体分为以下三类。

其一是等比例分配，即环境规制区域目标按环境规制总量目标和各经济区域的环境污染物排放量进行等比例分配。假定环境规制总量目标 $\boldsymbol{Q} = \boldsymbol{Q}^S + \boldsymbol{Q}^{NS}$，而目前我国整体的污染物排放量为 $\boldsymbol{Q}_u$，则环境规制减排比例 $\gamma = \boldsymbol{Q}/\boldsymbol{Q}_u$。再假设各经济区域目前的污染物排放量为 $\boldsymbol{Q}_h (h = 1, \cdots, H)$，$H$ 为经济区域总数，且经济区域 h 包含的省份数量为 m_h。则各区域的环境规制区域目标值为 $\gamma \boldsymbol{Q}_h = (\boldsymbol{Q}^S \boldsymbol{Q}_h)/\boldsymbol{Q}_u + (\boldsymbol{Q}^{NS} \boldsymbol{Q}_h)/\boldsymbol{Q}_u$，那么在该情况下，应在 NS－USBM 模型中增加如下约束条件：

$$
\begin{aligned}
&\sum_{o=1}^{m_h} \left(\sum_{i=1}^{m_h} \boldsymbol{y}_{io}^{bS} \boldsymbol{\lambda}_{io} + \boldsymbol{s}_o^{bS-} \right) \leqslant (\boldsymbol{Q}^S \boldsymbol{Q}_h)/\boldsymbol{Q}_u \\
&\sum_{o=1}^{m_h} \left(\sum_{i=1}^{m_h} \boldsymbol{y}_{io}^{bNS} \boldsymbol{\lambda}_{io} + \boldsymbol{s}_o^{bNS-} \right) \leqslant (\boldsymbol{Q}^{NS} \boldsymbol{Q}_h)/\boldsymbol{Q}_u
\end{aligned} \tag{6-16}
$$

其二是松弛量比例分配，即环境规制区域目标按环境规制总量目标和各区域环境污染物的松弛量进行比例分配。假定环境规制总量目标 $\boldsymbol{Q} = \boldsymbol{Q}^S + \boldsymbol{Q}^{NS}$，先通过 NS－USBM 模型测算出各决策单元主要非期望产出的松弛量

$s_i^{b-}[i \in (1,\cdots,m)]$，然后计算各经济区域的松弛量 $s_h^{b-} = \sum_{i=1}^{m_h} s_i^{b-}$，则各经济区域环境规制区域目标为 $Q_h = (s_h^{b-} / \sum_{h=1}^{H} s_h^{b-})Q$。在该情况下，应在 NS - USBM 模型中增加如下约束条件：

$$\begin{aligned} &\sum_{o=1}^{m_h}\left(\sum_{i=1}^{m_h} y_{io}^{bS}\lambda_{io} + s_o^{bS-}\right) \leqslant \left(s_h^{b-} / \sum_{h=1}^{H} s_h^{b-}\right)Q^S \\ &\sum_{o=1}^{m_h}\left(\sum_{i=1}^{m_h} y_{io}^{bNS}\lambda_{io} + s_{io}^{bNS-}\right) \leqslant \left(s_h^{b-} / \sum_{h=1}^{H} s_h^{b-}\right)Q^{NS} \end{aligned} \tag{6-17}$$

其三是经济水平比例分配，即环境规制区域目标按环境规制总量目标和各区域经济发展水平进行比例分配。假定环境规制总量目标 $Q = Q^S + Q^{NS}$，经济区域 h 的 GDP 总量为 G_h，则区域 h 的环境规制减排比例为 $\gamma_h = G_h / \sum_{h=1}^{H} G_h$，其环境规制区域目标为 $Q_h = \gamma_h Q = \gamma_h Q^S + \gamma_h Q^{NS}$。在该情况下，应在 NS - USBM 模型中增加如下约束条件：

$$\begin{aligned} &\sum_{o=1}^{m_h}\left(\sum_{i=1}^{m_h} y_{io}^{bS}\lambda_{io} + s_o^{bS-}\right) \leqslant \gamma_h Q^S \\ &\sum_{o=1}^{m_h}\left(\sum_{i=1}^{m_h} y_{io}^{bNS}\lambda_{io} + s_{io}^{bNS-}\right) \leqslant \gamma_h Q^{NS} \end{aligned} \tag{6-18}$$

基于上述分析，将约束条件式（6 - 16）、式（6 - 17）或式（6 - 18）引入 NS - USBM 模型，本书构建了第一类基于环境规制区域目标的不可分离变量非期望 SBM 模型如式（6 - 19）所示：

$$\bar{\theta}^{NS} = \min \frac{1}{m}\sum_{o=1}^{m}\left[\frac{1 - \frac{1}{r}\left(\sum_{p=1}^{r_1}\frac{s_{po}^{S-}}{x_{po}^{S}} + r_2(1-\alpha_o) + \sum_{p=1}^{r_2}\frac{s_{po}^{NS-}}{x_{po}^{NS}}\right)}{1 + \frac{1}{s+t}\left(\begin{aligned}&\sum_{q=1}^{s_1}\frac{s_{qo}^{gS+}}{y_{qo}^{gS}} + s_2(1-\alpha_o) + \sum_{q=1}^{s_2}\frac{s_{qo}^{gNS+}}{y_{qo}^{NS}} + \sum_{l=1}^{t_1}\frac{s_{lo}^{bS-}}{y_{lo}^{bS}} + \\ &t_2(1-\alpha_o) + \sum_{l=1}^{t_2}\frac{s_{lo}^{bNS-}}{y_{lo}^{bNS}}\end{aligned}\right)}\right]$$

$$\begin{aligned} \text{s. t.} : &\sum_{i=1}^{m} x_i^S \lambda_i + s^{S-} = x_o^S \\ &\sum_{i=1}^{m} x_i^{NS} \lambda_i + s^{NS-} = \alpha_o x_o^{NS} \end{aligned}$$

$$\sum_{i=1}^{m} \boldsymbol{y}_i^{gS} \boldsymbol{\lambda}_i - \boldsymbol{s}^{gS+} = \boldsymbol{y}_o^{gS}$$

$$\sum_{i=1}^{m} \boldsymbol{y}_i^{gNS} \boldsymbol{\lambda}_i - \boldsymbol{s}^{gNS+} = \alpha_o \boldsymbol{y}_o^{gNS}$$

$$\sum_{i=1}^{m} \boldsymbol{y}_i^{bS} \boldsymbol{\lambda}_i + \boldsymbol{s}^{bS-} = \boldsymbol{y}_o^{bS} \qquad (o = 1, \cdots, m) \tag{6-19}$$

$$\sum_{i=1}^{m} \boldsymbol{y}_i^{bNS} \boldsymbol{\lambda}_i + \boldsymbol{s}^{bNS-} = \alpha_o \boldsymbol{y}_o^{bNS}$$

式(6 － 16),式(6 － 17)或式(6 － 18)

$$\boldsymbol{\lambda}_i \geqslant 0, \sum_{i=1}^{m} \boldsymbol{\lambda}_i = 1, 1 \geqslant \alpha_o \geqslant 0$$

$$\boldsymbol{s}^{S-} \geqslant 0, \boldsymbol{s}^{NS-} \geqslant 0, \boldsymbol{s}^{gS+} \geqslant 0, \boldsymbol{s}^{gNS+} \geqslant 0, \boldsymbol{s}^{bS-} \geqslant 0, \boldsymbol{s}^{bNS-} \geqslant 0$$

(2) 同时制定环境规制总量目标和环境规制区域目标。假定环境规制总量目标 $\boldsymbol{Q} = \boldsymbol{Q}^S + \boldsymbol{Q}^{NS}$，区域 h 环境规制区域目标为 $\boldsymbol{Q}_h = \boldsymbol{Q}_h^S + \boldsymbol{Q}_h^{NS}$，且有 $\sum_{h=1}^{H} \boldsymbol{Q}_h \geqslant \boldsymbol{Q}$。在该情况下，应在 NS－USBM 模型中增加如下约束条件：

$$\sum_{o=1}^{m} \left(\sum_{i=1}^{m} \boldsymbol{y}_{io}^{bS} \boldsymbol{\lambda}_{io} + \boldsymbol{s}_o^{bS-} \right) \leqslant \boldsymbol{Q}^S$$

$$\sum_{o=1}^{m} \left(\sum_{i=1}^{m} \boldsymbol{y}_{io}^{bNS} \boldsymbol{\lambda}_{io} + \boldsymbol{s}_o^{bNS-} \right) \leqslant \boldsymbol{Q}^{NS}$$

$$\sum_{o=1}^{m_h} \left(\sum_{i=1}^{m_h} \boldsymbol{y}_{io}^{bS} \boldsymbol{\lambda}_{io} + \boldsymbol{s}_o^{bS-} \right) \leqslant \boldsymbol{Q}_h^S \tag{6-20}$$

$$\sum_{o=1}^{m_h} \left(\sum_{i=1}^{m_h} \boldsymbol{y}_{io}^{bNS} \boldsymbol{\lambda}_{io} + \boldsymbol{s}_{io}^{bNS-} \right) \leqslant \boldsymbol{Q}_h^{NS}$$

将上述约束条件式（6－18）代入 NS－USBM 模型，可以构建第二类基于环境规制区域目标的不可分离变量非期望 SBM 模型如式（6－21）所示：

$$\hat{\theta}^{NS} = \min \frac{1}{m} \sum_{o=1}^{m} \left[\frac{1 - \frac{1}{r}\left(\sum_{p=1}^{r_1} \frac{\boldsymbol{s}_{po}^{S-}}{\boldsymbol{x}_{po}^{S}} + r_2(1 - \alpha_o) + \sum_{p=1}^{r_2} \frac{\boldsymbol{s}_{po}^{NS-}}{\boldsymbol{x}_{po}^{NS}} \right)}{1 + \frac{1}{s+t}\left(\sum_{q=1}^{s_1} \frac{\boldsymbol{s}_{qo}^{gS+}}{\boldsymbol{y}_{qo}^{gS}} + s_2(1 - \alpha_o) + \sum_{q=1}^{s_2} \frac{\boldsymbol{s}_{qo}^{gNS+}}{\boldsymbol{y}_{qo}^{NS}} + \sum_{l=1}^{t_1} \frac{\boldsymbol{s}_{lo}^{bS-}}{\boldsymbol{y}_{lo}^{bS}} + t_2(1 - \alpha_o) + \sum_{l=1}^{t_2} \frac{\boldsymbol{s}_{lo}^{bNS-}}{\boldsymbol{y}_{lo}^{bNS}} \right)} \right]$$

$$
\begin{aligned}
\text{s. t. :} & \sum_{i=1}^{m} \boldsymbol{x}_i^S \boldsymbol{\lambda}_i + \boldsymbol{s}^{S-} = \boldsymbol{x}_o^S \\
& \sum_{i=1}^{m} \boldsymbol{x}_i^{NS} \boldsymbol{\lambda}_i + \boldsymbol{s}^{NS-} = \alpha_o \boldsymbol{x}_o^{NS} \\
& \sum_{i=1}^{m} \boldsymbol{y}_i^{gS} \boldsymbol{\lambda}_i - \boldsymbol{s}^{gS+} = \boldsymbol{y}_o^{gS} \\
& \sum_{i=1}^{m} \boldsymbol{y}_i^{gNS} \boldsymbol{\lambda}_i - \boldsymbol{s}^{gNS+} = \alpha_o \boldsymbol{y}_o^{gNS} \\
& \sum_{i=1}^{m} \boldsymbol{y}_i^{bS} \boldsymbol{\lambda}_i + \boldsymbol{s}^{bS-} = \boldsymbol{y}_o^{bS} \qquad (o = 1, \cdots, m) \\
& \sum_{i=1}^{m} \boldsymbol{y}_i^{bNS} \boldsymbol{\lambda}_i + \boldsymbol{s}^{bNS-} = \alpha_o \boldsymbol{y}_o^{bNS} \qquad (6-21) \\
& \sum_{o=1}^{m} \left(\sum_{i=1}^{m} \boldsymbol{y}_{io}^{bS} \boldsymbol{\lambda}_{io} + \boldsymbol{s}_o^{bS-} \right) \leqslant \boldsymbol{Q}^S \\
& \sum_{o=1}^{m} \left(\sum_{i=1}^{m} \boldsymbol{y}_{io}^{bNS} \boldsymbol{\lambda}_{io} + \boldsymbol{s}_o^{bNS-} \right) \leqslant \boldsymbol{Q}^{NS} \\
& \sum_{o=1}^{m_h} \left(\sum_{i=1}^{m_h} \boldsymbol{y}_{io}^{bS} \boldsymbol{\lambda}_{io} + \boldsymbol{s}_o^{bS-} \right) \leqslant \boldsymbol{Q}_h^S \\
& \sum_{o=1}^{m_h} \left(\sum_{i=1}^{m_h} \boldsymbol{y}_{io}^{bNS} \boldsymbol{\lambda}_{io} + \boldsymbol{s}_{io}^{bNS-} \right) \leqslant \boldsymbol{Q}_h^{NS} \\
& \boldsymbol{\lambda}_i \geqslant 0, \sum_{i=1}^{m} \boldsymbol{\lambda}_i = 1, 1 \geqslant \alpha_o \geqslant 0 \\
& \boldsymbol{s}^{S-} \geqslant 0, \boldsymbol{s}^{NS-} \geqslant 0, \boldsymbol{s}^{gS+} \geqslant 0, \boldsymbol{s}^{gNS+} \geqslant 0, \boldsymbol{s}^{bS-} \geqslant 0, \boldsymbol{s}^{bNS-} \geqslant 0
\end{aligned}
$$

6.3.2 模型分析

假定式（6－19）最优解向量为 $\begin{pmatrix} \bar{\theta}^{NS*}, \boldsymbol{s}_i^{S-*}, \boldsymbol{s}_i^{NS-*}, \boldsymbol{s}_i^{gS+*}, \boldsymbol{s}_i^{gNS+*}, \boldsymbol{s}_i^{bS-*}, \boldsymbol{s}_i^{bNS-*}, \\ \alpha_i^*, \boldsymbol{\lambda}_i^*; i = 1, \cdots, m \end{pmatrix}$，式（6－21）的最优解向量为 $\begin{pmatrix} \hat{\theta}^{NS*}, \boldsymbol{s}_i^{S-*}, \boldsymbol{s}_i^{NS-*}, \boldsymbol{s}_i^{gS+*}, \boldsymbol{s}_i^{gNS+*}, \boldsymbol{s}_i^{bS-*}, \boldsymbol{s}_i^{bNS-*}, \\ \alpha_i^*, \boldsymbol{\lambda}_i^*; i = 1, \cdots, m \end{pmatrix}$，则该解向量满足以下定理。

定理 6.4：两类环境规制区域目标下，系统效率平均值 $\bar{\theta}^{NS*} \in (0, 1]$；

$\hat{\theta}^{NS*} \in (0, 1]$。

定理 6.5：对于系统中的任意决策单元 $DMU_o(o \in (1,\cdots,m))$，假设其利用 NS - USBM 模型测算得到的效率值为 θ_o^{NS*}，则：

$$\bar{\theta}^{NS*} \geqslant \frac{1}{m}\sum_{o=1}^{m} \theta_o^{NS*}$$
$$\hat{\theta}^{NS*} \geqslant \frac{1}{m}\sum_{o=1}^{m} \theta_o^{NS*} \tag{6-22}$$

定理6.5 的证明与定理6.2 相似，此处不再赘述。定理6.5 的意义是，在两类环境规制区域目标下，系统整体的平均效率大于利用 NS - USBM 模型测算得到的系统所有决策单元效率的平均值，即环境规制区域目标的限额有利于提高系统整体效率。

定理 6.6：对于 $\forall DMU_o$，$\theta_o^{NS*} = 1, (o = 1,\cdots,m)$是系统效率平均值 $\bar{\theta}^{NS*} = 1; \hat{\theta}^{NS*} = 1$ 的充要条件。

定理6.6 的证明与定理6.3 相似，此处不再赘述。定理6.6 的意义是，当系统整体为 SBM 有效时，系统中的所有决策单元也是 SBM 有效的，反之，若系统中所有决策单元满足 SBM 有效，则系统整体也是 SBM 有效的。

定理 6.7：假设在环境规制总量目标条件下，利用式（6 - 2）测算得到的系统整体平均效率为 $\tilde{\theta}^{NS*}$，而在两类环境规制区域目标条件下，利用式（6 - 19）和式（6 - 21）测算的系统整体平均效率分别为 $\bar{\theta}^{NS*}$ 和 $\hat{\theta}^{NS*}$，则有：

$$\tilde{\theta}^{NS*} \leqslant \bar{\theta}^{NS*} \text{ 且 } \tilde{\theta}^{NS*} \leqslant \hat{\theta}^{NS*} \tag{6-23}$$

证明 6.7：（1）$\tilde{\theta}^{NS*} \leqslant \bar{\theta}^{NS*}$。由于第一类环境规制区域目标条件下，环境规制区域目标是在环境规制总量目标下的再分配，因此约束条件式（6 - 16）、式（6 - 17）或式（6 - 18）是约束条件式（6 - 1）的充分条件，即 $\bar{\theta}^{NS*}$ 也是式（6 - 2）的一个可行解。而式（6 - 2）为最小规划函数，则可得：

$$\tilde{\theta}^{NS*} \leqslant \bar{\theta}^{NS*} \tag{6-24}$$

（2）$\tilde{\theta}^{NS*} \leqslant \hat{\theta}^{NS*}$。由于式（6 - 21）在式（6 - 2）的基础上增加了如下约束条件：

$$\sum_{o=1}^{m_h}\left(\sum_{i=1}^{m_h} \boldsymbol{y}_{io}^{bS} \boldsymbol{\lambda}_{io} + \boldsymbol{s}_{o}^{bS-}\right) \leqslant \boldsymbol{Q}_h^S$$
$$\sum_{o=1}^{m_h}\left(\sum_{i=1}^{m_h} \boldsymbol{y}_{io}^{bNS} \boldsymbol{\lambda}_{io} + \boldsymbol{s}_{io}^{bNS-}\right) \leqslant \boldsymbol{Q}_h^{NS} \tag{6-25}$$

$\hat{\theta}^{NS*}$ 也是式（6－2）的一个可行解，而 $\tilde{\theta}^{NS*}$ 是其取目标函数最小化的最优解，因此可得：

$$\tilde{\theta}^{NS*} \leqslant \hat{\theta}^{NS*} \tag{6-26}$$

定理6.7的意义在于，环境规制越细化越有利于提高系统整体环境效率，即在区域层面对环境规制总量目标进行细化后，系统整体效率大于只制定环境规制总量目标的情况。

6.4 两种环境规制目标影响区域环境效率的灵敏度与对比分析

6.4.1 两种环境规制目标下区域环境效率评估结果与对比分析

本书主要用CO_2、SO_2 两类环境污染物的排放来指代环境指标，但鉴于国务院发布的《“十二五”节能减排综合性工作方案》中制定了“十二五”末期SO_2排放量较“十一五”期间减少8%的环境规制目标，因此，本书以SO_2 减排作为环境规制的研究对象。首先以8%和24%为环境规制总量目标，即 $\boldsymbol{Q}=2122.5894$ 和 $\boldsymbol{Q}=1753.4509$ 。结合式（6－21）测算在上述环境规制总量目标以及区域目标分配情况下的我国省际环境效率，其结果如表6－1所示。

表6－1　8%和24%的环境规制目标下我国省际环境效率测算结果

地区	无规制	8% SO_2 减排目标			24% SO_2 减排目标		
		总量目标	区域目标（等比例分配）	区域目标（松弛比例分配）	总量目标	区域目标（等比例分配）	区域目标（松弛比例分配）
北京市	1.0000	1.0000	1.0000	1.0000	1.0000	1.0000	1.0000
天津市	1.0000	1.0000	1.0000	1.0000	1.0000	1.0000	1.0000
河北省	0.3752	0.3752	0.3752	0.3752	0.3752	0.3786	0.3792
辽宁省	0.6649	0.6649	0.6649	0.6649	0.6649	0.6649	0.6649

续 表

地区	无规制	8% SO_2 减排目标			24% SO_2 减排目标		
		总量目标	区域目标（等比例分配）	区域目标（松弛比例分配）	总量目标	区域目标（等比例分配）	区域目标（松弛比例分配）
吉林省	0.4769	0.4769	0.4769	0.4769	0.4769	0.4808	0.4808
黑龙江省	0.4624	0.4624	0.4624	0.4624	0.4624	0.4662	0.4662
上海市	1.0000	1.0000	1.0000	1.0000	1.0000	1.0000	1.0000
江苏省	0.9098	0.9098	0.9098	0.9098	0.9098	0.9098	0.9098
浙江省	0.8059	0.8059	0.8059	0.8059	0.8059	0.8059	0.8059
福建省	0.7238	0.7238	0.7238	0.7238	0.7238	0.7238	0.7238
山东省	0.6059	0.6059	0.6059	0.6059	0.6059	0.6059	0.6059
广东省	1.0000	1.0000	1.0000	1.0000	1.0000	1.0000	1.0000
海南省	1.0000	1.0000	1.0000	1.0000	1.0000	1.0000	1.0000
东部	0.7711	0.7711	0.7711	0.7711	0.7711	0.7720	0.7720
山西省	0.3376	0.3376	0.3376	0.3376	0.3376	0.3412	0.3414
安徽省	0.6333	0.6333	0.6333	0.6333	0.6333	0.6333	0.6333
江西省	0.5100	0.5100	0.5100	0.5100	0.5127	0.5173	0.5173
河南省	0.4310	0.4310	0.4310	0.4310	0.4310	0.4351	0.4352
湖北省	0.4179	0.4179	0.4179	0.4179	0.4179	0.4218	0.4222
湖南省	0.4506	0.4506	0.4506	0.4506	0.4506	0.4547	0.4547
中部	0.4634	0.4634	0.4634	0.4634	0.4638	0.4672	0.4673
内蒙古自治区	0.4107	0.4107	0.4107	0.4107	0.4107	0.4143	0.4145
广西壮族自治区	0.4897	0.4897	0.4897	0.4897	0.4951	0.4997	0.5001
重庆市	0.4213	0.4213	0.4213	0.4213	0.4256	0.4303	0.4307
四川省	0.4050	0.4050	0.4050	0.4050	0.4050	0.4085	0.4086
贵州省	0.2665	0.2665	0.2665	0.2665	0.2665	0.2701	0.2702
云南省	0.3349	0.3349	0.3349	0.3349	0.3349	0.3386	0.3386
陕西省	0.4608	0.4608	0.4608	0.4608	0.4664	0.4709	0.4713
甘肃省	0.3278	0.3278	0.3278	0.3278	0.3278	0.3313	0.3315
青海省	1.0000	1.0000	1.0000	1.0000	1.0000	1.0000	1.0000

续 表

地区	无规制	8% SO_2 减排目标			24% SO_2 减排目标		
		总量目标	区域目标（等比例分配）	区域目标（松弛比例分配）	总量目标	区域目标（等比例分配）	区域目标（松弛比例分配）
宁夏回族自治区	0.6373	0.6373	0.6373	0.6373	0.6373	0.6373	0.6373
新疆维吾尔自治区	0.4348	0.4348	0.4348	0.4348	0.4348	0.4385	0.4386
西部	0.4717	0.4717	0.4717	0.4717	0.4731	0.4763	0.4765
全国	0.5998	0.5998	0.5998	0.5998	0.6004	0.6026	0.6027

注：限于篇幅，本书仅列出其历年均值，若需要，作者可提供2003—2012年的全部评估结果。

由表6-1的结果可知，以8%为环境规制总量目标的情况下，我国省际环境效率评估值与无环境规制条件下的评估值完全相同。并且通过等比例分配和松弛比例分配两种方法将其分配到三大区域后，省际环境效率值仍未改进。可能的原因是8%的环境规制总量目标过小，低于其对整体能源效率产生影响的阈值，达不到减少污染排放量、改善环境的规制目标。当环境规制总量目标设定为减排24%时，全国整体的环境效率上升至0.6004，除东部区域外，中部和西部地区的环境效率分别上升至0.4638和0.4731。该结果验证了本书定理6.2，即适当的环境规制有助于整体和区域环境效率的提高，从而实现区域环境改善的目标。具体到各省、直辖市、自治区中，江西省、广西壮族自治区、重庆市和陕西省的环境效率值提升，其他省、直辖市、自治区的环境效率值不变，主要原因在于这四个省、直辖市、自治区的SO_2排放松弛率较大，其对环境规制目标的敏感性较强。

进一步将24%的减排目标通过等比例分配的方式来设定环境规制区域目标时，发现我国整体环境效率进一步上升至0.6026，而东部、中部和西部的环境效率都有提升；而通过松弛比例分配来设定环境规制区域目标时，我国整体、东部、中部和西部区域的环境效率分别上升至0.6027、0.7720、0.4673和0.4765。这一结果验证了本书定理6.5，即在两类环境规制区域目标下，系统整体和区域的平均效率都将提升，并且将环境规制的目标在区域中细分后，其对系统整体和区域环境效率提升的影响更大。

6.4.2　两种环境规制目标影响区域环境效率的灵敏度与对比分析

为深入分析环境规制目标影响我国整体和区域环境效率的灵敏度及阈值，本书以SO_2排放量减少1%为步长，以8%的环境规制为启始目标，来探索我国整体和区域环境效率的变化情况。

（1）环境规制总量目标影响区域环境效率的灵敏度。首先考虑环境总量目标规制的情况，经过研究发现，当环境规制总量目标$Q \in [2122.5894, 1756.6734]$时，我国整体和区域环境效率值不变。继续增大$SO_2$减排规制总量目标时，整体和区域环境效率值开始提升，为直观地反映其变化情况，本书以SO_2减排阈值前后的15个步长为例，呈现了环境规制总量目标影响整体环境效率的灵敏度，其结果如图6－1所示。

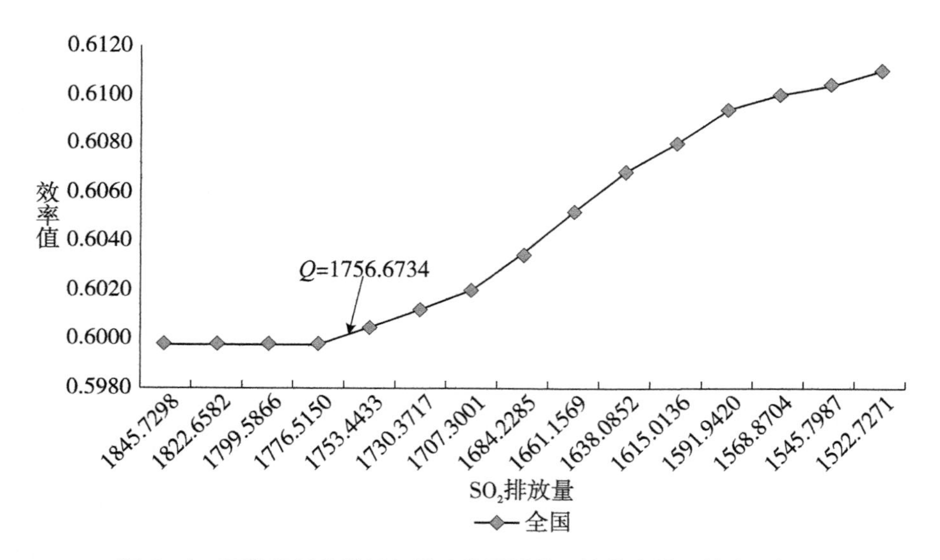

图6－1　环境规制总量目标影响我国整体环境效率的灵敏度及阈值

图6－1的结果印证了前文的定理6.2，我国整体环境效率与环境规制总量目标呈正方向变化趋势，即环境规制总量目标的增加能够提高我国整体的环境效率，这反映了环境政策与环境效率间的关系，严格的环境规制政策有助于环境效率的提升。本书通过以SO_2排放量减少1%为步长进一步细化SO_2减排目标，进一步测算出环境规制总量目标影响我国整体环境效率的阈值为SO_2减排550.4889万吨。由于式（6－2）同时能获得系统30个省、直辖市、自治区的环境效率值，因此，本书同时计算了环境规制总量目标影响我国三

大区域环境效率的灵敏度和阈值，其结果如图 6 - 2 所示，环境规制总量目标影响我国中部和西部区域环境效率的阈值均为SO_2减排 550.4889 万吨，并且其对西部区域的影响具有更强的灵敏性；环境规制总量目标影响东部区域环境效率的阈值大于中部、西部地区，为SO_2减排 650.0276 万吨，主要原因是东部地区的SO_2松弛率都明显低于中部、西部地区，对环境规制影响的灵敏性较差。

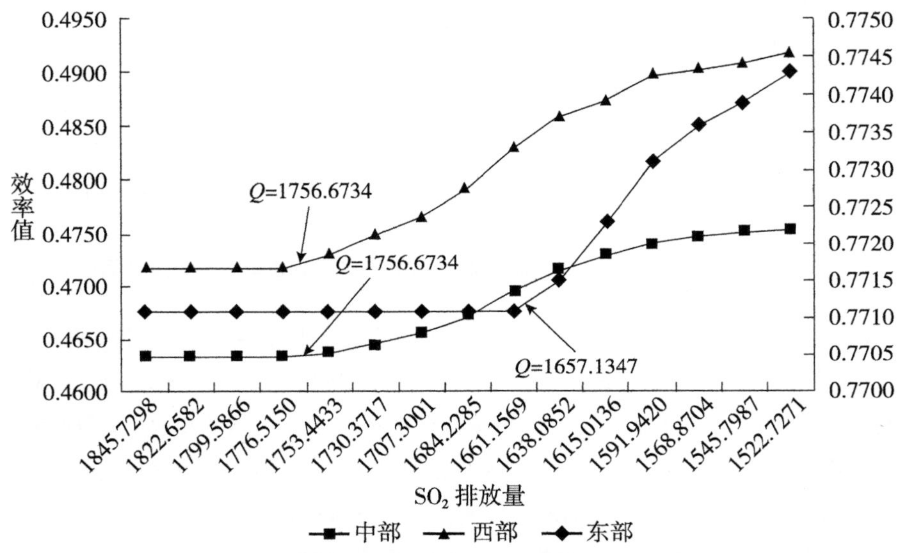

图 6 - 2 环境规制总量目标影响区域环境效率的灵敏度及阈值

（2）环境规制区域目标影响区域环境效率的灵敏度。本书将环境规制区域目标的设定分为三种情况，下面同样以SO_2排放量减少 1% 为步长，以 8% 的环境规制为启始目标开始递增来分析环境规制区域目标影响我国整体和区域环境效率的灵敏度，三种环境规制区域目标设定条件对我国整体环境效率影响的灵敏度如图 6 - 3 所示。

图 6 - 3 的结果表明：其一，环境规制区域目标按环境规制总量目标和各区域的环境污染物排放量进行等比例分配的情况下，当环境规制区域目标为SO_2减排 21%，即 $Q = 1822.6582$ 时，我国整体环境效率值开始提升。通过进一步压缩步长，可测算出该种环境规制区域目标设定下，其影响我国整体环境效率的阈值为SO_2减排 20.48%，此时SO_2排放总量为 1834.6555 万吨。其二，环境规制区域目标按环境规制总量目标和各区域环境污染物的松弛量进行比例分配的情况下，当环境规制区域目标为SO_2减排 20% 时，即 $Q = 1845.7298$ 时，我国

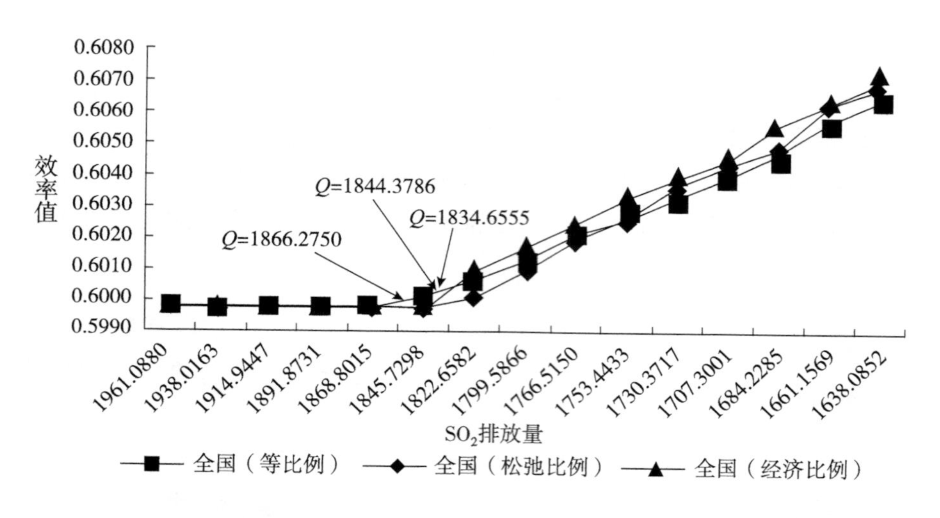

图 6－3　三种环境规制区域目标影响我国整体环境效率的灵敏度及阈值

整体环境效率值开始提升。通过进一步压缩步长，可测算出该种环境规制区域目标设定下，其影响我国整体环境效率的阈值为SO_2 减排 19.09%，此时SO_2 排放总量为 1866.2750 万吨。其三，同理可得在环境规制区域目标按环境规制总量目标和各区域经济发展水平进行比例分配的情况下，影响我国整体环境效率的阈值为SO_2 减排 20.06%，此时SO_2 排放总量为 1844.3786 万吨。

对比图 6－3 和图 6－1 可知，首先，环境规制区域等比例目标影响我国整体环境效率的阈值由SO_2 减排 550.4889 万吨变为 472.5068 万吨。其次，环境规制区域等比例目标影响整体环境效率的灵敏度更强。这说明环境规制区域等比例目标通过将环境规制总量目标强制等比例分配到各经济区域，能更快地实现整体能源效率的优化。最后，按SO_2 松弛量比例分配环境规制区域目标影响整体环境效率的阈值由SO_2 减排 20.48% 将为SO_2 减排 19.09%，并且其灵敏度增强。这说明按SO_2 松弛量比例分配环境规制区域目标能进一步加快实现整体能源效率的优化，主要原因在于该方法充分考虑了各经济区域当前的SO_2 排放量，按各经济区域的实际环境污染状况分配其环境规制目标，相对于环境规制目标等比例分配，该方法在改善我国整体环境效率方面更具优势。

同理，本书还计算了环境规制区域目标影响我国三大区域环境效率的灵敏度和阈值。其结果如图 6－4 所示。

其一，环境规制区域目标等比例分配的情况下，当环境规制区域目标为SO_2 减排21%，即 $Q = 1822.6582$ 时，东部环境效率值开始提升。通过进一步

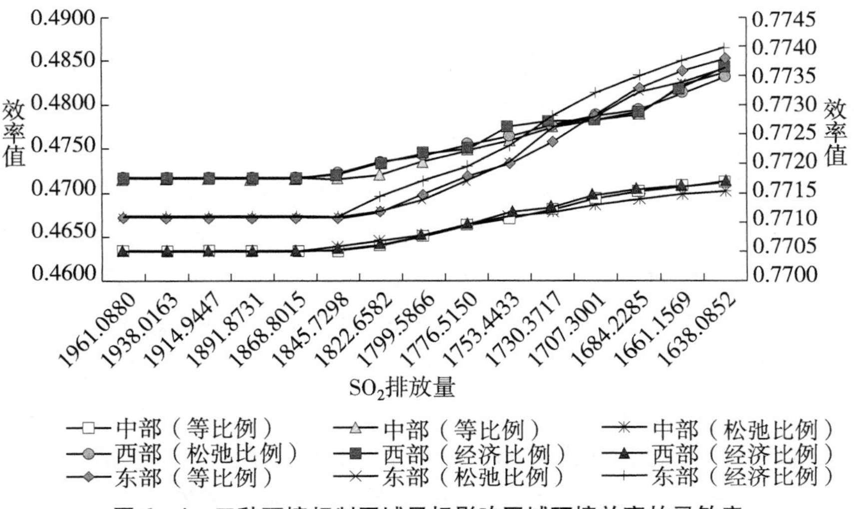

图 6-4　三种环境规制区域目标影响区域环境效率的灵敏度

压缩步长，可测算出该种环境规制区域目标设定下，其影响东部区域环境效率的阈值为SO_2减排 20.76%，此时SO_2排放总量为 1828.1954 万吨。同理可得该种环境规制区域目标设定下，其影响中部和西部区域环境效率的阈值为SO_2减排 20.48%，SO_2排放总量为 1834.6555 万吨。其二，环境规制区域目标按松弛比例分配的情况下，当环境规制区域目标为SO_2减排 20%，即 $Q=1845.7298$ 时，我国中部和西部区域的环境效率值开始提升。通过进一步压缩步长，可测算出该种环境规制区域目标设定下，其影响中部和西部环境效率的阈值为SO_2减排 19.09%，SO_2排放总量为 1866.7250 万吨。而其影响东部环境效率的阈值为 20.69%，SO_2排放总量为 1829.8104 万吨。其三，在环境规制区域目标按经济比例分配的情况下，其影响中部和西部环境效率的阈值为SO_2减排 20.06%，SO_2排放总量为 1844.3786 万吨；影响东部地区环境效率的阈值为 20.94%，SO_2排放总量为 1824.0425 万吨。可见，三种环境规制区域目标分配情况下，其影响东部地区环境效率的阈值均大于中部、西部地区，说明环境规制政策影响中部和西部地区环境效率的灵敏度较强，要进一步提升东部区域的环境效率则需要更严格的环境规制措施。

对比图 6-4 和图 6-2 可知。相对于环境规制总量目标，环境规制区域目标等比例分配、松弛比例分配和经济比例分配的情况下，其影响我国东部区域环境效率的阈值由SO_2减排 650.0276 万吨变为SO_2减排 478.9669 万吨、477.3519 万吨和 483.1198 万吨，影响我国中部和西部区域环境效率的阈值由

SO_2 减排 550.4889 万吨变为 SO_2 减排 472.5068 万吨、440.4373 万吨和 462.7837 万吨。上述结果表明：其一，三种环境规制区域目标情况下，其影响东部、中部和西部环境效率的 SO_2 减排阈值均小于环境规制总量目标的情况，说明将环境规制总量目标通过这三种方式细分至各大经济区域后，能更快地实现区域环境效率的优化。其二，三种环境规制区域目标情况下，其影响中部和西部环境效率的阈值均较低，表明三种环境规制区域目标影响中部和西部的区域环境效率强于东部区域环境效率。其三，三种环境规制区域目标分配方式中，按松弛比例分配这一方式影响三大区域环境效率的 SO_2 减排阈值最小，说明按松弛比例分配能最快地实现我国区域环境效率的优化，主要原因在于该方法充分考虑了各经济区域当前的 SO_2 过度排放量，按照当前 SO_2 的过度排放量来设定其减排目标，相对于等比例分配和经济比例分配原则，该方式在提升和优化我国区域环境效率方面具有明显的优势。

（3）根据上述两种环境规制方法，本书还测算了其对应的各经济区域的环境规制分配目标的阈值，其结果如表 6－2 所示。根据表 6－2 可知，环境规制区域目标影响我国整体环境效率的灵敏度高于环境规制总量目标，而在三种环境规制区域目标分配方式中，按 SO_2 松弛比例分配方法对我国整体环境效率的影响具有最强的灵敏度。主要原因是该方法按照经济区域当前 SO_2 的过度排放量来设定其减排目标，减排目标设定具有较强的针对性。基于上述分析，本书认为按 SO_2 松弛比例分配环境规制目标的方法是最优选择，在样本期间，东部、中部和西部区域的 SO_2 减排比例阈值分别为 10.23%、21.99% 和 27.14%。因此，从效率视角出发，环境规制区域目标的制定应根据各经济区域的环境污染实际情况，选择差异化的环境规制目标以优化区域环境效率。

表 6－2　两种环境规制方法下各经济区域的 SO_2 减排分配目标阈值

经济区域	环境规制总量目标		环境规制区域目标					
			等比例分配		松弛比例分配		经济比例分配	
	减排量阈值	减排比例阈值	减排量阈值	减排比例阈值	减排量阈值	减排比例阈值	减排量阈值	减排比例阈值
全国	550.4889	23.86%	472.5068	20.48%	440.8873	19.09%	462.7837	20.06%
东部	—	—	191.0175	20.48%	95.4352	10.23%	291.9586	31.30%
中部	—	—	109.7573	20.48%	117.8596	21.99%	88.0727	16.43%
西部	—	—	171.7321	20.48%	227.5924	27.14%	82.7524	9.87%

6.5 本章小结

本章主要研究的问题是环境规制对区域环境效率的影响及其灵敏度，首先采用非期望产出（SO_2）减排指标来定量化环境规制政策。然后区分环境规制总量目标和环境规制区域目标两种环境规制政策分别分析其影响我国整体和三大经济区域环境效率的阈值和灵敏度，其中，环境规制区域目标又细分为等比例分配、松弛比例分配和经济比例分配三种方式。最后，利用上述方法，结合我国2003—2012年SO_2排放量等指标数据的实证研究表明：四种环境规制方式影响我国整体环境效率的SO_2减排比例阈值分别为23.86%、20.48%、19.09%和20.06%；将环境规制总量目标通过这三种方式细分至各大经济区域后，能更快地实现区域环境效率的优化，即环境规制区域目标的政策效果优于环境规制总量目标；环境规制总量目标和区域目标对中部和西部区域环境效率的影响更具灵敏度；考虑各经济区域当前的SO_2排放量额按松弛比例分配方式能最快地实现我国整体和区域环境效率的优化，从效率视角来看，这是环境规制目标设定方式的最优选择。

7　空间经济学视角下区域环境效率研究

7.1　基本研究思路

中国环境效率区域差异分析一直是该领域研究的焦点问题，并延伸出了两条研究主线。其一，由于我国经济发展水平存在自东向西逐步递减的发展趋势，大量学者也将这一规律延伸至区域环境效率的研究中，将我国各省、直辖市、自治区按地理位置划分为东部、中部、西部三大区域，分析三大区域的环境效率差异以及发展趋势。例如，Hu 等，（2007）、Wu（吴）等，（2012）都认为我国东部区域的能源环境效率最高，而中部最低；魏楚（2008）的研究结论则是我国区域能源环境效率呈现出自东向西的递减趋势。其二，利用各省、直辖市、自治区的环境效率评估数据，结合经典 β 收敛模型分析区域环境效率差异的变化趋势，实证分析区域环境效率差异的影响因素。例如：刘战伟（2011）、陈德敏等（2012）通过计算区域能源环境效率的变异系数，得出我国各省、直辖市、自治区的环境效率具有明显的差异，并且区域环境效率的变异系数持续减小，即区域环境效率存在显著的追赶效应和收敛性的结论。Li（2012）则认为造成我国区域能源环境效率差异的主要因素包括区域经济发展水平、区域产业结构分布、区域经济开放化程度、区域人口文化素质以及区域资源禀赋差异等。

总结上述文献的结论可知，由于区域经济发展水平、产业结构分布以及资源禀赋限制等因素的影响，我国区域环境效率呈现出明显的地域差异。然而，以往关于我国环境效率的区域差异分析的相关文献还存在以下两点局限性。其一，是对于区域地理因素的考虑，以往的相关文献大多先对各省、直辖市、自治区进行区域划分，然后利用各省、直辖市、自治区环境效率评估结果和经典 β 收敛模型等方法对区域环境效率的差异进行分析，这种研究方法并未将区域地理因素体现在定量分析模型中，一方面无法定量地计算区域环境效率的相互影响程度，另一方面由于我国各省、直辖市、自治区的复杂地势，这种笼统的区域划分也影响了分析结果的准确性。其二，区域环境效率的差异来源包括各省、直辖市、自治区本身存在的生产、管理技术差异和外部生产环境差异两方面，以往文献没有对两者进行区分。

针对以往相关研究上述局限性，本书首先结合空间经济计量方法和经典β收敛分析模型，构建了空间β收敛模型，该空间β收敛模型将各省、直辖市、自治区的空间地理因素直接引进模型，能更准确地分析我国区域环境效率的区域差异及其发展趋势以及区域环境效率差异的主要来源。其次，从“管理—环境”的双重视角对区域环境效率进行解构，从而从生产环境和管理技术两方面解释区域环境效率差异的主要来源，厘清管理技术提升或生产环境改善的主次。最后，利用空间计量模型实证研究区域环境效率的相互影响及其主要影响因素。一方面，在区域环境效率空间相关性分析的基础上，定量计算区域环境效率的空间溢出效应和空间滞后效应，从空间经济学视角解释区域环境效率的聚集现象和发展趋势；另一方面，获得各因素对区域环境效率的影响程度，重点关注区域环境效率的主要影响因素，以期为区域环境效率的改进提供方向。

7.2 区域环境效率的空间收敛性分析

7.2.1 空间收敛模型的构建

（1）经典β绝对收敛模型与空间β绝对收敛模型。根据新古典经济增长理论，经济系统要素的边际报酬存在递减趋势，从而引出了经济增长的绝对收敛、条件收敛等概念。本书主要考虑的是β收敛模型，经典β绝对收敛模型的一般形式可表示如下：

$$\frac{\ln y_{i,t} - \ln y_{i,t-T}}{T} = \alpha + \beta \ln y_{i,t-T} + \varepsilon_i \qquad (7-1)$$

$$\varepsilon_i \sim N(0,\sigma^2)$$

其中：$y_{i,t}$、$y_{i,t-T}$分别为省份（省、直辖市、自治区）i，t时期和$t-T$时期的经济产出。β为收敛系数，ε_i为随机误差项。若收敛系数为负数，且在统计上显著，则表明在时期$(t-T)\sim t$内的省份经济产出表现为β绝对收敛，即落后地区的经济增长快于经济发达地区。在此基础上，本书引入空间变量，构建空间β绝对收敛模型如下所示。

$$\frac{\ln\theta_{i,t}-\ln\theta_{i,t-T}}{T}=\beta_0+\beta_1\ln\theta_{i,t-T}+\beta_2 W\left(\frac{\ln\theta_{i,t}-\ln\theta_{i,t-T}}{T}\right)+\varepsilon_i$$

$$\varepsilon_i \sim N(0,\sigma^2)$$

$$\text{或者:}\frac{\ln\theta_{i,t}-\ln\theta_{i,t-T}}{T}=\beta_0+\beta_1\ln\theta_{i,t-T}+\mu_{i,t-T} \tag{7-2}$$

$$\mu_{i,t-T}=\lambda W\mu_{i,t-T}+\varepsilon_i,\varepsilon_i \sim N(0,\sigma^2 I)$$

其中：$\theta_{i,t}$、$\theta_{i,t-T}$分别为省份（省、直辖市、自治区）i，t时期和$t-T$时期的环境效率评估值。$\beta_i(i=0,1,2)$为回归系数，W为空间权重矩阵。若$\beta_1<0$，且统计上显著，表明区域环境效率空间β绝对收敛。

（2）经典β条件收敛模型与空间β条件收敛模型。条件收敛与绝对收敛的区别在于，前者还考虑了外部因素对被解释变量收敛性的影响，即在收敛模型中加入控制变量。经典β条件收敛模型的一般形式如下：

$$\frac{\ln y_{i,t}-\ln y_{i,t-T}}{T}=\alpha+\beta\ln y_{i,t-T}+\gamma\ln x_k+\varepsilon_i$$

$$\varepsilon_i \sim N(0,\sigma^2) \tag{7-3}$$

其中：x_k外部影响因素矩阵，γ为其回归系数，其他变量与前文一致。同理，若收敛系数β为负数，且在统计上显著，则表明在时期$(t-T)\sim t$内的区域经济产出表现为β条件收敛，即落后地区的经济增长快于经济发达地区，且其收敛速度受外部因素的影响。在此基础上，本书构建空间β条件收敛模型如下所示：

$$\frac{\ln\theta_{i,t}-\ln\theta_{i,t-T}}{T}=\beta_0+\beta_1\ln\theta_{i,t-T}+\beta_2 W\left(\frac{\ln\theta_{i,t}-\ln\theta_{i,t-T}}{T}\right)+\beta_3 x_k+\varepsilon_i$$

$$\varepsilon_i \sim N(0,\sigma^2)$$

$$\text{或者:}\frac{\ln\theta_{i,t}-\ln\theta_{i,t-T}}{T}=\beta_0+\beta_1\ln\theta_{i,t-T}+\beta_3\ln x_k+\mu_{i,t-T} \tag{7-4}$$

$$\mu_{i,t-T}=\lambda W\mu_{i,t-T}+\varepsilon_i,\varepsilon_i \sim N(0,\sigma^2 I)$$

若$\beta_1<0$，且在统计上显著，则表明区域环境效率空间β条件收敛。

7.2.2 绝对收敛分析

（1）σ（变异系数）收敛分析。σ收敛是一种常见的绝对收敛分析方法，它通过历年区域环境效率标准差与均值的比值来反映区域环境效率的波动性，

图 7－1 刻画了我国整体和三大区域环境效率的 σ 收敛情况，结果表明：除 2009 年外，样本期间内我国整体环境效率的变异系数保持了逐年递减的趋势，表明我国整体环境效率的差异正在减小，即呈现出 σ 收敛趋势。三大区域中，东部区域内部省份的变异系数呈现波动趋势，具体表现为 2005—2009 年呈上升趋势，而 2003—2005 年、2009—2012 年两短时期内呈逐年递减趋势，即东部区域环境效率并未表现出 σ 收敛趋势；中部区域的环境效率在 2003—2007 年呈现明显的减小趋势，而之后又呈现出微弱的上升态势，并趋于稳定，表明中部区域环境效率先表现出显著的 σ 收敛趋势，而后趋于稳定；最后，西部区域的环境效率与中部地区相似，先表现为明显的 σ 收敛趋势，并在 2009—2012 年趋于稳定。同时，图 7－1 还刻画了三大区域之间的环境效率变异系数的变化趋势，其波动减小趋势明显，表明三大区域间的环境效率差异正在减小，区域间环境效率呈现出 σ 收敛趋势。

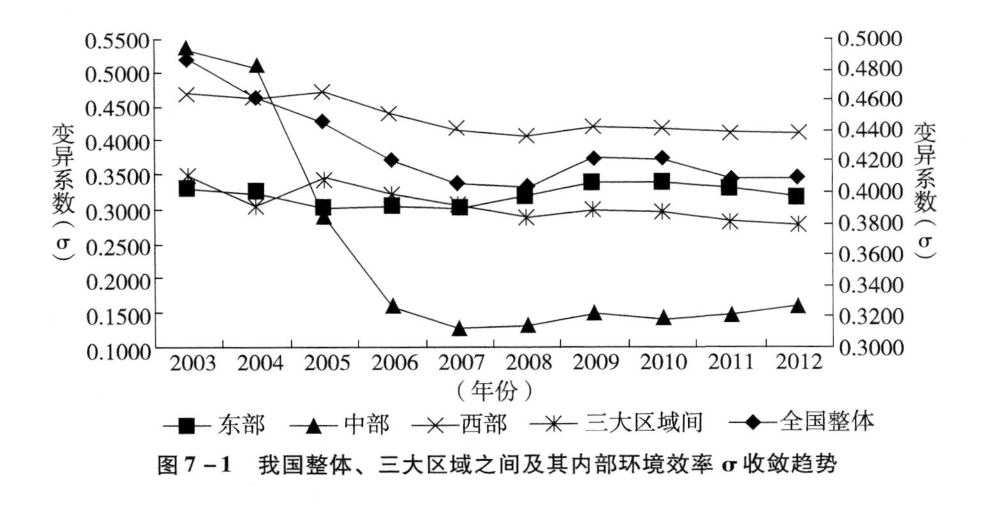

图 7－1　我国整体、三大区域之间及其内部环境效率 σ 收敛趋势

（2）β 绝对收敛分析。取 $T=1$，W 为常用的 0－1 权重矩阵。结合上述式（7－1）和式（7－2）验证我国整体和三大区域内环境效率的 β 绝对收敛性，表 7－1 列示了其估计结果。根据表 7－1 可知，四种情况下模型 Ⅰ 的拟合优度显著地优于模型 Ⅱ，下文将主要介绍模型 Ⅰ 的估计结果。首先，从全国整体来看，其 β_2 的估计值为 0.0044，并且都在 1% 的置信水平下显著。说明我国整体的环境效率具有显著的空间相关性，相邻省、直辖市、自治区的环境效率对本省、直辖市、自治区环境效率具有正向作用。其 β_1 的估计值为 －0.1875，且在 1% 的置信水平下显著，表明我国省际环境效率的差异正在减小，其在样本期间内呈现出了β绝对收敛趋势，收敛速度达到1.49%。

表7－1　　2003—2012年我国区域环境效率绝对收敛分析

系数	整体		东部	
	模型Ⅰ	模型Ⅱ	模型Ⅰ	模型Ⅱ
β_0	0.1356	0.1808	0.1705	0.2261
β_1	－0.1875***	－0.2499***	－0.2358	－0.3127
	(－5.1007)	(－6.1358)	(－1.0257)	(－1.2339)
β_2	0.0044***	0.0022**	0.0055	0.0027
	(7.3165)	(2.1633)	(0.7646)	(0.2261)
调整 R^2	0.4295	0.2219	0.3400	0.1776
F 值	3.4177***	1.5594**	2.7055	1.2481
收敛速度	1.49%	2.05%	不收敛	不收敛
系数	中部		西部	
	模型Ⅰ	模型Ⅱ	模型Ⅰ	模型Ⅱ
β_0	0.1016	0.1354	0.1074	0.1432
β_1	－0.1405*	－0.1873*	－0.1486**	－0.1980**
	(－1.8219)	(－1.9758)	(－2.4125)	(－2.8614)
β_2	0.0033***	0.0016*	0.0035***	0.0017**
	(5.4822)	(1.6210)	(5.7969)	(2.7140)
调整 R^2	0.3218	0.1663	0.3403	0.1758
F 值	2.5609**	1.1685**	2.7079***	1.2355**
收敛速度	1.11%	1.54%	1.18%	1.63%

注：括号内数据为 T 统计量。“*”“**”和“***”表示通过显著性水平为10%、5%和1%的统计检验，下同。

其次，三大区域中，中部和西部区域 β_1 的估计值分别为－0.1405和－0.1486，且分别在10%和5%的置信水平下显著。说明中部和西部区域内省、直辖市、自治区的环境效率表现出了显著的β绝对收敛趋势，区域内各省、直辖市、自治区环境效率间的差异逐渐减小。相反，东部区域 β_1 的估计值没有通过显著性检验，即东部区域内各省、直辖市的环境效率并未表现出 β 绝对收敛趋势。总之，我国三大区域环境效率收敛情况差异较大，为探索我国省际环境效率收敛和发散的原因，有必要对其进行条件收敛分析。

7.2.3 β 条件收敛分析

（1）指标与数据。区域环境效率不仅受劳动力、资本、能源等投入要素的影响和制约，同时也受区域经济产业结构、经济生产技术水平以及经济开放化程度等一系列因素的影响。因此，本书借鉴李兰冰（2012）的研究成果，在区域环境效率空间 β 条件收敛分析中选取“开放化程度（*OD*）—市场化程度（*MD*）—劳动力素质（*LQ*）—基础建设（*IS*）—城市化率（*PU*）”五个控制变量。五大控制变量涉及的原始数据均来源于2004—2014年《中国统计年鉴》，缺少的个别省、直辖市、自治区数据，采用插值法补齐，其描述性统计结果如表7－2所示。

表7－2　控制变量指标数据的描述性统计结果

变量	单位	最大值	最小值	平均值	标准差
开放化程度	%	170.8536	2.7101	33.9453	39.1066
市场化程度	%	86.4191	10.8626	45.6279	19.8163
劳动力素质	%	37.3500	1.8300	8.4560	5.5172
基础建设	万公里	29.7032	0.6741	11.2751	6.5289
城市化率	%	89.3963	24.7701	48.5799	14.6674

（2）实证结果与分析。条件收敛分析研究的是区域内各省、直辖市、自治区的环境效率是否结合自身的技术水平、产业结构等因素的差异而趋于一个稳定状态。表7－3报告了我国整体和三大区域环境效率的 β 条件收敛实证结果，由于四种情况下模型Ⅰ的拟合优度都显著地优于模型Ⅱ，本书仅列出其模型Ⅰ的实证结果。

表 7-3　2003—2012 年我国区域环境效率条件收敛分析

系数	整体	东部	中部	西部
β_0	-0.0794	-0.0956	-0.0606	-0.0620
β_1	-0.1636***	-0.1969	-0.1247***	-0.1277***
	(-4.8837)	(-0.8786)	(-4.7248)	(-3.6118)
β_2	0.0029***	0.0035***	0.0022***	0.0023***
	-4.9710	(-3.9836)	(-4.7914)	(-4.8799)
OD	0.0045*	0.0054**	0.0034**	0.0035**
	(1.9077)	(2.4963)	(2.4550)	(2.4890)
MD	0.0032	0.0039	0.0025	0.0025*
	(1.2864)	(1.3485)	(0.9812)	(2.0041)
LQ	0.0016***	0.0019	0.0012**	0.0012***
	(3.2758)	(0.9431)	(2.3985)	(3.5568)
IS	0.0031	0.0037	0.0024	0.0024
	(0.7094)	(0.8539)	(0.4106)	(0.5537)
PU	-0.0027*	-0.0032*	-0.0021*	-0.0021**
	(-1.8079)	(-2.1762)	(-1.7889)	(-2.4111)
调整 R^2	0.5397	0.2496	0.3126	0.4212
F 值	3.9984***	3.8129**	3.0496***	3.1207***
收敛性	收敛	不收敛	收敛	收敛

根据表 7-3 可知：首先，我国整体的省际环境效率的 β_1 估计值为 -0.1636，且在 1% 的置信水平下显著，表明其呈现出了俱乐部收敛的趋势。其次，三大区域中，中部和西部区域 β_1 的估计值分别为 -0.1247 和 -0.1277，且分别在 1% 的置信水平下显著，而东部区域的 β_1 估计值不显著，说明三大区域中，仅中部和西部区域的环境效率呈现出了俱乐部收敛趋势。五个控制变量中，开放化程度和城市化率两个指标的系数估计值无论在全国整体或者三大区域内均通过了显著性检验，全国整体、中部和西部区域的劳动力素质指标系数估计值也通过了 5% 置信水平下的显著性检验，这都说明了这些因素对区域环境效率的收敛趋势具有重要影响，并且城市化率指标的影响方向为负，其他因素的影响方向与之相反。

7.3 “环境—管理”双重视角下区域环境效率的评估与解构——基于四阶段非期望 SBM 模型

上述环境效率 β 条件收敛实证结果表明，区域生产系统的外部生产环境对区域环境效率具有重要影响。因此，本书将从“环境—管理”的双重视角解构区域环境效率，进而分析区域环境生产环境效率以及区域环境生产管理效率的区域差异。

7.3.1 四阶段非期望 SBM 模型的构建

Fried 等(1999)提出的四阶段 DEA 方法为区域环境效率的解构提供了基础，该方法认为生产系统中决策单元的效率受其生产环境和管理技术水平的双重影响，在该理论的基础上，他详细阐述了四阶段 DEA 模型的构建步骤。本书以不可分离非期望 SBM 模型为基础，借鉴上述四阶段 DEA 方法的基本原理，构建了一个五阶段不可分离非期望 SBM 模型，进而从“环境—管理”的双重视角对区域环境效率进行解构。五阶段不可分离非期望 SBM 模型的具体步骤如下：

第一阶段：基于不可分离非期望 SBM 模型的区域环境效率初步评估。首先基于本书选择的投入产出变量，运用其原始数据和运用本书构建的不可分离非期望 SBM 模型对区域生产系统的环境效率进行初步评估，同时获取投入产出变量的松弛量。

第二阶段：引入生产环境变量。选择影响区域环境效率的若干生产环境变量来反映决策单元的生产环境，从而构建决策单元投入产出松弛量与这些生产环境指标间的解释方程，获得其对决策单元投入产出变量松弛的影响程度。解释方程构建如下：

$$IOS_{ji} = f_i(E_{ji}, \alpha_i, \varepsilon_{ji}), j = 1, \cdots, m \tag{7-5}$$

第三阶段：数据调整。根据本书获得的解释方程，计算各决策单元投入产出松弛量的估计值。估计方程如下：

$$\hat{IOS}_{ji} = f_i(E_{ji}, \hat{\alpha}_i, \varepsilon_{ji}), j = 1, \cdots, m \tag{7-6}$$

然后选择最优的生产环境作为标杆，通过对其他劣势生产环境下的决策单元增加期望产出水平来剔除决策单元生产环境差异的影响。即：

$$y_{ji}^{gadj} = y_{ji}^{g} + [\max_j(\hat{IOS}_{ji}) - \hat{IOS}_{ji}], j = 1, \cdots, m \tag{7-7}$$

第四阶段：利用调整后的数据，结合式（7－8）重新评估，获得区域环境生产管理效率。由于剔除了生产环境指标的影响，该阶段获得的效率评估值即为区域环境生产管理效率。

$$\theta_o^{NS} = \min \frac{1 - \frac{1}{r}\left(\sum_{p=1}^{r_1} \frac{\boldsymbol{s}_{po}^{S-}}{\boldsymbol{x}_{po}^{S}} + r_2(1-\alpha_o) + \sum_{p=1}^{r_2} \frac{\boldsymbol{s}_{po}^{NS-}}{\boldsymbol{x}_{po}^{NS}}\right)}{1 + \frac{1}{s+t}\left(\begin{array}{l} \sum_{q=1}^{s_1} \frac{\boldsymbol{s}_{qo}^{gS+}}{\boldsymbol{y}_{qo}^{gadjS}} + s_2(1-\alpha_o) + \sum_{q=1}^{s_2} \frac{\boldsymbol{s}_{qo}^{gNS+}}{\boldsymbol{y}_{qo}^{gadjNS}} + \\ \sum_{l=1}^{t_1} \frac{\boldsymbol{s}_{lo}^{bS-}}{\boldsymbol{y}_{lo}^{bS}} + t_2(1-\alpha_o) + \sum_{l=1}^{t_2} \frac{\boldsymbol{s}_{lo}^{bNS-}}{\boldsymbol{y}_{lo}^{bNS}} \end{array}\right)}$$

$$\begin{aligned} \text{s.t.}: & \sum_{i=1}^{m} \boldsymbol{x}_i^{S} \boldsymbol{\lambda}_i + \boldsymbol{s}^{S-} = \boldsymbol{x}_o^{S} \\ & \sum_{i=1}^{m} \boldsymbol{x}_i^{NS} \boldsymbol{\lambda}_i + \boldsymbol{s}^{NS-} = \alpha_o \boldsymbol{x}_o^{NS} \\ & \sum_{i=1}^{m} \boldsymbol{y}_i^{gadjS} \boldsymbol{\lambda}_i - \boldsymbol{s}^{gS+} = \boldsymbol{y}_o^{gadjS} \\ & \sum_{i=1}^{m} \boldsymbol{y}_i^{gadjNS} \boldsymbol{\lambda}_i - \boldsymbol{s}^{gNS+} = \alpha_o \boldsymbol{y}_o^{gadjNS} \\ & \sum_{i=1}^{m} \boldsymbol{y}_i^{bS} \boldsymbol{\lambda}_i + \boldsymbol{s}^{bS-} = \boldsymbol{y}_o^{bS} \\ & \sum_{i=1}^{m} \boldsymbol{y}_i^{bNS} \boldsymbol{\lambda}_i + \boldsymbol{s}^{bNS-} = \alpha_o \boldsymbol{y}_o^{bNS} \\ & \boldsymbol{\lambda}_i \geqslant 0, \sum_{i=1}^{m} \boldsymbol{\lambda}_i = 1, 1 \geqslant \alpha_o \geqslant 0 \\ & \boldsymbol{s}^{S-} \geqslant 0, \boldsymbol{s}^{NS-} \geqslant 0, \boldsymbol{s}^{gS+} \geqslant 0, \boldsymbol{s}^{gNS+} \geqslant 0, \boldsymbol{s}^{bS-} \geqslant 0, \boldsymbol{s}^{bNS-} \geqslant 0 \end{aligned} \tag{7-8}$$

第五阶段：测算区域环境生产环境效率。由于本书以我国其中 30 个省、直辖市、自治区的环境效率为研究对象，首先采用前文构建的不可分离非期望 SBM 模型评估了区域环境效率值；然后利用五阶段不可分离非期望 SBM 模型，通过剔除生产环境变量对区域环境效率的影响，从而测算区域环境生产管理效率；最后，假设第一阶段评估得到的区域环境效率初步评估值和第四阶段测算的区域环境生产管理效率评估值分别为 REM_i 和 $REME_i$，则区域环境生产环境效率为：

$$REEE_i = \frac{REE_i}{REME_i} \tag{7-9}$$

以上五个阶段中：IOS_{ji} 表示第一阶段测算的生产单元 j 、投入（产出）变量 i 的松弛量；E_{ji} 表示生产单元 j 、投入（产出）变量 i 的一系列生产环境变量，α_i 为其对应的系数；$\hat{IOS}_{ji}$ 为考虑经营环境影响后，生产单元 j 、投入（产出）变量 i 的松弛量的估计值；y_{ji}^{gadj} 为生产环境均等化调整后的生产单元 j 、期望产出变量 i 的值。$REEE_i$ 表示生产单元 i 的区域环境生产环境效率；REE_i 表示生产单元 i 的环境效率；$REME_i$ 表示生产单元 i 的环境生产管理效率。

7.3.2 指标与数据

在区域环境效率评估及其解构中涉及的投入、期望产出和非期望产出变量与前文一致，此处将重点介绍生产环境变量的选取及其数据来源。由于本书的五阶段不可分离非期望 SBM 模型以调整期望产出松弛量为基础，生产环境变量的选取上则重点考虑了对期望产出影响较大的指标，最终确定以“开放化程度(*OD*)—市场化程度(*MD*)—劳动力素质(*LQ*)—基础建设(*IS*)—城市化率(*PU*)”五个方面来体现区域生产环境指标。其中：

(1)开放化程度(*OD*)。一般认为，国际资本的流入将伴随着国际先进的生产技术和管理技术的引进，一方面，这些先进生产技术将提高原有经济生产效率，从而推动区域环境效率的提升；另一方面，新技术进入对原有生产技术产生的冲击也将进一步引发技术的革新，从而提高区域环境效率。本书开放化程度指标采用已有文献使用较多的区域进出口贸易依存度指标，即进出口贸易总额与 GDP 的比值来表征，原始数据来源于 2004—2014 年《中国统计年鉴》。

(2) 市场化程度(*MD*)。由于历史原因，国有经济曾经在我国社会经济发展的进程中有举足轻重的作用，随着市场化经济的深入，人们发现经济市场化程度的加深会提高经济生产的效率。在市场化程度指标选择上，樊纲等(2011) 编制了我国各省、直辖市、自治区的市场化进程相对指数，然而这 23 项指标中大部分需要通过专家评分等手段进行测算，损失了一定的客观性，因此，本书选择其中具有客观统计数据的非国有经济发展指标来表征区域经济市场化程度，具体指标为工业销售收入中非国有经济所占比重，原始数据来源于《新中国 60 年统计资料汇编》。

(3) 劳动力素质(*LQ*)。根据经典的道格拉斯生产函数，劳动力和资本是经济生产的两大要素，这奠定了劳动力投入影响经济发展的理论基础。随着研究的深入，大量学者发现，不仅是劳动力数量，劳动力素质也对经济效率具有重要影响（李苍舒，2014）。本书选择区域大专及以上学历人数比例表征劳动力素质，原始数据来源于2004—2014年《中国劳动统计年鉴》。

（4）基础建设(*IS*)。基础建设主要通过为经济生产带来便利等方式间接地影响经济发展和经济效率，例如，铁路和公路的建设和发展有利于降低区域经济发展中的运输成本和时间，从而间接地提高区域经济效率，等等。本书选择区域铁路和公路建设总里程数来表征区域基础建设水平，原始资料均来源于2004—2014年《中国统计年鉴》。

（5）城市化率(*PU*)。区域人口城市化率代表了区域人口的聚集程度，一般认为，人口密集程度越高，资源利用的规模效率就越高，较之人口分散带来的资源效率损失越小。因此，人口城市化率的提升也能提高区域环境效率。本书城市化率指标采用各省、直辖市、自治区历年的人口城市化率来表征，原始资料均来源于2004—2014年《中国统计年鉴》。

通过对原始数据的收集、筛选和计算，上述生产环境变量的描述性统计结果如表7-4所示。

表7-4　生产环境指标数据的描述性统计结果

变量	单位	最大值	最小值	平均值	标准差
开放化程度	%	170.8540	2.7100	33.8227	37.8766
市场化程度	%	86.4190	10.8630	43.1581	19.0296
劳动力素质	%	37.3500	2.7200	8.9055	5.8271
基础建设	万公里	29.7030	0.8070	12.1479	6.7876
城市化率	%	89.3960	26.2800	50.0233	14.1560

资料来源：作者通过《中国统计年鉴》《中国劳动统计年鉴》等资料披露的数据计算获得，限于篇幅，本书仅列出其2003—2012年的均值和标准差。历年具体数据见附录B，下同。

7.3.3 “环境—管理”双重视角下区域环境效率的评估与解构实证分析

根据表7-4可知，我国各省、直辖市、自治区经济系统的生产环境差异显著，而李兰冰（2012）、郭文（2013）等都认为经济市场化程度、人口素质等生产环境变量对区域能源环境效率具有显著的影响。为确定我国区域经济生产环境是否对区域环境效率产生显著的影响，本书借鉴Fried等

（1999）的分解方法，在剔除区域经济系统生产环境差异的基础上评估区域环境生产管理效率，并对比了区域环境生产管理效率与区域环境效率的评估结果及其差异（见表7-5）。

表7-5 2003—2012年我国区域环境生产管理效率与区域环境效率的差异

年份	均值		标准差		均值M-U检验
	环境效率	生产管理效率	环境效率	生产管理效率	
2003	0.6100	0.7219	0.2961	0.1494	Asymp. Sig. =0.000 Exact Sig. =0.000
2004	0.6004	0.7205	0.2766	0.1312	
2005	0.5981	0.7303	0.2665	0.1414	
2006	0.5953	0.7496	0.2504	0.1123	
2007	0.6024	0.7708	0.2449	0.1203	
2008	0.5990	0.7432	0.2415	0.1214	
2009	0.5892	0.7329	0.2484	0.1296	
2010	0.5944	0.7471	0.2504	0.1299	
2011	0.6034	0.7516	0.2465	0.1281	
2012	0.6057	0.7592	0.2477	0.1264	

结果表明，Mann-Whitney（曼-惠特尼）U型检验的近似值概率以及精确概率都为0.000，即我国区域环境生产管理效率与区域环境效率间的差异在1%的置信水平上显著，表明区域经济系统生产环境对区域环境的影响是显著的。因此，下文将进一步分析我国各省、直辖市、自治区生产管理效率和生产环境效率的评估结果，以期从“管理—环境”视角探索区域环境无效率的来源，分解结果如表7-6所示。

表7-6 “环境—管理”双重视角下区域环境效率评估与分解结果

地区	生产管理效率					生产环境效率				
	2004年	2006年	2008年	2010年	2012年	2004年	2006年	2008年	2010年	2012年
北京市	0.8862	0.7507	0.9300	0.9378	0.9373	1.1284	1.3321	1.0752	1.0664	1.0669
天津市	0.8863	0.7633	0.9283	0.9258	0.9396	1.1283	1.3101	1.0772	1.0802	1.0642
河北省	0.6061	0.6461	0.6143	0.6531	0.7181	0.5847	0.5776	0.6136	0.5705	0.6022

续 表

地区	生产管理效率					生产环境效率				
	2004 年	2006 年	2008 年	2010 年	2012 年	2004 年	2006 年	2008 年	2010 年	2012 年
辽宁省	0. 7350	0. 6843	0. 7600	0. 7710	0. 7961	1. 3606	0. 8372	0. 6705	0. 6412	0. 6647
吉林省	0. 7020	0. 7153	0. 7206	0. 6869	0. 7334	0. 6705	0. 7165	0. 6655	0. 6615	0. 6474
黑龙江省	0. 7284	0. 8870	0. 7783	0. 7210	0. 6930	0. 6116	0. 5656	0. 6276	0. 6161	0. 6379
上海市	1. 0000	1. 0000	1. 0000	1. 0000	1. 0000	1. 0000	1. 0000	1. 0000	1. 0000	1. 0000
江苏省	0. 8593	0. 8358	0. 8689	0. 9129	0. 8873	0. 7488	1. 0920	1. 0511	1. 0954	1. 1270
浙江省	0. 7811	0. 8586	0. 8319	0. 8602	0. 8810	0. 9446	0. 9573	0. 9453	0. 9381	0. 9432
福建省	0. 9215	0. 7453	0. 7347	0. 6640	0. 6670	0. 9409	1. 0033	0. 9054	0. 9214	0. 9284
山东省	0. 7485	0. 8131	0. 8476	0. 8796	0. 8776	0. 7417	0. 7165	0. 7355	0. 7441	0. 7608
广东省	1. 0000	1. 0000	1. 0000	1. 0000	1. 0000	1. 0000	1. 0000	1. 0000	1. 0000	1. 0000
海南省	0. 7716	0. 8367	0. 6935	0. 7537	0. 7748	1. 2960	1. 1952	1. 4420	1. 3269	1. 2906
东部	0. 8174	0. 8105	0. 8237	0. 8281	0. 8389	0. 9351	0. 9464	0. 9084	0. 8971	0. 9026
山西省	0. 7315	0. 7184	0. 7626	0. 6632	0. 7349	0. 4242	0. 4688	0. 4848	0. 5264	0. 4777
安徽省	0. 6777	0. 6699	0. 6848	0. 6820	0. 6771	1. 4756	0. 7934	0. 7665	0. 7479	0. 7334
江西省	0. 5896	0. 6742	0. 6655	0. 6792	0. 7092	0. 7868	0. 7755	0. 7924	0. 7884	0. 7920
河南省	0. 5888	0. 7416	0. 6546	0. 7292	0. 6137	0. 6350	0. 5796	0. 6585	0. 6466	0. 6566
湖北省	0. 5317	0. 6166	0. 5936	0. 6158	0. 6455	0. 7013	0. 6925	0. 7215	0. 7025	0. 7009
湖南省	0. 6709	0. 6309	0. 6775	0. 6492	0. 6668	0. 6877	0. 6785	0. 6905	0. 6854	0. 6977
中部	0. 6317	0. 6753	0. 6731	0. 6698	0. 6745	0. 7851	0. 6647	0. 6857	0. 6829	0. 6764
内蒙古自治区	0. 6682	0. 7374	0. 8454	0. 8694	0. 8653	0. 5214	0. 5466	0. 5286	0. 5051	0. 5219
广西壮族自治区	0. 6977	0. 7275	0. 6281	0. 5587	0. 5206	0. 7679	0. 7375	0. 7884	0. 7766	0. 7740
重庆市	0. 6605	0. 5621	0. 6366	0. 6778	0. 7465	0. 6483	0. 6735	0. 6725	0. 6425	0. 6287
四川省	0. 5721	0. 6985	0. 6277	0. 6061	0. 6337	0. 6470	0. 6146	0. 6625	0. 6537	0. 6593
贵州省	0. 4948	0. 7541	0. 6873	0. 7006	0. 7369	0. 4026	0. 3038	0. 4167	0. 4235	0. 4489
云南省	0. 6018	0. 5510	0. 5233	0. 5019	0. 5219	0. 6323	0. 5886	0. 6755	0. 6460	0. 6354
陕西省	0. 6722	0. 7577	0. 7748	0. 7290	0. 7169	0. 6406	0. 6166	0. 6356	0. 6372	0. 6664
甘肃省	0. 6467	0. 8260	0. 7315	0. 8114	0. 8389	0. 4330	0. 3777	0. 4617	0. 4403	0. 4588
青海省	0. 8707	0. 9352	0. 8103	0. 8595	0. 8575	1. 1485	1. 0693	1. 2341	1. 1635	1. 1662

续 表

地区	生产管理效率					生产环境效率				
	2004 年	2006 年	2008 年	2010 年	2012 年	2004 年	2006 年	2008 年	2010 年	2012 年
宁夏回族自治区	0.6344	0.6670	0.6310	0.6380	0.7140	0.8544	0.9114	1.0807	1.0523	1.0627
新疆维吾尔自治区	0.6788	0.6823	0.6536	0.6762	0.6729	0.6475	0.6865	0.6745	0.6369	0.6228
西部	0.6544	0.7181	0.6863	0.6935	0.7114	0.6676	0.6478	0.7119	0.6889	0.6950
全国	0.7205	0.7496	0.7432	0.7471	0.7592	0.8070	0.7806	0.7918	0.7779	0.7812

注：限于篇幅，本书仅列出部分年份分解值，若需要，作者可提供历年分解值。

由表 7－6 可知，从整体来看，我国经济系统的历年生产管理效率呈现出 N 型变化趋势（见图 7－2），具有 22%～28% 的提升空间。历年生产环境效率呈现出倒 U 型变化趋势，具有 19%～24% 的提升空间。从三大区域来看，东部区域的生产管理效率在 0.8100～0.8400 的范围内变动，生产环境效率则在 0.9000～0.9500 的范围内变动，其生产管理效率和生产环境效率均明显高于中部、西部区域，说明东部区域相较于中部、西部区域具有更先进的管理技术和更优势的生产环境。中部区域的生产管理效率在 0.6300～0.6800 的范围内变动，具有 30% 以上的提升空间，并且略微低于西部区域的生产管理效率，说明样本期间内，中部区域经济系统的管理技术低于西部区域；2006—2012 年，中部和西部区域的生产环境效率一直在 0.6800 左右变动，而 2003—2005 年，两区域的生产环境效率变化趋势相反，说明在该期间，两区域的生产环境差距缩小。

从单个省份来看，各省、直辖市、自治区经济系统历年的生产管理效率和生产环境效率评估值差异较大。在生产管理效率方面，上海市和广东省历年的生产管理效率均为 1.0000，表明其始终位于效率前沿面，而生产管理效率较低的云南省，其历年生产管理效率在 0.4500～0.5500 范围内变动，各省生产管理效率的极差达到 100%；在生产环境效率方面，北京市、天津市、上海市、江苏省、广东省、海南省和青海省历年的生产环境效率均大于 1.0000，辽宁省（2003—2005 年）、安徽省（2003—2005 年）、福建省（2005—2006 年）、宁夏回族自治区（2007—2012 年）的部分年份生产环境效率也大于 1.0000，表明这些省、自治区的生产环境较其他省份具有一定的优势，而生产环境效率较低的甘肃等省、直辖市、自治区，其历年生产环境效率在0.3800～0.4800的范围内变动，各省生产环境效率的极差超过200%。

对比表7－6和表7－3的结果可知，2003—2012年，我国区域经济系统生产管理效率一直高于区域环境效率，这一阶段区域生产管理效率在0.7200～0.7800的范围内变动，而区域环境效率则围绕0.6000变动，表明该阶段区域生产环境总体上对区域环境效率产生负面影响，具体而言，该期间区域生产环境效率一直在0.8100～0.8400的范围内变动，且均小于1.0000。可见，生产环境对区域环境效率产生重要影响，忽略生产环境的影响评估区域环境效率，会高估优势环境下区域生产管理效率和低估劣势环境下区域生产管理效率，造成环境效率评估的偏差。考察区域环境效率必须从管理和环境的双重视角出发，从管理和环境两个层面同时寻找区域环境效率的提升路径。

图7－2报告了2003—2012年，我国整体环境效率、生产管理效率以及生产环境效率的变化趋势。其中：2003—2006年、2007—2009年两时间段内，我国整体环境效率变动下降。在2003—2006年，我国经济系统生产管理效率呈下降趋势，而生产环境效率呈上升趋势。可见在该期间，我国整体环境效率受生产管理效率影响较大，整体环境无效率的主要来源是经济系统生产管理效率的低下。2007—2009年，我国经济系统生产管理效率和生产环境效率的变化趋势与2003—2006年的变化趋势都相反，这一期间内，我国整体环境效率受生产环境效率影响较大，整体环境无效率主要来源于经济系统生产环境效率的恶化，这一结论与该期间内国际金融危机对我国经济系统的冲击相吻合。2009—2012年，我国经济系统生产管理效率进一步呈现上升趋势，而生产环境效率则趋于稳定，说明该期间，我国环境效率的提升主要归功于生产管理技术的提高。

东部、中部和西部区域三种效率的变化趋势如图7－3所示。其中：东部区域的环境效率和生产环境效率在2003—2009年动下降，之后趋于稳定；其生产管理效率在2007—2009年下降，其余年份一直围绕0.8300变动。可见，2003—2009年，东部区域环境效率的下降主要源于其生产环境优势的减弱。2003—2006年，中部区域环境效率和生产环境效率均减小，其中生产环境效率的下降趋势尤为明显，而该阶段中部区域生产管理效率呈现上升趋势。可见，2003—2006年，中部区域环境效率受其生产环境效率降低的影响较大，环境无效率的主要来源是经济系统生产环境的相对劣势。2007—2012年，

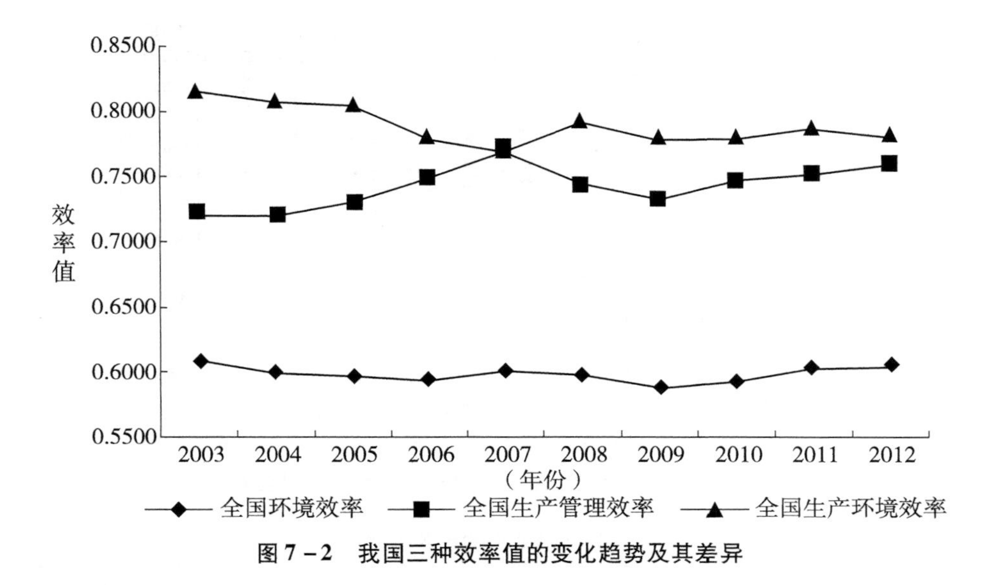

图 7－2　我国三种效率值的变化趋势及其差异

中部区域的三大效率均趋于稳定。西部区域环境效率在 2003—2008 年呈现上升趋势，之后趋于稳定，主要原因在于其生产环境效率在 2003—2006 年上升，而生产管理效率在 2006—2008 年呈上升趋势。即西部区域环境效率在 2003—2006 年提升的主要来源在于其外部生产环境劣势的减小，外部生产环境的改善缩小了其与东部区域的差距；而在 2006—2008 年则主要来源于其生产管理技术的进步。并且，2007—2009 年其生产环境恶化带来了其生产环境效率的降低，然而由于其生产管理效率的持续提升，最终结果导致西部区域环境效率在 2007—2009 年趋于稳定。

由于各省、直辖市、自治区环境效率、生产管理效率和生产环境效率之间的差异较大，为了有针对性地分析各省、直辖市、自治区经济生产过程的短板及其对环境造成的影响，探索区域环境效率提升的路径，从而提升我国整体环境效率，有必要深入分析各省、直辖市、自治区环境效率提升的策略。根据省际环境效率的分解结果，本书将其分为三类。第一，效率值处于［0.4000,0.8000）时，说明该效率值较低，需要重点改善，用“√”表示其效率提升策略；第二，效率值处于［0.8000,1.0000）时，说明该效率值较高，但仍有待改善，用“○”表示其效率提升策略；第三，效率值处于［1.0000,∞）时，说明该效率值无须进一步提升。我国各省、直辖市、自治区环境效率的具体提升策略如表7－7 所示。

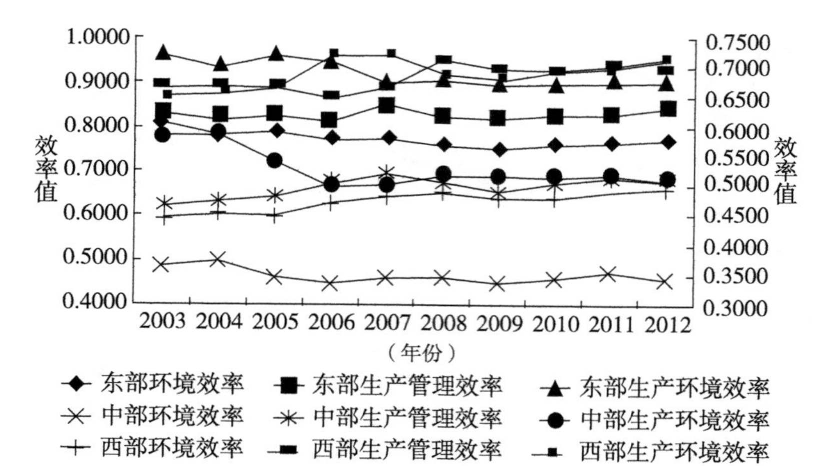

图7-3　三大区域三种效率值的变化趋势及其差异

表7-7　区域环境效率的改善策略

地区	生产管理效率	生产环境效率	改善管理技术	改善生产环境
北京市	0.8997	1.1165	○	
天津市	0.8902	1.1289	○	
河北省	0.6478	0.5808	√	√
辽宁省	0.7382	0.9044	√	○
吉林省	0.7207	0.6621	√	√
黑龙江省	0.7644	0.6077	√	√
上海市	1.0000	1.0000		
江苏省	0.8699	1.0451	○	
浙江省	0.8608	0.9363	○	○
福建省	0.7617	0.9498	√	○
山东省	0.8301	0.7302	○	√
广东省	1.0000	1.0000		
海南省	0.7643	1.3115	√	
山西省	0.7046	0.4805	√	√
安徽省	0.6827	0.9310	√	○
江西省	0.6487	0.7860	√	√

续 表

地区	生产管理效率	生产环境效率	改善管理技术	改善生产环境
河南省	0. 6818	0. 6330	√	√
湖北省	0. 5968	0. 7002	√	√
湖南省	0. 6526	0. 6908	√	√
内蒙古自治区	0. 8095	0. 5082	○	√
广西壮族自治区	0. 6261	0. 7829	√	√
重庆市	0. 6478	0. 6524	√	√
四川省	0. 6204	0. 6535	√	√
贵州省	0. 6606	0. 4038	√	√
云南省	0. 5224	0. 6421	√	√
陕西省	0. 7211	0. 6399	√	√
甘肃省	0. 7591	0. 4320	√	√
青海省	0. 8825	1. 1366	○	
宁夏回族自治区	0. 6451	0. 9865	√	○
新疆维吾尔自治区	0. 6718	0. 6474	√	√

注："√"表示效率值较低，需要重点改善；"○"表示效率值较高，但仍有待改善。

这 30 个省、直辖市、自治区中，经济系统生产环境效率大于 1. 0000 的省、直辖市共有 7 个，分别为北京市、天津市、上海市、江苏省、广东省、海南省和青海省，其中 6 个省、直辖市位于东部区域，说明东部区域经济系统生产环境优于中部和西部区域。生产管理效率等于 1. 000 的仅有上海市和广东省，这表明北京市、天津市、江苏省、海南省和青海省虽然在生产环境上具有一定的优势，但其在生产管理技术方面存在无效率，即这些省、市应致力于提升其生产管理能力，尤其是生产管理效率较低的海南省。河北省、吉林省、黑龙江省、山西省、江西省、河南省、湖北省、湖南省、广西壮族自治区、重庆市、四川省、贵州省、云南省、陕西省、甘肃省和新疆维吾尔自治区等 16 个省、直辖市、自治区的生产管理效率和生产环境效率均较低，都小于 0. 8000，表明这些省、直辖市、自治区同时存在生产管理无效率和生产环境无效率的现象，因此，这些省、直辖市、自治区环境效率的提升策略则是同时推进其生产管理技术的提升和生产环境的改善。另外，辽宁省、福建省、安徽省和宁夏回族自治区等4个省、自治区的生产环境效率较高，而其生产管理效率较低，因此，这些省、自治区环境效率的提升策略是在推进其生产管理技术的提升和生产环境改善的同时，重点关注其生产管理技术的提升；而山东省和内蒙古自治区则刚好相反，应重点关注其生产环境的改善。

7.4 区域环境效率的影响因素实证分析——基于空间计量模型

7.4.1 空间计量方法简介

20世纪70年代，空间地理信息系统、遥感技术的发展，极大地丰富了空间数据，从而为空间计量方法的兴起和发展提供了契机。早期的空间计量方法主要用于分析空间相关性、空间相互依赖性以及空间模拟［Paclinck（帕克林克）等，1979］。至20世纪80年代，由于大量空间计量模型的提出和改进，空间计量方法研究领域开始延伸至参数估计与检验、空间因素的实证分析等方面。此后，空间计量方法的研究领域出现了模型研究和实证研究两大分支。

其一，在模型研究方面，大量研究文献着重分析了经济系统中不同决策主体间的相互作用，从而形成了不同空间效应，包括：空间集聚效应、空间模仿效应和邻近看齐效应，等等。例如，Akerlof（阿克洛夫）（1997）针对不同决策主体的相互依赖关系，阐述了空间计量模型中的参数选择问题；Krugman（克鲁格曼）（1998）等则结合空间地理信息数据重新构建模型，着重分析了经济系统的空间聚集效应和空间溢出效应；吴玉鸣（2007）在经典经济收敛模型的基础上加入空间数据，构建空间β收敛模型以分析经济系统的空间分布特征。

其二，在实证分析方面，考虑地理特征的经济数据推动了空间数据的丰富和发展，庞大的空间数据信息、空间数据的特征以及空间数据的技术处理方法为实证研究提供了基础［Anselin（安瑟伦），1989］。在资源与环境科学领域，Bockstael（博克斯特勒）（1996）、Geoghegan（盖黑根）等（1997）等都结合地理信息系统数据进行空间计量模型建模，从而分析了区域环境的空间发展趋势。沈能（2010）则利用并结合我国省份地理信息构建空间滞后模型和空间误差模型，从而实证分析了区域环境效率的空间差异和空间分布特征。

本节的重点在于利用空间计量方法实证分析区域环境效率的重要影响

因素，研究中主要运用的空间计量方法有空间自相关模型、空间滞后模型和空间误差模型。另外，鉴于目前大部分相关文献对于空间矩阵模型均只考虑区域地理信息，而忽略区域经济距离的现象，本书还对空间计量模型中的空间矩阵进行了改进。下面，本书将重点介绍上述四种模型的构建和改进过程。

（1）空间自相关模型。空间自相关度量的是空间数据的聚集程度，即地理距离较近的决策主体具有较强的联系。在空间计量经济学研究中，通常构建空间自相关模型来计量决策主体间的空间自相关性，鉴于我国区域环境经济系统空间异质和空间依赖的客观存在性，本书选择全局 Moran's I 指数来度量其空间相关性，计量模型如下所示。

$$\text{Moran's I} = \sum_{i=1}^{n}\sum_{j=1}^{n}\left(\frac{\boldsymbol{W}_{ij}(\theta_i - \bar{\theta})(\theta_j - \bar{\theta})}{S^2\sum_{i=1}^{n}\sum_{j=1}^{n}\boldsymbol{W}_{ij}}\right) \tag{7-10}$$

$$S^2 = \frac{1}{n}\sum_{i=1}^{n}(\theta_i - \bar{\theta})^2, \bar{\theta} = \sum_{i=1}^{n}\frac{\theta_i}{n}$$

其中：θ_i 和 θ_j 分别表示省份 i 和 j 的环境效率评估值；$\boldsymbol{W}_{ij}$ 表示区域空间权重矩阵。n 表示省份的总数。根据郭文等（2015）的研究结论，全局 Moran's I 指数为正数，且其绝对值大于其期望值 $E(I)$ 表示区域环境效率空间正相关，反之则为空间负相关。并且，其绝对值越大，空间自相关性越强。

（2）空间滞后模型。空间滞后模型和空间误差模型是两类常用的空间计量实证分析模型，空间滞后模型适用于空间自相关源于变量间的空间依赖性的情况，而空间误差模型则适用于模型误差性存在空间自相关的情况（吕健，2013）。空间滞后模型的形式如下所示：

$$\begin{aligned} y &= c + \rho \boldsymbol{W} y + \beta \boldsymbol{X} + \boldsymbol{\varepsilon} \\ \boldsymbol{\varepsilon} &\sim N(0, \sigma^2 I_n) \end{aligned} \tag{7-11}$$

其中：y 为被解释变量，本书为区域环境效率评估值；$\boldsymbol{X}$ 为解释变量矩阵，即影响因素指标；ρ 为空间回归系数，$\boldsymbol{W}$ 为空间权重矩阵，β 为解释变量的影响系数，$\boldsymbol{\varepsilon}$ 为随机误差向量。

（3）空间误差模型。空间误差模型的表达式如下所示：

$$
\begin{aligned}
y &= c + \beta X + \boldsymbol{\mu} \\
\boldsymbol{\mu} &= \lambda \boldsymbol{W\mu} + \boldsymbol{\varepsilon} \\
\boldsymbol{\varepsilon} &\sim N(0,\sigma^2 I_n)
\end{aligned}
\tag{7-12}
$$

其中：λ 为空间误差系数，$\boldsymbol{\mu}$ 为正态分布的随机误差向量，其他变量与前文一致。

（4）空间权重矩阵。在空间权重的选择上，目前使用较多的是0－1邻接权重矩阵（孔元，2012；赵良仕，2014等）。该权重矩阵根据决策主体的地理相对位置的邻接关系构建，其模型表达式如下：

$$
\boldsymbol{W}_{ij} = \begin{cases} 1 & \text{省份 } i \text{ 与省份 } j \text{ 相邻} \\ 0 & \text{省份 } i \text{ 与省份 } j \text{ 不相邻} \end{cases} \tag{7-13}
$$

构建0－1邻接权重矩阵的关键在于确定省份间的邻接关系，根据沈体雁等（2010）的研究，相邻关系通常分为“车”相邻、“象”相邻和“后”相邻三种情况，具体形式如图7－4所示。

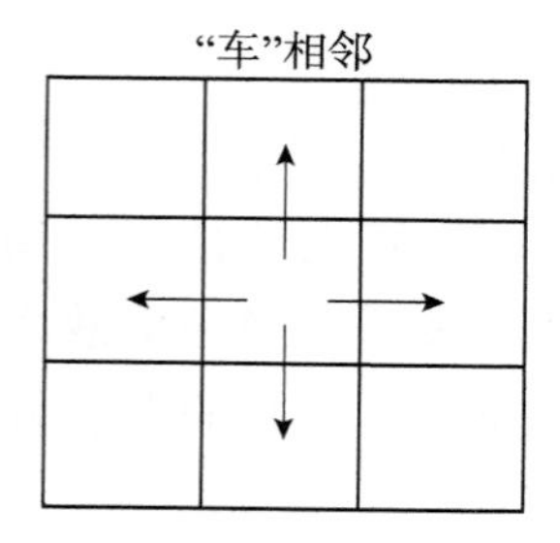

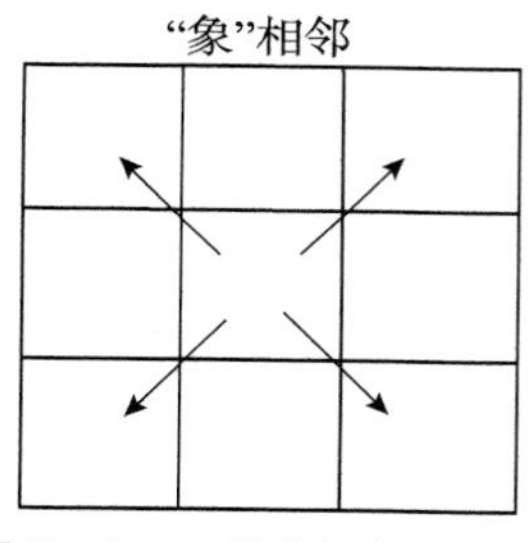

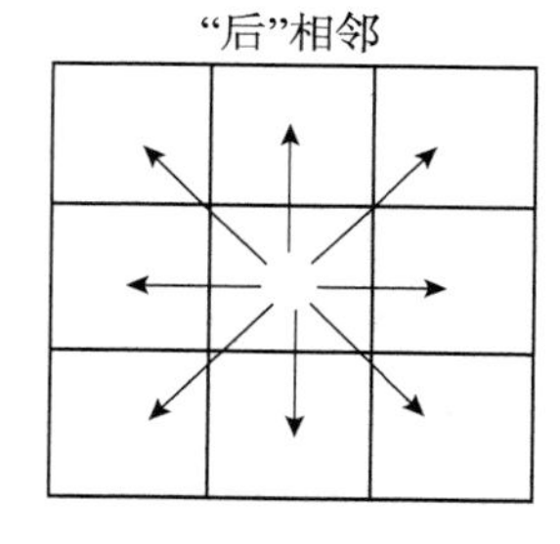

图7－4　三种空间相邻关系

其中，“车”相邻表示省份 i 和 j 具有共同的边；“象”相邻则是在省份 i 和 j 不具有共同的边，而具有相同的顶点情况下的相邻关系；“后”相邻则是前两者的结合。“车”相邻是使用较为广泛的一种空间相邻关系，但是由于0－1邻接权重矩阵受区域地势的影响较大，特别是对于我国地势相对狭长的省份，这种权重矩阵存在较大的局限性。针对这一现象，魏下海（2010）通过省份间的地理距离来构建空间权重矩阵，称为地理距离空间权重矩阵，其表达式如下所示。

$$
\boldsymbol{W}_{ij} = \begin{cases} \dfrac{1}{\boldsymbol{r}_{ij}} & i \neq j \\ 0 & i = j \end{cases} \tag{7-14}
$$

其中：r_{ij} 表示省份 i 和 j 间的地理距离，上述文献中采用两省份的省会城市间的铁路里程的算术平均数来表示。虽然上述权重矩阵充分考虑了地区间的地理距离，然而其无法体现地区经济发展状况对空间异质性的影响，沈能（2010）着重考虑的是区域经济发展水平对区域环境空间异质性的影响，其构建的空间权重矩阵如下所示。

$$\boldsymbol{W}_{ij} = \begin{cases} \dfrac{1}{|\bar{\boldsymbol{Y}}_i - \bar{\boldsymbol{Y}}_j|} & i \neq j \\ 0 & i = j \end{cases} \tag{7-15}$$

其中：$\bar{\boldsymbol{Y}}_i$、$\bar{\boldsymbol{Y}}_j$ 表示省份 i、j 的人均 GDP，其余变量与前文一致。本书在此基础上，同时兼顾省份间的地理距离和经济距离的双重影响，借鉴 Tinbergen（丁伯根）（1962）提出的引力模型来改进空间权重的计算方法，其模型表达式如下：

$$\boldsymbol{W}_{ij} = \begin{cases} \dfrac{\bar{\boldsymbol{Y}}_i \times \bar{\boldsymbol{Y}}_j}{\boldsymbol{r}_{ij}^2} & i \neq j \\ 0 & i = j \end{cases} \tag{7-16}$$

7.4.2 指标与数据

区域环境效率的影响因素较多，本书通过总结以往的国内外研究成果，最终确定了经济水平、产业结构、研发投入、能源消费结构等四项指标，加上前文的五项外部环境变量，共计九项指标进行实证分析，指标的计算和选取理由如下：

其一，经济水平（*GDP*）指标采用区域人均 GDP 指标来表征，由于区域 GDP 指标以货币单位计量，因此，GDP 指标数据首先以 2003 年为基期，采用历年 CPI 指数进行平减处理，然后计算区域人均 GDP 指标。根据以往研究文献来看，该指标系数的预期符号为正，这是由于经济水平较发达的地区，其相应的管理水平、生产技术也较高，因此，其对应的环境效率也较高。

其二，产业结构（*IC*）指标采用区域第二产业 GDP 占区域经济总量的比值来表征。三大产业中，由于第二产业对于化石能源的依赖极重，其环境效率明显低于其他两大产业（汪克亮，2011；胡宗义，2011），因此，区域产业结构分布对区域整体的环境效率值具有重要影响，区域产业结构的差异也是区域环境效率差异的一个重要来源。

其三，研发投入(*RD*)指标采用区域R&D投入与区域GDP的比值来表征，即区域科技创新投入占区域生产总值的比例，该指标一定程度上体现了区域技术创新与技术进步水平。研发投入从两方面影响区域环境效率，一方面，绿色生产技术的创新和进步能直接提高区域环境效率；另一方面，其他生产技术的进步能够推动区域经济生产活动效率的提升，从而间接地提高区域环境效率。

其四，能源消费结构(*ES*)指标采用区域一次能源消费中，煤炭消费量占一次能源消费总量的比值。一方面，煤炭一直是我国的一次能源消费中的主角，其消费比例长期高于60%；另一方面，我国煤炭的燃烧效率较低，导致煤炭能源的利用率也较低。因此，该能源消费结构的系数预期为负值，即一次能源消费中，煤炭能源占比的降低将造成能源环境效率的提高。

其他五项指标的选取和数据来源此处不再赘述。上述四项影响因素的原始资料均来源于2004—2014年《中国统计年鉴》《中国能源统计年鉴》，个别缺省数据采用插值法补齐，其描述性统计结果如表7－8所示。

表7－8　　四项影响因素指标数据的描述性统计结果

变量	单位	最大值	最小值	平均值	标准差
经济水平	万元/人	9.1250	0.4300	2.8598	1.7790
产业结构	%	61.5000	22.7040	48.3106	7.6633
研发投入	%	5.0660	0.1800	1.7197	0.9365
能源消费结构	%	86.8880	9.2030	48.0187	15.3277

资料来源：作者通过《中国统计年鉴》《中国能源统计年鉴》披露的数据计算获得，限于篇幅，本书仅列出其2003—2012年的均值和标准差。

7.4.3　区域环境效率的影响因素实证研究结果与分析

7.4.3.1　空间相关性分析

在利用空间计量模型实证分析环境效率的影响因素之前，本书首先测算我国省际环境效率的全局Moran's I指数，以分析我国省际环境效率的空间相关性。以往的相关文献大多采用0－1权重矩阵，然而，正如前文所述，0－1权重矩阵受省、直辖市、自治区地势的影响较大，在我国诸如内蒙古自治区、甘肃省等地势狭长的省、自治区、直辖市与众多的省、直辖市、自治区相邻，应用0－1权重矩阵可能造成全局Moran's I指数测算的偏差。因此，本书还选用了“经济距离—地理距离”权重矩阵来测算全局Moran's I指数，图7－5对比了两种矩阵条件下我国省际环境效率的全局Moran's I指数。

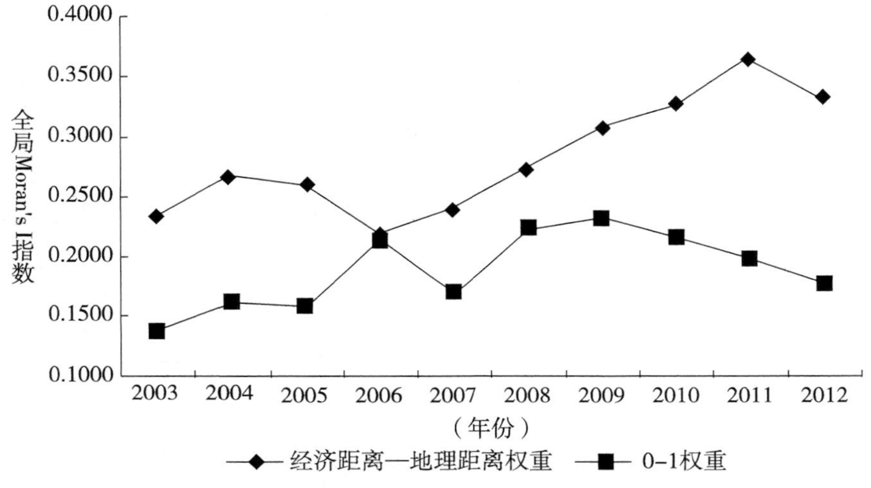

图7－5　我国省际环境效率的全局Moran's I指数

图7－5可知，选择“经济距离—地理距离”权重矩阵和0－1权重矩阵测算的全局Moran's I指数差异较大，前者的测算值一直在0.2100～0.3700的范围内变动，而后者的测算值则在0.1300～0.2400的范围内变动。两者权重矩阵条件下的全局Moran's I指数测算值都显著大于其期望值，表明我国省际环境效率存在显著的空间集聚效应。鉴于0－1权重矩阵的局限性，本书以“经济距离—地理距离”权重矩阵条件下的全局Moran's I指数值为准衡量我国省际环境效率的空间相关性。具体而言，样本期间内，我国省际环境效率的空间相关性呈现波动上升的趋势，其全局Moran's I指数值从2003年的0.2345上升到2012年的0.3337，这表明中国省际环境效率的空间集聚效应正逐步增强。

7.4.3.2　整体环境效率的影响因素实证分析

如前文所述，本书以我国省际环境效率为被解释变量，以开放化程度、市场化程度等九项指标为解释变量，分别运用普通面板OLS估计模型和空间计量SAR、SEM模型进行了回归分析，结果如表7－9所示。

表 7－9　　我国整体省际环境效率影响因素实证分析

变量	面板 OLS 模型		SAR 模型		SEM 模型	
	系数	T 统计量	系数	T 统计量	系数	T 统计量
c	0.3549***	3.4456	0.3401***	3.2842	0.3617***	3.5052
OD	0.2131***	4.5541	0.1932***	3.8988	0.2043***	4.3441
MD	0.2341***	3.5612	0.2356***	3.6027	0.2366***	3.6143
LQ	0.2183	0.6255	0.1967	0.5672	0.2108	0.6081
IS	0.0212	0.8255	0.0196	0.7657	0.0220	1.1008
PU	0.3539**	2.1443	0.3518**	2.1439	0.3693**	2.2434
GDP	1.0982	0.7584	0.8732	0.6007	0.9993	0.6938
IC	－0.2197	－1.4255	－0.1963**	－2.1567	－0.2111*	－1.8608
RD	0.0221**	2.0653	0.0207**	2.1897	0.0206**	2.0983
ES	－0.2275***	－2.6773	－0.2236***	－2.6483	－0.2386***	－2.7969
ρ	—	—	0.0506**	2.0283	—	—
λ	—	—	—	—	0.0203*	1.9440
调整 R^2	0.1433		0.2277		0.1400	
F 值	9.3356***		9.7210***		7.9517***	

面板 OLS 模型的回归结果表明，开放化程度、市场化程度、城市化率和产业结构指标的系数为正，且分别通过了 1% 和 5% 的置信显著性检验，表明这些指标显著地推动了我国省际环境效率的提升；而能源消费结构指标的回归系数为 －0.2275，且在 1% 的水平下显著，表明能源消费中煤炭消费量的减小也有利于省际环境效率的改善。然而，SAR 模型的 ρ 、SEM 模型的 λ 的估计值分别通过了 5% 和 10% 的显著性检验，说明我国省际环境效率存在显著的空间相关性，这与前文全局 Moran's I 指数计算结果相契合。因此，运用 OLS 模型的估计结果可能出现偏差，而空间计量模型的估计考虑了省际环境效率间的空间关联，更适合于本书研究样本。表 7－9 列示了空间 SAR 模型和空间 SEM 模型的估计结果，根据 Anselin 等（1995）的判别方法以及两模型的拟合优度判断，本书样本应选择 SAR 模型，下面将根据空间 SAR 模型的估计结果重点分析我国省际环境效率的重要影响因素及其影响方向和程度。

（1）SAR 模型的估计结果显示，我国省际环境效率的空间滞后系数为

0.0506，且通过了5%置信水平下的显著性检验，说明我国省际环境效率呈现出显著的空间聚集效应，并且两省份的经济水平越接近、地理距离越近，则其环境效率相互之间的影响越大。

（2）开放化程度的系数估计值为0.1932，且在1%的置信水平下显著，表明开放化程度指标对我国省际环境效率的提升具有显著的推动作用，即省、直辖市、自治区经济的进出口贸易依存度的提高有利于其环境效率的提升，具体表现为进出口贸易依存度较高的天津市、上海市、江苏省、浙江省和广东省等东部沿海省、市具有较高的环境效率。可能的解释是：一方面，这些省、市的地理位置处于东部沿海区域，相对于我国内陆省、直辖市、自治区，这些地区进行进出口贸易具有一定的成本优势；另一方面，频繁的进出口贸易为这些地区输入了大量的国际先进管理和生产技术，进而产生了一定的技术优势，从而造成这些省、市的环境效率较高。

（3）市场化程度的系数估计值为0.2356，且在1%的置信水平下显著，表明市场化程度指标对我国省际环境效率的提升具有显著的推动作用，即工业销售收入中非国有经济比重的提高有助于省份经济生产中环境效率的提高。具体表现为工业销售收入中非国有经济比重较高的江苏省、浙江省、福建省、山东省、广东省和海南省等省具有较高的环境效率。可能的原因在于：市场化程度指标反映了政府对于市场经济的干预程度，而由于历史原因，我国的国有经济在经济系统中的比重一直较大。尽管由于我国经济市场化改革的深入，这种情况有所改善，然而截止到2012年年底，我国工业销售收入中的国有经济仍占比35%以上，有些省、直辖市、自治区甚至高达80%以上（甘肃省），造成了其经济发展水平过度依赖于国有经济的发展。因此，适当地降低我国国有经济的占比，特别是甘肃省、新疆维吾尔自治区、陕西省、贵州省和云南省等国有经济比重过大的西部省、自治区，对于其环境效率的提升具有积极意义。

（4）城市化率的系数估计值为0.3518，且在5%的置信水平下显著，表明城市化率指标对我国省际环境效率的提升具有显著的推动作用。具体表现为北京市、天津市、上海市等城市化率较高的直辖市一直位于环境效率前沿面上。本书城市化率指标选择的是省份的人口城市化率指标，人口城市化率的提高代表了更多的农村人口向城市转移和聚集。这不仅能够克服农村污染源分散、环境污染处理技术落后等问题，还能够产生一定的规模效应，提高环境污染物处理效率。因此城市化率的提高将推动我国省际环境效率的提升。

（5）研发投入指标的系数估计值为0.0207，且在5%的置信水平下显著，表明研发投入指标对我国省际环境效率的提升具有显著的推动作用，即省份R&D投入占其经济总产出的比重有利于省份环境效率的提升。如前文所述，研发投入指标在一定程度上反映了省份技术创新与技术进步水平。在环境处理技术方面的研发投入有利于环境处理技术的创新和进步，直接减少单位产出的环境污染物排放量，提升区域经济生产过程的环境效率。在经济生产系统方面的研发投入，有利于提升省份经济系统的生产技术，从而提高单位环境污染物排放对应的经济产出，间接地提升经济生产过程的环境效率。

（6）产业结构和能源消费结构指标的系数估计值分别为 -0.1963 和 -0.2236，且分别在5%和1%的置信水平下显著，表明产业结构和能源消费结构指标阻碍了我国省际环境效率的提升，即省际经济总量中，第二产业的比重越大，省际环境效率越小，同时一次能源消费中，煤炭能源占总能源消费比重越大，其环境效率也越小。具体表现为二次产业占比较大的辽宁省、吉林省、黑龙江省以及煤炭消费占比较重的山西省、安徽省、贵州省、云南省等省份的环境效率较低。可能的解释是：其一，相比于第一产业和第三产业，第二产业单位产出所耗费的能源较多，以2010年为例，我国工业总产值占GDP的比重为40.1%，然而却耗费了71.48%的能源消费。因此，第二产业产值越大，其单位产值对应的能源消费也越多，从而造成的环境负面影响也越大，造成环境效率的低下。其二，煤炭的燃烧带来大量CO_2和SO_2等气体污染物，再加上样本期间内，我国工业锅炉的煤炭燃烧效率仅为60%左右，远低于世界发达国家，这都造成了我国省际环境效率的低下。

（7）劳动力素质、基础建设和人均GDP指标的系数估计值都为正，说明劳动力素质、基础建设和人均GDP指标对省际环境效率的影响方向为正向。然而，三者的估计系数均未能通过10%置信水平下的显著性检验，表明在样本期间内，这三项指标对省际环境效率的影响并不显著。

7.4.3.3　三大区域省际环境效率的影响因素实证分析

同理，运用空间计量SAR、SEM模型回归分析三大区域环境效率的影响因素及其影响程度，根据Anselin等（1995）的方法，SAR模型更适合于本书样本，表7-10报告了实证结果。

表 7-10　　三大区域省际环境效率的影响因素实证分析

变量	SAR 模型（东部）		SAR 模型（中部）		SAR 模型（西部）	
	系数	*T* 统计量	系数	*T* 统计量	系数	*T* 统计量
c	0.5737***	4.4242	0.2466***	4.7665	0.3677***	3.5479
OD	0.2028***	3.6836	0.2097	0.4299	0.3381***	3.4514
MD	0.2594***	2.6411	0.1325	0.5407	0.2134***	2.9384
LQ	0.3529	0.7471	0.2903	0.6992	0.2716	0.9228
IS	0.2516	0.9736	0.2307	0.7854	0.1982	0.8642
PU	0.2308	1.1155	0.4132***	4.2612	0.4749***	3.8590
GDP	0.7865	0.4047	0.3018***	3.1652	0.0958	0.0652
IC	-0.3721**	-2.4311	-0.3230**	-2.1102	-0.3578**	-2.3375
RD	0.2013*	1.7349	0.1747	1.4059	0.1935*	1.8573
ES	-0.4338**	-3.0773	0.1607	0.7036	-0.2855***	-4.7135
ρ	0.0375	0.7265	0.0286***	4.0718	0.0383***	4.5590
调整 R^2	0.2200		0.1706		0.3413	
F 值	6.1969***		11.0115***		9.0691***	

（1）由表 7-10 可知，中部和西部区域环境效率的空间滞后系数分别为 0.0286 和 0.0383，且均通过了 1% 置信水平下的显著性检验；而东部区域环境效率的空间滞后系数不显著。说明我国仅中部和西部区域内各省、直辖市、自治区的环境效率呈现出了显著的空间聚集效应，并且各省、直辖市、自治区的经济水平越接近、地理距离越近，则其环境效率相互之间的影响越大。

（2）西部区域环境效率影响因素的估计结果与我国整体环境效率影响因素的回归结果相似，其中：开放化程度、市场化程度、城市化率和研发投入指标的系数估计值分别为 0.3381、0.2134、0.4749 和 0.1935，且分别通过了 1%、5% 和 10% 置信水平下的显著性检验。说明经济的开放化和市场化程度加深、人口城市化的加快以及各省、直辖市、自治区研发投入的增加都会推动西部省份环境效率的提升。产业结构和能源消费结构指标的估计系数分别为 -0.3578 和 -0.2855，且分别通过了 5% 和 1% 置信水平下的显著性检验，表明西部区域各省、直辖市、自治区第二产业产值的比重、能源消费中煤炭消费比值量指标均对其环境效率产生负方向的影响。同样，劳动力素质、基础建设和人均 GDP 指标的影响不显著。与西部区域相比，东部区域的城市化率指标对其环境效率的影响不显著，中部区域的开放化程度、市场化程度、研发投入和能源消费结构等指标对其环境效率的影响都不显著。

7.5 本章小结

本章首先利用空间计量方法与经典的收敛模型相结合来构建一个空间收敛模型，并运用该模型来实证分析我国整体环境效率和三大区域环境效率的差异及其收敛性。结果发现，我国整体环境效率同时呈现出了绝对和条件收敛趋势，其绝对收敛速度达到1.49%。三大区域中，中部和西部区域的环境效率都呈现出绝对收敛和俱乐部收敛趋势，而东部区域的环境效率不收敛。

其次，借鉴四阶段DEA方法的建模思想，将不可分离非期望SBM模型拓展为四阶段不可分离非期望SBM模型，从生产管理和生产环境双重视角分析区域环境无效率的主要来源。结果表明，我国历年省际生产管理效率呈现出N型变化趋势，具有22%~28%的提升空间；生产环境效率呈现出倒N型变化趋势，具有19%~24%的提升空间。东部区域的生产管理效率和生产环境效率均明显高于中部、西部区域，具有更先进的管理技术和更优势的生产环境。就单个省、直辖市、自治区而言，北京市、天津市、江苏省、海南省和青海省等省、市应致力于提升其生产管理能力。河北省、吉林省、黑龙江省、山西省、江西省、河南省、湖北省、湖南省、广西壮族自治区、重庆市、四川省、贵州省、云南省、陕西省、甘肃省和新疆维吾尔自治区等16个省、直辖市、自治区环境效率的提升策略则是同时推进其生产管理技术的提升和生产环境的改善。辽宁省、福建省、安徽省和宁夏回族自治区等4个省、自治区环境效率的提升策略是在推进其生产管理技术的提升和生产环境的改善的同时，重点关注其生产管理技术的提升；而山东省和内蒙古自治区则刚好相反，应重点关注其生产环境的改善。

最后，样本期间内，开放化程度、市场化程度、城市化率和研发投入都显著地推动我国省际环境效率的提升；产业结构和能源消费结构指标均对我国省际环境效率产生负方向的影响；而劳动力素质、基础建设和人均GDP对我国省际环境效率的影响不显著。三大区域中，东部区域的城市化率对其环境效率的影响不显著，中部区域的开放化程度、市场化程度、研发投入和能源消费结构等指标对其环境效率的影响都不显著，其余因素的影响方向与其对我国整体环境效率的影响方向一致。

8　结论、建议与展望

8.1　结论与建议

8.1.1　研究结论

随着全球气候变化加剧、环境问题凸显，世界各国政府、公众以及生产企业都在极大地关注环境保护、环境恢复等问题，环境问题无疑也对政府决策、企业生产和公众消费产生重要影响。因此，经济生产系统的环境效率成为学术界的一个热点问题。本书以我国省际经济系统的环境效率评估研究为基础，首先以CO_2、SO_2等污染物排放量作为非期望产出，考虑这些非期望产出与经济生产过程中的能源消费之间的不可分离特性，构建不可分离非期望SBM（NS - USBM）模型来评估我国省际环境效率，并从投入、产出两方面分析我国省际环境无效率的来源；其次基于环境规制定量化处理的思想，从环境规制总量目标和区域目标两个视角拓展NS - USBM模型，从而深入分析环境规制对我国区域环境效率的影响及其灵敏性；最后结合引力模型的建模思想，构建了一个新的空间权重矩阵模型——“经济距离—地理距离”权重矩阵，将该空间权重引入空间计量模型中，以实证分析我国省际环境效率的主要影响因素及其影响方向和程度。通过以上研究，本书得出了以下主要结论：

（1）相较于传统的非期望SBM效率评估模型，NS - USBM模型充分考虑了非期望产出与经济生产系统能源投入要素间的不可分离特性，具有更高的效率识别性。从静态视角来看，我国历年整体的环境效率围绕0.6000呈波动趋势，具有40%的提升空间。三大区域的环境效率存在较大差异，东部区域环境效率最高，其历年环境效率值在0.7500以上。中部和西部环境效率的差异不大，并出现交替变化的现象，即2003—2005年，中部地区的环境效率高于西部地区，而2006—2012年，西部地区的环境效率高于中部区域。另外，中部、西部地区的历年环境效率值均小于0.5000，具有

50%以上的提升空间。具体到省份层面，省际环境效率的差异巨大，效率值最大的北京市等省、市与效率值最低的贵州省、甘肃省等省、直辖市、自治区的环境效率值极差达到400%。从动态视角分析，2003—2012年，我国整体环境效率正以每年1.06%的速度逐年提升，依赖于技术进步和规模效率的改善，整体环境效率得到改善。东部、中部和西部三大区域的环境效率均有所提高。其中东部区域环境效率的改善主要来源于规模效率提高和技术进步；中部区域环境效率的改善主要源于生产技术进步；而西部环境效率的提升主要依赖于技术规模效率的提高，并且西部地区正处于规模报酬递减阶段。这说明我国整体、三大区域的环境效率提升都主要源于技术进步，纯技术效率并未发挥其对动态环境效率的推动作用。因此，纯技术效率的提升应是未来我国区域环境效率改善的主要方向。

（2）从区域投入、产出要素方面来看，我国整体投入无效率值为0.2771，其中：劳动力、资本存量和能源消费的松弛率分别为33.34%、23.58%和1.38%；产出无效率值为0.2010，具体到产出变量上，可通过增加0.62%的GDP、减少4.08%和20.69%的CO_2和SO_2排放量来实现区域产出效率的有效状态。东部区域的六大投入产出变量的松弛率分别为14.87%、14.48%、1.89%、0.30%、2.66%和10.53%；中部区域的六大投入产出变量的松弛率分别为55.30%、25.75%、0.33%、0.28%、7.44%和27.46%；西部区域的六大投入产出变量的松弛率分别为43.18%、33.16%、1.35%、1.51%、3.91%和29.02%。表明我国整体和三大区域的环境无效率主要来源于三大要素，分别为劳动力、资本的过度投入以及SO_2的过量排放。要改善我国整体环境效率，应着重着手于区域劳动力、资本的合理配置，例如中部和西部的劳动力资源合理地向东部输送；控制SO_2等环境污染物的排放。

从生产管理和生产环境的视角分析，我国整体生产管理效率呈现出N型变化趋势，具有22%~28%的提升空间；历年生产环境效率呈现出倒N型变化趋势，具有19%~24%的提升空间。东部区域的生产管理效率在0.8100~0.8400的范围内变动，生产环境效率则在0.9000~0.9500的范围内变动；中部、西部区域的生产管理效率在0.6300~0.6800的范围内变动，具有30%以上的提升空间。北京市、天津市、江苏省、海南省和青海省的环境效率改善策略为着重提升其生产管理能力，尤其是生产管理效率较低的海南省。河北省、吉林省、黑龙江省、山西省、江西省、河南省、湖北省、湖南省、广西壮族自治区、重庆市、四川省、贵州省、云南省、陕西省、甘肃省和新疆维吾尔自治区 16 个省、直辖市、自治区的生产管理效率和生产环境效率均较低，其环境效率的提升策略则是同时推进其生产管理技术的提升和生产环境的改善。辽宁省、福建省、安徽省和宁夏回族自治区 4 个省、自治区环境效率的提升策略则是在推进其生产管理技术的提升和生产环境的改善的同时，重点关注其生产管理技术的提升；而山东省和内蒙古自治区则刚好相反，应重点关注其生产环境的改善。

（3）在环境规制总量目标条件下，我国整体环境效率与环境规制总量目标呈正方向变化趋势，环境规制总量目标影响我国整体环境效率的阈值为SO_2减排 550. 4889 万吨。并且，环境规制总量目标影响我国中部和西部区域环境效率的阈值均为SO_2 减排 550. 4889 万吨；影响东部区域环境效率的阈值为SO_2减排 650. 0276 万吨。表明环境规制影响东部区域环境效率的灵敏性较差，而其影响中部和西部地区环境效率的灵敏性较强，相同的环境规制措施在中部和西部地区实施的效果更好，因此，要进一步提升东部区域的环境效率则需要更严格的环境规制措施。在环境规制区域目标按等比例分配的情况下，影响我国整体环境效率的阈值为SO_2 减排 20. 48%，此时SO_2 排放总量为 1834. 6555 万吨；影响东部区域环境效率的阈值为SO_2 减排 20. 76%，此时SO_2排放总量为 1828. 1954 万吨，影响中部和西部区域环境效率的阈值为SO_2 减排 20. 48%，SO_2 排放总量为 1834. 6555 万吨。在环境规制区域目标按松弛量比例分配的情况下，其影响我国整体环境效率的阈值为 SO_2 减排 19. 09%，此时SO_2 排放总量为 1866. 7250 万吨；其影响中部和西部环境效率的阈值为SO_2 减排 19. 09%，SO_2 排放总量为 1866. 7250 万吨，影响东部环境效率的阈值为 20. 69%，SO_2 排放总量为 1829. 8104 万吨。在环境规制区域目标按经济比例分配的情况下，其影响我国整体环境效率的阈值为SO_2 减排 20. 06%，此时SO_2 排放总量为 1844. 3786 万吨；其影响中部和西部环境效率的阈值为SO_2 减排 20. 06%，SO_2 排放总量为 1844. 3786 万吨；影响东部地区环境效率的阈值为 20. 94%，SO_2 排放总量为 1824. 0425 万吨。这说明将环境规制总量目标通过这三种方式细分至各大经济区域后，能更快地实现区域环境效率的优化，并且，按松弛比例分配充分考虑了各经济区域当前的SO_2 排放量，按照当前SO_2 的过度排放量来设定其减排目标，能最快地实现我国区域环境效率的优化。

（4）样本期间内，我国省际环境效率的空间滞后系数为 0. 0506，且通过了 5% 的显著性检验。开放化程度、市场化程度、城市化率和研发投入指标的回归系数分别为0.1932、0.2356、0.3518和0.0207，且分别通过了1%和5%的显著性检验，表明这些因素都显著地推动我国省际环境效率的提升；产业结构和能源消费结构指标的估计系数分别为-0.1963和-0.2236，且分别通过了5%和1%的显著性检验，表明其对我国省际环境效率产生负方向的影响；而劳动力素质、基础建设和人均GDP对我国省际环境效率的影响不显著。三大区域中，东部城市化率对其环境效率的影响不显著，中部区域的开放化程度、市场化程度、研发投入和能源消费结构等指标对其环境效率的影响都不显著，其余因素影响方向与其对我国整体环境效率的影响方向一致。说明中部和西部地区可通过加快城市化发展来改善其区域环境效率。经济进一步开放化和市场化，加大研发投入，提高技术创新，提高第三产业在经济生产中的比重以及降低煤炭在一次能源消费中的比重，这些措施都有利于改善东部和西部区域的环境效率，而中部区域环境效率的改进路径则是加快城市化发展和调整产业结构，降低第二产业的比重。

8.1.2 政策建议

本书从区域环境效率评价与分解、环境规制政策对区域环境效率的影响、区域环境效率演化趋势分析及其影响因素分析等多个角度研究了我国区域环境效率相关问题，进而实现为我国区域环境效率的提升和环境的改善提供科学建议的研究目标，因此，针对本书研究结论，笔者提出以下几条政策建议：

8.1.2.1 着眼于环境无效率的来源及其区域差异

第一，我国区域环境无效率的主要来源是资本存量、劳动力投入的冗余和SO_2的过度排放。因此，政府首先应调整自身固定资产投资的构成，在固定资产投资决策中加入环境污染方面的考察指标，减少高污染高能耗固定资产投资项目的上马，最大程度地降低此类固定资产投资的积累和冗余；其次应加大SO_2处理技术方面的投资，推进SO_2处理技术进步，并注重各行业普适性的SO_2处理工艺的研发，将SO_2处理技术融入各行业的生产工序，降低区域经济生产过程中的SO_2排放。这样，政府就能通过控制区域环境无效率的源头来探索区域环境效率的改进路径。

第二，在区域内树立“环境友好型”经济发展模式的标杆，推广环境效率较高省份的绿色生产技术和污染治理技术，带动区域内环境效率落后省份的环境效率提升。比如：东部区域的河北省、吉林省以及山东省等省份就可以通过引进北京市、天津市等地的绿色生产技术这一渠道来改善自身环境效率。

8.1.2.2 发挥环境规制政策对区域环境效率的积极作用

第一，在国家整体层面，政府应当实施更加严格的环境规制政策。造成我国日益严重的环境问题的一个重要原因就是我国一直以来的粗放型经济增长方式，合理的环境规制政策能够制约区域污染排放，改变区域经济发展方式。本书的研究结果表明，目前我国环境规制的强度较弱，很难达到减少污染排放和改善环境质量的规制目标。因此，政府应加强环境规制的强度，限制区域排污性经济生产活动，刺激区域生产技术创新和区域污染治理行为。

第二，在东部、中部和西部三大经济区域层面，政府应根据区域经济发展、排污现状等因素，在满足国家环境规制标准的基础上制定差异化的环境规制政策，并注重其环境规制强度的动态调整。本书的统计数据和研究结果表明，我国经济发展水平和环境效率均呈现自东向西的下降趋势，东部区域经济发展水平较高，环境效率也较高，该区域的环境规制政策和规制强度应向世界发达国家和区域靠拢；而相对落后的中部、西部地区则应动态调整环境规制强度，保持环境规制强度始终处于合理水平，持续发挥环境规制对区域环境效率提升的积极作用。

第三，采取“总—分”式环境规制政策，在环境规制总量目标限定的基础上，在区域层面对环境规制目标进行分解和分配。环境规制总量目标在区域层面的细分方法主要包括等比例分配、经济比例分配和松弛比例分配三种，三种分配方法都能更快地实现区域环境效率的优化。从效率视角来看，松弛比例分配方法对区域环境效率的优化更显著，是环境规制总量目标分配的最佳方式，而等比例分配和经济比例分配则兼顾了责任公平等因素。因此，我国应采取环境规制目标区域细化的“总—分”式环境规制政策，在此基础上灵活地使用各种分配方法，以实现区域环境效率提升和节能减排责任公平的平衡，该环境规制政策还能推广至各省、直辖市、自治区中各大城市间的环境规制目标分配中。

第四，逐步进行环境规制工具的市场化转变。环境规制政策实施效果不仅取决于环境规制的强度，还和环境规制的工具密切相关。目前各国已经实施的环境规制工具主要有环境法规、排污费、环境税和排污许可证等，我国政府应注重选择市场化的环境规制工具，如排污许可证制度，通过市场传导信号来影响区域排污者的经济生产行为，激励区域排污者探索更好地降低污染排放的技术或手段，从而推动区域环境效率的提升。

8.1.2.3 加强经济发展的生产环境建设

第一，各省、直辖市、自治区应进一步加大经济开放力度，通过国际先进技术和管理理念的流入来提高区域环境效率。并且，在技术引进过程中，当地政府既要根据自身的产业结构和经济基础，选择适宜的生产技术进行引进，注重国际先进技术与本土产业的配套，充分释放引进先进技术对本土生产技术的溢出效应；也要在环境规制政策上给予本土企业相应的扶持，以刺激本土企业对引进技术的二次创新。

第二，进一步降低政府的市场经济参与度，逐步实现“服务型”政府的转型。由于历史原因，国有经济成分作为政府参与经济发展的典型方式，依然在各省、直辖市、自治区经济系统中占比较重，特别是甘肃省、新疆维吾尔自治区、贵州省和云南省等西部省、自治区尤为突出。因此，进一步深化市场经济改革，降低国有经济比重，减少政府职能部门对市场经济的干预是我国实现区域环境效率改善的重要措施。

第三，提高区域劳动力素质。劳动力素质代表了区域人力资本水平，而人力资本的提高不仅有利于区域创新能力，还有利于国际先进技术的吸收借鉴。政府一方面应当加大教育投入力度，在高校教育投入中加大对与高新技术相关专业的政策倾斜，提高高新技术产业的人才储备；另一方面应加强高校与企业的联系，通过产学研合作机制等平台实现人才教育与人才需求的无缝对接。最后，制订适当的人才引进支持计划，增强资金支持、政策扶持等保障体系，通畅本地短缺型人才输送通道。

第四，将环境保护和节能减排的理念贯穿于区域城市化建设的进程中。城市化建设对区域环境效率的影响具有双面性，它一方面能淘汰农村落后的污染处理技术，优化资源配置；另一方面也会增加能源等资源的消费。而短期内，我国各省、直辖市、自治区城市化建设的加速趋势难以逆转。因此，政府在城市化建设的过程中，一方面应通过加强宣传来倡导“绿色消费”的理念，逐步改变居民的消费习惯和消费观念；另一方面应充分发挥城市对资源的集约作用，在交通运输、建筑等行业领域强化能源等资源的集约优势，通过资源利用效率的提高推动区域环境效率的改善。

8.1.2.4 巩固结构调整改善区域环境效率的成果

第一，产业结构方面：产业结构调整应重点着眼于以服务业为主的第三产业的发展，加大服务业发展的政策扶持力度，促进金融服务业、生活服务业、旅游业等行业的发展，逐步提高服务业在经济系统中的比重；调整现有工业结构向“环境友好型”的方向转型，通过大力发展工业行业中的低碳环保行业（高新技术产业、废弃资源回收加工业）来优化现有工业结构，实现工业的可持续发展和绿色发展；严格控制钢铁、采矿等高污染高排放行业的发展，提高这些行业的污染物排放标准，强化节能减排对高污染高排放行业发展的约束，完善产能过剩行业的退出机制，加快落后、过剩产能的淘汰。

第二，能源结构方面：鉴于化石能源消费的高污染排放性，可以通过优化能源结构，提高清洁能源消费来提高区域环境效率，具体措施包括两点。一是各省可以根据自身条件出台有利于降低清洁能源产品成本的优惠政策，提高清洁能源产品的比较优势；二是加大清洁能源共性技术的研发投入，降低企业开发和生产清洁能源产品的成本，同时实现共性技术的共享，降低企业进入清洁能源生产行业的门槛。

8.1.2.5 其他措施

区域环境效率的提升措施还包括增加技术研发投入、建立以绿色 GDP 为核心的地方政府绩效考核机制，等等。

第一，政府应加大研发资金投入力度，推动节能减排技术的创新；为企业的技术研发活动，特别是污染行业的环保技术研发提供资金、税收、融资、奖励等多方面的政策支持，建立节能减排技术的交流和交易平台，增强节能减排技术的流动性，加快节能减排技术的区域扩散，降低企业节能减排技术二次创新的成本；同时，政府还应更多地关注和支持中小企业的节能减排技术的创新，拓宽中小企业节能减排技术创新的融资通道，为中小企业节能减排技术创新提供制度保障。

第二，建立以绿色 GDP 为核心的经济核算指标体系，该体系应充分考虑区域经济发展的资源与环境代价，并以该指标体系作为地方政府经济绩效的考核标准，客观地评价区域经济的可持续发展能力，激励地方政府重视提高资源效率、提高环境效率，以环境友好作为产业结构优化和经济转型中宏观调控的政策导向，实现经济系统的长期可持续发展。

8.2 创新与展望

8.2.1 创新点

在借鉴国内外该领域最新研究成果的基础上，本书对区域环境效率的评估方法及其影响因素的实证分析进行进一步的探讨，主要在以下四个方面进行了突破和创新：

第一，与现有文献相似，本书主要采用劳动力、资本存量和能源消费为投入要素，以区域 GDP 为期望产出要素、以SO_2 排放量和CO_2 排放量为非期望产出要素。然而，鉴于区域能源消费量对于SO_2 排放量与CO_2 排放量具有决定性的影响，即三者之间具有不可分离的特性，传统研究文献中较少分析变量间的这一特性。因此，本书尝试将变量间的不可分离性引入模型，构建了一个基于不可分离变量的非期望 SBM 模型，使得模型更加契合区域经济生产的实际过程，解决了现有研究模型的上述局限性。

第二，现有 SBM 模型大多以生产系统的 SBM 有效顶点为参考集，忽视了其有效支撑平面。本书试图突破这一局限，以经济生产系统的生产可能凸集为基础，采用线性表述等方法，探讨了经济生产系统最大有效面集的寻找方法，进而构建了一个新的区域环境效率评估方法——基于最大有效面集的不可分离非期望 SBM 模型。该模型不仅继承了 SBM 模型提供 SBM 无效决策单元改进路径的优点，还具有体现 SBM 无效决策单元最优改进路径的优势，更加契合了环境效率评估研究的最终目标。

第三，突破目前环境规制措施定性分析的研究模式，采用环境规制总量目标、环境规制区域目标以及两者相结合的方法使得环境规制政策定量化。进而将环境规制约束引入本书不可分离非期望 SBM 模型中，以此获得环境规制目标对区域环境效率的影响，并通过稳定的步长递减（或递增）来分析其灵敏度。其中，环境规制总量目标体现了“先整体、后区域”的环境规制理念，而区域环境规制目标则相反，环境规制目标模式的选择对区域环境效率的发展趋势具有重要影响，因此，两种环境规制目标模式具有典型的政策意义。

第四，尝试使用空间经济学的研究方法，通过构建空间绝对β收敛模型和空间条件β收敛模型来分析区域环境效率的差异性和收敛性；从“管理—环境”的双重视角，通过构建四阶段不可分离非期望 SBM 模型来分析外部生产环境对区域环境效率差异的贡献；再通过构建空间计量模型，分析区域环境效率及其变动的影响因素，其中，模型中的空间权重充分考虑区域间的“地理距离—经济距离”双重要素。三者的结合勾勒出了区域环境效率的空间演化特征，也保证了区域环境效率影响因素分析的全面性。

8.2.2 不足与展望

本书的研究具有完善理论和解决实践问题的双重意义，但同时也是一个极具挑战性的探索性研究，研究内容仍存在一些不足之处需要在以后的研究中不断总结和完善。

第一，环境指标可能存在以偏概全的局限性。区域经济生产系统是一个极其复杂的生产系统，区域经济生产过程中产生的环境污染物很多，包括废水、废气和固体废弃物等多个方面。本书试图构建数学模型来简化该系统，并且直观地体现其对环境带来的负面影响，因此选择了SO_2 排放量与CO_2 排放量这两个具有代表性的环境污染物作为研究指标，这不可避免地导致了指标的不够全面性，这需要在以后的研究中进一步探讨。

第二，数据来源的局限性。本书的原始数据大多来源于《中国统计年鉴》《中国能源统计年鉴》《中国劳动统计年鉴》以及部分省份的统计年鉴资料。对于上述数据资料的来源，可能存在两方面的问题：其一，《中国统计年鉴》与各省份的统计年鉴中的数据资料存在统计口径不一致的现象，两者之间存在细微差异，这些差异虽不影响区域环境效率评估值的变化趋势，但是对于评估值的精确性具有一定的影响；其二，本书对于个别缺省的数据采用插值法补齐，这同样在一定程度上影响了区域环境效率评估值的精确性。对于本书数据资料的上述问题，在以后的相关研究中也是值得注意的问题。

第三，研究方法。本书主要关注的是区域经济—能源—环境生产系统中投入、产出要素间的不可分离特性以及环境规制的定量化并引入模型两点，对传统非期望 SBM 模型进行改进，从而实现我国区域环境效率的准确评估和环境规制目标选择对区域环境效率影响的定量化研究。然而，区域经济—能源—环境生产系统是一个复杂的生产系统，也拥有极其复杂的内部结构，而上述改进方法将区域经济生产系统视为“黑箱”，未考虑该系统的内部结构。网络 SBM 模型能够很好地解决黑箱问题，因此，在未来的研究中，本书改进的不可分离非期望 SBM 模型以及基于环境规制视角的不可分离非期望 SBM 模型应进一步向网络 SBM 模型方向上拓展。

第四，环境规制的定量化及其对区域环境效率的影响。本书从环境规制总量目标和环境规制区域目标两个方面分别构建约束，通过将约束条件引入环境效率评估模型来实现定量化测算环境规制目标对区域环境效率的影响程度及其灵敏度。然而，由于上述两种环境规制方法都需要事先规定我国整体的环境规制总量目标，属于政府强制管制的一种，这两种环境规制目标的定量化未考虑环境规制的市场化运行机制。排污权交易作为一种典型的环境规制市场化运行机制，已经在我国多个省份进行试点运行，因此，未来的相关研究中，一个可能的研究方向是在考虑环境规制市场化运行机制的条件下实现环境规制目标的定量化测算，然后结合区域环境效率评估模型，以分析其对区域环境效率影响的灵敏性。

参考文献

[1] 郭文，孙涛．中国工业行业生态全要素能源效率研究［J］．管理学报，2013，10（11）：1690－1695.

[2] 孙作人，周德群，周鹏，等．结构变动与二氧化碳排放库兹涅茨曲线特征研究——基于分位数回归与指数分解相结合的方法［J］．数理统计与管理，2015（1）：1－17.

[3] 王敏，冯宗宪．排污税能够提高环境质量吗［J］．中国人口·资源与环境，2012，22（7）：73－77.

[4] 宋国君，韩冬梅，王军霞．中国水排污许可证制度的定位及改革建议［J］．环境科学研究，2012，25（9）：1071－1076.

[5] 闫冰，冯根福．基于随机前沿函数的中国工业 R&D 效率分析［J］．当代经济科学，2005，27（6）：14－19.

[6] 干春晖，郑若谷．中国工业生产绩效：1998—2007——基于细分行业的推广随机前沿函数的分析［J］．财经研究，2009，35（6）：97－108.

[7] 黄薇．基于 SFA 方法对中国保险机构效率的实证研究［J］．南开经济研究，2006（5）：104－115.

[8] 史丹，吴利学，傅晓霞，等．中国能源效率地区差异及其成因研究——基于随机前沿生产函数的方差分解［J］．管理世界，2008（2）：35－43.

[9] 段文斌，余泳泽．全要素生产率增长有利于提升我国能源效率吗？——基于 35 个工业行业面板数据的实证研究［J］．产业经济研究，2011（4）：78－88.

[10] 孙涛，赵天燕．企业排污的环境责任测度及其应用研究［J］．中国人口·资源与环境，2014，24（5）：102－108.

[11] 李涛．基于环境效应的中国区域全要素能源效率评价［J］．山西财经大学学报，2012（6）：17－24.

[12] 黄德春，董宇怡，刘炳胜．基于三阶段 DEA 模型中国区域能源效

率分析［J］. 资源科学，2012，34（4）：688－695.

［13］李兰冰. 中国全要素能源效率评价与解构——基于“管理—环境”双重视角［J］. 中国工业经济，2012（6）：57－69.

［14］魏楚，沈满洪. 能源效率及其影响因素基于 DEA 的实证分析［J］. 管理世界，2007（8）：66－76.

［15］汪克亮，杨宝臣，杨力. 基于 DEA 和方向性距离函数的中国省际能源效率测度［J］. 管理学报，2011，8（3）：456－463.

［16］胡宗义，刘静，刘亦文. 中国省际能源效率差异及其影响因素分析［J］. 中国人口·资源与环境，2011，21（7）：33－39.

［17］孙广生，杨先明，黄祎. 中国工业行业的能源效率（1987—2005）——变化趋势、节能潜力与影响因素研究［J］. 中国软科学，2011（11）：29－39.

［18］王姗姗，屈小娥. 基于环境效应的中国制造业全要素能源效率变动研究［J］. 中国人口·资源与环境，2011，21（8）：130－137.

［19］张庆芝，何枫，赵晓. 基于超效率 DEA 的我国钢铁产业能源效率研究［J］. 软科学，2012，26（2）：65－68.

［20］李静，程丹润. 中国区域环境效率差异及演进规律研究——基于非期望产出的 SBM 模型的分析［J］. 工业技术经济，2008，27（11）：100－104.

［21］王兵，吴延瑞，颜鹏飞. 中国区域环境效率与环境全要素生产率增长［J］. 经济研究，2010（5）：95－109.

［22］左中梅，杨力. 基于 SBM 模型的中国省际全要素能源效率分析［J］. 统计与决策，2011（20）：105－107.

［23］周逢民，张会元，周海，等. 基于两阶段关联 DEA 模型的我国商业银行效率评价［J］. 金融研究，2010，365（11）：169－179.

［24］芦锋. 我国商业银行效率研究——基于储蓄新视角下的网络 DEA 方法［J］. 中国软科学，2012，254（2）：174－184.

［25］郭文，孙涛，朱建军. 基于最大有效面集的网络 SBM 评价模型及其应用［J］. 控制与决策，2014，29（12）：2282－2286.

［26］张杨，陈莎. 生命周期评价在环境保护中的研究与应用［J］. 环境保护，2009（6）：59－63.

［27］顾道金，朱颖心. 中国建筑环境影响的生命周期评价［J］. 清华大学学报（自然科学版），2006，46（12）：1953－1959.

[28] 耿涌，董会娟，郗凤明，等．应对气候变化的碳足迹研究综述[J]．中国人口·资源与环境，2010，20（10）：6－12.

[29] 王德发，阮大成，王海霞．工业部门绿色 GDP 核算研究——2000 年上海市能源—环境—经济投入产出分析［J］．财经研究，2005，31（2）：66－75.

[30] 佟仁城，刘轶芳．循环经济的投入产出分析［J］．数量经济技术经济研究，2008，25（1）：40－52.

[31] 孙建卫，陈志刚．基于投入产出分析的中碳排放足迹研究［J］．中国人口·资源与环境，2010，20（5）：28－36.

[32] 查冬兰，周德群．基于 CGE 模型的中国能源效率回弹效应研究[J]．数量经济技术经济研究，2010，27（12）：39－53，66.

[33] 查冬兰，周德群，孙元．为什么能源效率与碳排放同步增长——基于回弹效应的解释［J］．系统工程，2013，238（10）：105－111.

[34] 孙林．基于混合 CGE 模型的乘用车节能减排政策分析［J］．中国人口·资源与环境，2012，143（7）：40－48.

[35] 徐晓亮．资源税改革能调整区域差异和节能减排吗？——动态多区域 CGE 模型的分析［J］．经济科学，2012，191（5）：45－54.

[36] 金艳鸣，雷明．二氧化硫排污权交易研究——基于资源—经济—环境可计算一般均衡模型的分析［J］．山西财经大学学报，2012，238（8）：1－10.

[37] 邓波，张学军，郭军华．基于三阶段 DEA 模型的区域生态效率研究［J］．中国软科学，2011（1）：92－99.

[38] 范丹，王维国．中国省际工业全要素能源效率——基于四阶段 DEA 和 Bootstrapped DEA［J］．系统工程，2013，31（8）：72－80.

[39] 华坚，任俊，徐敏．基于三阶段 DEA 的中国区域二氧化碳排放绩效评价研究［J］．资源科学，2013，35（7）：1447－1454.

[40] 杨俊，邵汉华．环境约束下的中国工业增长状况研究——基 Malmquist—Luenberger 指数的实证分析[J]．数量经济技术经济研究，2009（5）：94－106.

[41] 李伟，章上峰．环境约束下的工业全要素生产率增长——基于 Malmquist－Luenberger 指数的行业面板数据分析［J］．统计与信息论坛，2010，25（11）：33－39.

[42] 肖攀，李连友，唐李伟，等．中国城市环境全要素生产率及其影响因素分析 [J]．管理学报，2013，86（11）：1681－1689.

[43] 雷明，虞晓雯．地方财政支出、环境规制与我国低碳经济转型 [J]．经济科学，2013，197（5）：47－61.

[44] 王兵，於露瑾，杨雨石．碳排放约束下中国工业行业能源效率的测度与分解 [J]．金融研究，2013，400（10）：128－141.

[45] 陈红蕾，覃伟芳，吴建新．考虑碳排放的工业全要素生产率变动及影响因素研究 [J]．产业经济研究，2013，66（5）：45－53.

[46] 冯志军，陈伟，明倩．能源环境约束下的中国区域工业研发创新全要素生产率：2001—2011 年 [J]．工业技术经济，2013，239（9）：87－96.

[47] 陈洁．碳强度约束下的区域物流产业效率测算——基于环境 DEA 技术的 Malmquist－Luenberger 指数方法 [J]．经济与管理，2014（3）：62－67.

[48] 袁晓玲，张宝山，杨万平．基于环境污染的中国全要素能源效率研究 [J]．中国工业经济，2009（2）：76－86.

[49] 杨杰，宋马林．可持续发展视阈下我国区域环境效率研究：基于 Super－SBM 与面板数据模型 [J]．商业经济与管理，2011，239（9）：57－62.

[50] 王连芬．我国工业环境效率评价及地区差异 [J]．社会科学家，2011，9（9）：88－92.

[51] 龚健健，沈可挺．中国高耗能产业及其环境污染的区域分布 [J]．数量经济技术经济研究，2011（2）：20－38.

[52] 涂正革．环境、资源与工业增长的协调性 [J]．经济研究，2008（2）：93－106.

[53] 杨龙，胡晓珍．基于 DEA 的中国绿色经济效率地区差异与收敛分析 [J]．经济学家，2010（2）：46－54.

[54] 冯金丽，窦琤．基于 SBM 的我国省级环境—经济效率研究 [J]．当代经济管理，2010，32（9）：25－29.

[55] 杨俊，邵汉华，胡军．中国环境效率评价及其影响因素实证研究 [J]．中国人口·资源与环境，2010，20（2）：49－55.

[56] 沈能．能源投入，污染排放与中国能源经济效率的区域空间分布研究 [J]．财贸经济，2010（1）：107－113.

[57] 周五七，聂鸣．中国工业碳排放效率的区域差异研究 [J]．数量经济技术经济研究，2012（9）：58－70.

[58] 郑丽琳，朱启贵．纳入能源环境因素的中国全要素生产率再估算［J］．统计研究，2013，261（7）：9－17.

[59] 张三峰，吉敏．市场化能改善环境约束下的能源效率吗——基于2000—2010年省际面板数据的经验研究［J］．山西财经大学学报，2014，255（1）：65－75.

[60] 查建平，郑浩生，范莉莉．环境规制与中国工业经济增长方式转变——来自2004—2011年省级工业面板数据的证据［J］．山西财经大学学报，2014，259（5）：54－63.

[61] 王恩旭，武春友．基于超效率DEA模型的中国省际生态效率时空差异研究［J］．管理学报，2011，8（3）：443－450.

[62] 谢洪军，任玉珑．环境约束下的技术效率——中国工业部门的实证检验［J］．生产力研究，2007（24）：16－18.

[63] 张各兴，夏大慰．所有权结构、环境规制与中国发电行业的效率［J］．中国工业经济，2011（6）：130－140.

[64] 沈能．环境效率、行业异质性与最优规制强度［J］．中国工业经济，2012（3）：56－68.

[65] 张红凤，周峰．环境保护与经济发展双赢的规制绩效实证分析［J］．经济研究，2009（3）：14－28.

[66] 陈德敏，张瑞．环境规制对中国全要素能源效率的影响［J］．经济科学，2012，190（4）：49－65.

[67] 白雪洁，宋莹．环境规制、技术创新与中国火电行业的效率提升［J］．中国工业经济，2009（8）：68－77.

[68] 庞瑞芝，李鹏．中国新型工业化增长绩效的区域差异及动态演进［J］．经济研究，2011（11）：36－47.

[69] 刘瑞翔．资源环境约束下中国技术效率的区域差异及动态演进［J］．产业经济研究，2012（2）：43－51.

[70] 宋马林，王舒鸿．环境规制、技术进步与经济增长［J］．经济研究，2013（3）：122－134.

[71] 王群伟，周德群．环境规制下的投入产出效率及规制成本书［J］．管理科学，2009，22（6）：111－119.

[72] 袁鹏，程施．中国工业环境管制的机会成本分析［J］．当代经济科学，2011（3）：59－66.

[73] 叶祥松，彭良燕．我国环境规制下的规制效率与全要素生产率研究：1999—2008［J］．财贸经济，2011（2）：102－110.

[74] 杨骞，刘华军．环境技术效率、规制成本与环境规制模式［J］．当代财经，2013，347（10）：16－25.

[75] 涂红星，肖序．行业异质性、效率损失与环境规制成本——基于DDF中国分行业面板数据的实证分析［J］．云南财经大学学报，2014，165（1）：21－29.

[76] 李力，韩丽媛．基于能源—经济—环境DEA分析的我国工业发展效率评价研究［J］．科技管理研究，2008，28（5）：93－95.

[77] 黄菁．环境污染与工业结构：基于Divisia指数分解法的研究［J］．统计研究，2009，218（12）：68－73.

[78] 王燕，谢蕊蕊．能源环境约束下中国区域工业效率分析［J］．中国人口·资源与环境，2012，22（5）：114－119.

[79] 周五七，聂鸣．基于节能减排的中国省级工业技术效率研究［J］．中国人口·资源与环境，2013，149（1）：25－32.

[80] 刘睿劼，张智慧．中国工业经济—环境效率的分行业面板数据研究［J］．山西财经大学学报，2012，231（1）：62－69.

[81] 韩晶，陈超凡，施发启．中国制造业环境效率、行业异质性与最优规制强度［J］．统计研究，2014，269（3）：61－67.

[82] 李宁，万敏．火力发电厂环境成本测算方法研究［J］．陕西电力，2008，36（2）：16－18.

[83] 何平林，石亚东，李涛．环境绩效的数据包络分析方法——一项基于我国火力发电厂的案例研究［J］．会计研究，2012（2）：11－17.

[84] 王兵，王丽．环境约束下中国区域工业技术效率与生产率及其影响因素实证研究［J］．南方经济，2010（11）：3－19.

[85] 于宏民，王青，俞雪飞，等．中国钢铁行业的生态足迹［J］．东北大学学报（自然科学版），2008，29（6）：897－900.

[86] 李苏，邱国玉．环境绩效的数据包络分析方法——基于我国钢铁行业的分析研究［J］．生态经济，2013（2）：25.

[87] 汪克亮，杨宝臣，杨力．考虑环境效应的中国省际全要素能源效率研究［J］．管理科学，2010（6）：100－111.

[88] 涂正革，肖耿．中国大中型工业的成本效率分析：1995—2002

[J]. 世界经济，2007（7）：47－58.

[89] 王俊能，许振成，胡习邦. 基于DEA理论的中国区域环境效率分析[J]. 中国环境科学，2010（4）：565－570.

[90] 曾贤刚. 中国区域环境效率及其影响因素 [J]. 经济理论与经济管理，2011（10）：101－110.

[91] 胡达沙，李杨. 环境效率评价及其影响因素的区域差异 [J]. 财经科学，2012，289（4）：116－124.

[92] 黄国庆. 基于SBM方法的我国区域环境效率测度及空间效应 [J]. 求索，2013，246（2）：14－17.

[93] 雷明，虞晓雯. 资本跨期效应下中国区域能源—经济—环境效率研究 [J]. 经济理论与经济管理，2013，275（11）：5－17.

[94] 韩珺. 中国环境治理存在的问题及对策 [J]. 中国人口·资源与环境，2008，17（6）：153－155.

[95] 郎友兴，葛维萍. 影响环境治理的地方性因素调查 [J]. 中国人口·资源与环境，2009，19（3）：107－112.

[96] 郭文，孙涛. 中国工业行业生态全要素能源效率及其收敛性 [J]. 华东经济管理，2015，29（2）：74－80.

[97] 陈傲. 中国区域生态效率评价及影响因素实证分析——以2000—2006年省际数据为例 [J]. 中国管理科学，2008（S1）：566－570.

[98] 岳书敬，刘富华. 环境约束下的经济增长效率及其影响因素 [J]. 数量经济技术经济研究，2009（5）：94－106.

[99] 李国志，李宗植. 中国二氧化碳排放的区域差异和影响因素研究[J]. 中国人口·资源与环境，2010，20（5）：22－27.

[100] 王群伟，周鹏，周德群. 我国二氧化碳排放绩效的动态变化，区域差异及影响因素 [J]. 中国工业经济，2010，（1）：45－54.

[101] 汪克亮，杨宝臣，杨力. 中国能源利用的经济效率，环境绩效与节能减排潜力 [J]. 经济管理，2010（10）：1－9.

[102] 董利. 我国能源效率变化趋势的影响因素分析 [J]. 产业经济研究，2008（1）：8－18.

[103] 谭忠富，张金良. 中国能源效率与其影响因素的动态关系研究[J]. 中国人口·资源与环境，2010，20（4）：43－49.

[104] 李波，张俊飚，李海鹏. 中国农业碳排放时空特征及影响因素分

解［J］. 中国人口·资源与环境，2011，21（8）：80－86.

［105］汪克亮，杨宝臣，杨力. 基于环境效应的中国能源效率与节能减排潜力分析［J］. 管理评论，2012，24（8）：40－50.

［106］郭文，孙涛，周鹏. 中国区域全要素能源效率评价及其空间收敛性——基于改进的非期望SBM模型［J］. 系统工程，2015，33（5）：70－80.

［107］戴玉才. 环境效率——发展循环经济路径之一［J］. 环境科学动态，2005（1）：20－22.

［108］赵玉民，朱方明，贺立龙. 环境规制的界定，分类与演进研究［J］. 中国人口·资源与环境，2009，19（6）：85－90.

［109］熊鹰，徐翔. 政府环境监管与企业污染治理的博弈分析及对策研究［J］. 云南社会科学，2007（4）：60－63.

［110］芦锋，刘维奇，史金凤. 我国商业银行效率研究——基于储蓄新视角下的网络DEA方法［J］. 中国软科学，2012（2）：174－184.

［111］王兵，朱宁. 不良贷款约束下的中国上市商业银行效率和全要素生产率研究——基于SBM方向性距离函数的实证分析［J］. 金融研究，2011，367（1）：110－130.

［112］叶明确，方莹. 中国资本存量的度量、空间演化及贡献度分析［J］. 数量经济技术经济研究，2012，29（11）：68－84.

［113］郭文，孙涛，朱建军. 基于不可分离变量的非期望SBM效率评价方法［J］. 系统工程与电子技术，2015，37（6）：1331－1337.

［114］郭文，孙涛. 环境和管理双重视角下商业银行效率评价及分解［J］. 经济管理，2014（12）：17－27.

［115］魏楚，沈满洪. 结构调整能否改善能源效率：基于中国省级数据的研究［J］. 世界经济，2008（11）：77－85.

［116］刘战伟. 区域全要素能源效率测算及其收敛分析——基于中国省级面板数据的实证研究［J］. 中国石油大学学报（社会科学版），2011（5）：7－12.

［117］荆林波. 我国对外开放比较研究——以广东省为例［J］. 财贸经济，2011，357（08）：5－12，136.

［118］孟德锋，卢亚娟，方金兵. 金融排斥视角下村镇银行发展的影响因素分析［J］. 经济学动态，2012，619（9）：70－73.

［119］樊纲，王小鲁，马光荣. 中国市场化进程对经济增长的贡献［J］.

经济研究，2011，522（9）：4－16.

［120］李苍舒．我国金融业效率的测度及对应分析［J］．统计研究，2014，267（1）：91－97.

［121］吴玉鸣．中国省域经济增长趋同的空间计量经济分析［J］．数量经济技术经济研究，2007，23（12）：101－108.

［122］吕健．市场化与中国金融业全要素生产率——基于省域数据的空间计量分析［J］．中国软科学，2013（2）：64－80.

［123］孔元，冯冰．经贸、地理关联与地区间环境效率溢出［J］．南方经济，2012，30：27－38.

［124］赵良仕，孙才志，郑德凤．中国省际水资源利用效率与空间溢出效应测度［J］．地理学报，2014，69（1）：121－133.

［125］沈体雁，冯等田，孙铁山．空间计量经济学［M］．北京：北京大学出版社，2010.

［126］魏下海．人力资本，空间溢出与省际全要素生产率增长——基于三种空间权重测度的实证检验［J］．财经研究，2010，36（12）：94－104.

［127］朱勤，魏涛远．居民消费视角下人口城镇化对碳排放的影响［J］．中国人口资源与环境，2013，23（11）：21－29.

［128］AIGNER D J，LOVELL C A K，SCHMIDT P. Formulation and estimation of stochastic frontier production models［J］. Journal of Econometrics，1977（6）：21－37.

［129］BATTESE G E，COELLI T J. A model for techncial inefficiency effects in a stochastic frontier production function for panel data［J］. Empirical Economics，1995，20（2）：325－332.

［130］WANG E C. R&D efficiency and economic performance：A cross－country analysis using the stochastic frontier approach［J］. Journal of Policy Modeling，2007，29（2）：345－360.

［131］PAUL F，VENCAPPA D，DIACON S，et al. Market structure and the efficiency of European insurance companies：A stochastic frontier analysis［J］. Journal of Banking and Finance，2008，32（1）：86－100.

［132］FILIPPINI M，HUNT L C. Energy demand and energy efficiency in the OECD countries：a stochastic demand frontier approach［J］. Energy Journal，2011，32（2）：59－80.

[133] FILIPPINI M, HUNT L C. US residential energy demand and energy efficiency: A stochastic demand frontier approach [J]. Energy Economics, 2012, 34 (5): 1484 - 1491.

[134] CHARNES A, COOPER W W, RHODES E. Measuring the efficiency of decision making units [J]. European Journal of Operational Research, 1978, 2 (6): 429 - 444.

[135] CHARNES A, COOPER W W, SEIFORD L. Invariant multiplicative efficiency and piecewise Cobb - Douglas envelopments [J]. Operations Research Letters, 1983, 2 (3): 101 - 103.

[136] CHARNES A, COOPER W W, GOLANY B. Foundations of data envelopment analysis for Pareto - Koopmans efficient empirical production functions [J]. Journal of Econometrics, 1985, 30 (1): 91 - 107.

[137] Färe R, GROSSKOPF S, LOVELL C A K, et al. Multilateral productivity comparisons when some outputs are undesirable: a nonparametric approach [J]. The Review of Economics and Statistics, 1989 (71): 90 - 98.

[138] Färe R, GROSSKOPF S, TYTECA D. An activity analysis model of the environmental performance of firms - application to fossil - fuel - fired electric utilities [J]. Ecological Economics, 1996 (18): 161 - 175.

[139] BERG S A, FORSUND F R, JANSEN E S. Malmquist indices of productivity growth during the deregulation of Norwegian Banking [J]. Scandinavian Journal of Economics, 1992 (94): 211 - 228.

[140] HAILU A, VEEMAN T. Non - parametric productivity analysis with undesirable outputs: an application to Canadian pulp and paper industry [J]. American Journal of Agricultural Economics, 2001 (83): 605 - 616.

[141] SEIFORD L M, ZHU J. Modeling undesirable factors in efficiency evaluation [J]. European Journal of Operational Research, 2002 (142): 16 - 20.

[142] HUA Z, BIAN Y, LIANG L. Eco - efficiency analysis of paper mills along the Huai River [J]. Omega, 2007 (35): 578 - 587.

[143] Färe R, GROSSKOPF S, NOH D W, et al. Characteristics of a polluting technology: theory and practice [J]. Journal of Econometrics, 2005 (126): 469 - 492.

[144] TONE K. A slacks - based measure of efficiency in data envelopment a-

nalysis [J]. European Journal of Operational Research, 2001, 130 (3): 498 -509.

[145] TONE K. A slacks - based measure of super - efficiency in data envelopment analysis [J]. European Journal of Operational Research, 2002, 143 (1): 32 -41.

[146] ERKUT D, HATICE D. Measuring the performance of manufacturing firms with super slacks based model of data envelopment analysis: An application of 500 major industrial enterprises in Turkey [J]. European Journal of Operational Research, 2007, 182 (3): 1412 -1432.

[147] TSUTSUI M, GOTO M. A multi - division efficiency evaluation of US electric power companies using a weighted slacks - based measure [J]. Socio - Economic Planning Sciences, 2009, 43 (3): 201 -208.

[148] DU J, LIANG L, ZHU J. A slacks - based measure of super - efficiency in data envelopment analysis: a comment [J]. European Journal of Operational Research, 2010, 204 (3): 694 -697.

[149] SEBASTIAN L, ESTER G. Slacks - based measure of efficiency of airports with airplanes delays as undesirable outputs [J]. Computers & Operations Research, 2011, 38 (1): 131 -139.

[150] ZHOU P, ANG B W, POH K L. Slacks - based efficiency measures for modeling environmental performance [J]. Ecological Economics, 2006, 60 (1): 111 -118.

[151] LI L B, HU J L. Ecological total - factor energy efficiency of regions in China [J]. Energy Policy, 2012, 46 (4): 216 -224.

[152] KORDROSTAMI S. Amirteimoori A. Un - desirable factor in multi - component performance measurement [J]. Applied Mathematics and Computation, 2005 (171): 721 -729.

[153] COOK W D, GREEN R H. Evaluating power plant efficiency: a hierarchical model [J]. Computers & Operations Research, 2005 (32): 813 -823.

[154] OLANREWAJU O A, JIMOH A A, KHOLOPANE P A. Assessing the energy potential in the South African industry: a combined IDA - ANN - DEA (Index decomposition analysis - Artificial Neural Network - data envelopment analysis) model [J]. Energy, 2013 (63): 225 -232.

[155] ZHOU Y, LIANG D P, XING X P. Environmental efficiency of indus-

trial sectors in China: An improved Weighted SBM model [J]. Mathematical and Computer Modeling, 2013, 58 (9): 990 – 999.

[156] TONE K, TSUTSUI M. Network DEA: a slacks – based measure approach [J]. European Journal of Operational Research, 2009, 197 (1): 243 – 252.

[157] FUKUYAMA H, WEBER W L. A slacks – based inefficiency measure for a two – stage system with bad outputs [J]. Omega, 2010, 38 (5): 398 – 409.

[158] AKTHER S, FUKUYAMA H, WEBER W L. Estimating two – stage network Slacks – based inefficiency: An application to Bangladesh banking [J]. Omega, 2013, 41 (1): 88 – 96.

[159] KAO C. Efficiency decomposition in network data envelopment analysis: A relational model [J]. European Journal of Operational Research, 2009, 192 (3): 949 – 962.

[160] COOK W D, LIANG L, ZHU J. Measuring performance of two – stage network structures by DEA: a review and future perspective [J]. Omega, 2010, 38 (6): 423 – 430.

[161] FUKUYAMA H, MATOUSEK R. Efficiency of Turkish banking: Two – stage network system. Variable returns to scale model [J]. Journal of International Financial Markets, Institutions and Money, 2011, 21 (1): 75 – 91.

[162] YANG C, LIU H M. Managerial efficiency in Taiwan bank branches: A network DEA [J]. Economic Modelling, 2012, 29 (2): 450 – 461.

[163] ELOPES, ADIAS, LARROJA. Application of life cycle assessment to Portuguese pulp and paper industry [J]. JoumM of Cleaner Production, 2003 (11): 51 – 59.

[164] JANNICK H S. System delimitation in agricultural consequential LCA [J]. The International Journal of Life Cycle Assessment, 2008, 13 (4): 350 – 364.

[165] CANALS L M, BAUER C, DEPESTELE J, et al. Key elements in a framework for land use impact assessment within LCA (11 pp) [J]. The International Journal of Life Cycle Assessment, 2007, 12 (1): 5 – 15.

[166] HALKOS G E, TZEREMES N G. Exploring the existence of Kuznets

curve in countries' environmental efficiency using DEA window analysis [J]. Ecological Economics, 2009, 68 (7): 2168 -2176.

[167] COLE M A, RAYNER A J, BATES J M. Trade liberalisation and the environment: The case of the Uruguay Round [J]. The World Economy, 1998, 21 (3): 337 -347.

[168] FRIED H O, SCHMIDT S S, YAISAWARNG S. Incorporating the Operating Environment into a Nonparametric Measure of Technical Efficiency [J]. Journal of Productivity Analysis, 1999, 12 (3): 249 -267.

[169] WANG F C, HUNG W T, SHANG J K. Measuring pure managerial efficiency of international tourist hotels in Taiwan [J]. The Service Industries Journal, 2006, 26 (1): 59 -71.

[170] HAHN F R. Environmental determinants of banking efficiency in Austria [J]. Empirica, 2007, 34 (3): 231 -245.

[171] KONTODIMOPOULOS N, PAPATHANASIOU N D, TOUNTAS Y, et al. Separating managerial inefficiency from influences of the operating environment: an application in dialysis [J]. Journal of Medical Systems, 2010, 34 (3): 397 -405.

[172] YANG H, POLLITT M. Incorporating both undesirable outputs and uncontrollable variables into DEA: The performance of Chinese coal - fired power plants [J]. European Journal of Operational Research, 2009, 197 (3): 1095 -1105.

[173] HU J L, LIO M C, YEH F Y, et al. Environment - adjusted regional energy efficiency in Taiwan [J]. Applied Energy, 2011, 88 (8): 2893 -2899.

[174] FANG C Y, HU J L, LOU T K. Environment - adjusted total - factor energy efficiency of Taiwan's service sectors [J]. Energy Policy, 2013, 63: 1160 -1168.

[175] SUTHATHIP Y, DOUGLASS K J. The Effects of Sulfur Dioxide Controls on Productivity Change in the U. S. Electric Power Industry [J]. The Review of Economics and Statistics. 1994, 76 (3): 447 -460.

[176] CHAMBERS R G, Färe R, GROSSKOPF S. Productivity growth in APEC countries [J]. Pacific Economic Review, 1996, 1 (3): 181 -190.

[177] GROSSKOPF S. Some remarks on productivity and its decompositions

[J]. Journal of Productivity Analysis, 2003, 20 (3): 459 - 474.

[178] BOUSSEMART J P, BRIEC W, KERSTENS K. Luenberger and Malmquist productivity indices: theoretical comparisons and empirical illustration [J]. Bulletin of Economic Research, 2003, 55 (4): 391 - 405.

[179] KUMAR S. Environmentally sensitive productivity growth: a global analysis using Malmquist - Luenberger index [J]. Ecological Economics, 2006, 56 (2): 280 - 293.

[180] ARABI B, MUNISAMY S, EMROUZNEJAD A, et al. Power industry restructuring and eco - efficiency changes: A new slacks - based model in Malmquist - Luenberger Index measurement [J]. Energy Policy, 2014 (68): 132 - 145.

[181] ZHANG C, LIU H, BRESSERS H T A, et al. Productivity growth and environmental regulations - accounting for undesirable outputs: Analysis of China's thirty provincial regions using the Malmquist - Luenberger index [J]. Ecological Economics, 2011, 70 (12): 2369 - 2379.

[182] DE BRUYN S M. Explaining the environmental Kuznets curve: structural change and international agreements in reducing sulphur emissions [J]. Environment and development economics, 1997, 2 (4): 485 - 503.

[183] VIGUIER L. Emissions of SO_2, NOx and CO_2 in Transition Economies: Emission Inventories and Divisia Index Analysis [J]. The Energy Journal, 1999: 59 - 87.

[184] STERN D I. Explaining changes in global sulfur emissions: an econometric decomposition approach [J]. Ecological Economics, 2002, 42 (1): 201 - 220.

[185] HAILU A. Pollution abatement and productivity performance of regional Canadian pulp and paper industries [J]. Journals of Forest Economics, 2003 (9): 5 - 25.

[186] JALIL A, MAHMUD S F. Environment Kuznets curve for CO_2 emissions: a cointegration analysis for China [J]. Energy Policy, 2009, 37 (12): 5167 - 5172.

[187] LI L B, HU J L. Ecological total - factor energy efficiency of regions in China [J]. Energy Policy, 2012, 46 (4): 216 - 224.

[188] MARKANDYA A, PEDROSO S, STREIMIKIENE D. Energy Efficien-

cy in Transition Economies: Is There Convergence Towards the EU Average? [J]. 2004.

[189] CAMARERO M, PICAZO - TADEO A J, TAMARIT C. Is the environmental performance of industrialized countries converging? A "SURE" approach to testing for convergence [J]. Ecological economics, 2008, 66 (4): 653 - 661.

[190] JOBERT T, KARANFIL F, TYKHONENKO A. Convergence of per capita carbon dioxide emissions in the EU: legend or reality? [J]. Energy Economics, 2010, 32 (6): 1364 - 1373.

[191] WANG K, YU S, ZHANG W. China's regional energy and environmental efficiency: a DEA window analysis based dynamic evaluation [J]. Mathematical and Computer Modelling, 2013, 58 (5): 1117 - 1127.

[192] CAMARERO M, CASTILLO J, PICAZO - TADEO A J, et al. Eco - efficiency and convergence in OECD countries [J]. Environmental and Resource Economics, 2013, 55 (1): 87 - 106.

[193] DENISON W, FRANKLIN J. Ecological characteristics of old - growth Douglas - fir forests [J]. Pacific Northwest Research Station, 1981, 48.

[194] BARBERA A J, MCCONNELL V D. The Impact of Environmental Regulations on Industry Productivity: Direct and Indirect Effects [J]. Journal of Environmental Economics and Management, 1990, 18 (1): 50 - 65.

[195] JORGENSON D J, WILEOXEN P J. Environmental regulation and U. S economic growth [J]. The RAND Journal of Economics, 1990, 21 (2): 314 - 340.

[196] BARLA P, PERELMAN S. Sulphur emissions and productivity growth in industrialised countries [J]. Annals of Public and Cooperative Economics, 2005, 76 (2): 275 - 300.

[197] PORTER M E. America's Green Strategy [J]. Scientific Amercian. 1991, 264 (4): 1 - 5.

[198] BERMAN E, BUI L T M. Environmental regulation and productivity: evidence from oil refineries [J]. Review of Economics and Statistics, 2001, 83 (3): 498 - 510.

[199] MAGAT W A, VISCUSI W K. Effectiveness of the EPA's regulatory enforcement: The case of industrial effluent standards [J]. Journal of Law and Economics, 1990: 331 - 360.

[200] LAPLANTE B, RILSTONE P. Environmental Inspections and Emissions of the Pulp and Paper Industry in Quebec [J]. Environmental Economics and Management, 1996, (1): 19 - 36.

[201] PANAYOTOU T. Demystifying the environmental Kuznets curve: turning a black box into a policy tool [J]. Environment and Development Economics, 1997, 2 (4): 465 - 484.

[202] DASGUPTA S, LAPLANTE B, MAMINGI N. Pollution and capital markets in developing countries [J]. Journal of Environmental Economics and Management, 2001, 42 (3): 310 - 335.

[203] DASGUPTA S, LAPLANTE B, WANG H, et al. Confronting the Environmental Kuznets Curve [J]. Economic Perspectives, 2002, 16 (1): 147 - 168.

[204] ZHOU Y, XING X, FANG K. Environmental efficiency analysis of power industry in China based on an entropy SBM model [J]. Energy Policy, 2013, 57 (10): 68 - 75.

[205] LEE J D, PARK J N, KIM T Y. Estimation of the shadow prices of pollutants with production / environment inefficiency taken into account: a nonparametric directional distance function approach [J]. Journal of Environmental Management, 2002 (64): 365 - 375.

[206] MARADAN D, VASSILIEV A. Marginal costs of carbon dioxide abatement: empirical evidence from cross - country analysis [J]. Revue Suisse d Economie et de Statistique, 2005, 141 (3): 377.

[207] KALAITZIDAKIS P, MAMUNEAS T P, STENGOS T. The Contribution of Greenhouse Pollution to Productivity Growth [M]. University of Guelph, Department of Economics, 2007.

[208] Färe R, GROSSKOPF S, PASURKA C A. Environmental Production Functions and Environmental Directional Distance Functions [J]. Energy, 2007, 32 (7): 1055 - 1066.

[209] BRANNLUND R, CHUNG Y, Färe R, et al. Emissions Trading and Profitability: The Swedish Pulp and Paper Industry [J]. Environmental and Resource Economics, 1998 (12): 345 - 356.

[210] ZOFIO J L, PRIETO A M. Environmental efficiency and regulatory

standards: the case of CO_2 emissions form OECD industries [J]. Resource and Energy Economics, 2001 (23): 63 - 83.

[211] LANSINK A O, REINHARD S. Investigating technical efficiency and potential technological change in Dutch pig fanning [J]. Agricultural Systems, 2004 (79): 353 - 367.

[212] LI S K, CHENG Y S. Technical efficiency versus environmental efficiency: An application to the industrial sector in China [J]. Working Papers, 2004.

[213] MURTY M N, KUMAR S, PAUL M. Environmental regulation, productive efficiency and cost of pollution abatement: A case study of the sugar industry in India [J]. Journal of Environmental Management, 2006 (79): 1 - 9.

[214] KORHONEN P J, LUPTACIK M. Eco - efficiency analysis of power plants: An extension of data envelopment analysis [J]. European Journal of Operational Research, 2004 (154): 437 - 446.

[215] VANINSKY A. Efficiency of electric power generation in the United States: analysis and forecast based on data envelopment analysis [J]. Energy Economics, 2006, 28 (3): 326 - 338.

[216] VANINSKY A Y. Environmental efficiency of electric power industry of the United States: a data envelopment analysis approach [C] . Proceedings of World Academy of Science, Engineering and Technology. 2008 (30): 584 - 590.

[217] SUEYOSHI T, GOTO M. Efficiency - based rank assessment for electric power industry: a combined use of data envelopment analysis (DEA) and DEA - discriminant analysis (DA) [J]. Energy Economics, 2012, 34 (3): 634 - 644.

[218] LARSSON M, WANG C, DAHL J. Development of a method for analysing energy, environmental and economic efficiency for an integrated steel plant [J]. Applied Thermal Engineering, 2006, 26 (13): 1353 - 1361.

[219] HE F, ZHANG Q, LEI J, et al. Energy efficiency and productivity change of China's iron and steel industry: Accounting for undesirable outputs [J]. Energy Policy, 2013 (54): 204 - 213.

[220] VAN CANEGHEM J, BLOCK C, CRAMM P, et al. Improving eco - efficiency in the steel industry: the ArcelorMittal Gent case [J]. Journal of Cleaner Production, 2010, 18 (8): 807 - 814.

[221] HONMA S, HU J L. Total – factor energy efficiency of regions in Japan [J]. Energy Policy, 2008, 36 (2): 821 – 833.

[222] ZHANG X P, CHENG X M, YUAN J H, et al. Total – factor energy efficiency in developing countries [J]. Energy Policy, 2011, 39 (2): 644 – 650.

[223] MARKANDYA A, PEDROSO – GALINATO S, STREIMIKIENE D. Energy intensity in transition economies: Is there convergence towards the EU average? [J]. Energy Economics, 2006, 28 (1): 121 – 145.

[224] MOL P J, NEIL T C. China's Environmental Governance in Transition [J]. Environmental Politics, 2006, 15 (2): 149 – 170.

[225] ZHANG P, ANG B W. Measuring environmental performance under different environmental DEA technologies [J]. Energy Economics, 2008 (30): 1 – 14.

[226] MOL A P J. Environmental deinstitutionalization in Russia [J]. Journal of Environmental Policy & Planning, 2009, 11 (3): 223 – 241.

[227] LOPIN K, KEVIN H. Operational efficiency integrating the evaluation of environmental investment: the case of Japan [J]. Management Decision, 2010 (48): 1596 – 1616.

[228] VAN MEENSEL J, LAUWERS L, VAN HUYLENBROECK G, et al. Comparing frontier methods for economic – environmental trade – off analysis [J]. European Journal of Operational Research, 2010, 207 (2): 1027 – 1040.

[229] SAHOO, BIRESH K. Luptacik M. Alternative measures of environmental technology structure in DEA: An application [J]. European Journal of Operational Research, 2011 (215): 750 – 762.

[230] GRAY W B, SHADBEGIAN R J. The Environmental Performance of Polluting Plants: A Spatial Analysis [J]. Journal of Regional Science, 2007, 47 (1): 63 – 84.

[231] YU H. The influential factors of China's regional energy intensity and its spatial linkages: 1988—2007 [J]. Energy Policy, 2012 (45): 583 – 593.

[232] CHUAI X, HUANG X, WANG W, et al. Spatial econometric analysis of carbon emissions from energy consumption in China [J]. Journal of Geographical Sciences, 2012, 22 (4): 630 – 642.

[233] SCHALTEGGER S, STURN A. Environmental rationality [J]. Die

Unternehmung. 1990 (4): 117 - 131.

[234] WBCSD. Measuring Eco - efficiency: A Guide to Reporting Company Performance [M]. Geneva: World Business Council for Sustainable Development, 2000.

[235] REINHARD S, LOVELL C A K, THIJSSEN G. Environmental Efficiency with Multiple Environmentally Detrimental Variables: Estimated with SFA and DEA [J]. European Journal of Operational Research. 2000, 121 (2): 287 - 303.

[236] ZHANG T. Frame work of data envelopment analysis—a model to evaluate the environmental efficiency of China's industrial sectors [J]. Biomedical and Environmental Sciences, 2009, 22 (1): 8 - 13.

[237] KUOSMANEN T, KORTELAINEN M. Measuring eco - efficiency of production with data envelopment analysis [J]. Journal of Industrial Ecology, 2005, 9 (4): 59 - 72.

[238] FARRELL M J. The measurement of productive efficiency [J]. Journal of the Royal Statistical Society. 1957, 120 (3): 253 - 290.

[239] BEVILACQUA M, BRAGLIA M. Environmental efficiency analysis for ENI oil refineries [J]. Journal of Cleaner Production, 2002, 10 (1): 85 - 92.

[240] VENCHEH A H, MATIN R K, KAJANI M T. Undesirable factors in efficiency measurement [J]. Applied Mathematics and Computation, 2005, 163 (2): 547 - 552.

[241] PARADI J C, ROUATT S, ZHU H. Two - stage evaluation of bank branch efficiency using data envelopment analysis [J]. Omega, 2011, 39 (1): 99 - 109.

[242] DU J, LIANG L, ZHU J. A slacks - based measure of super - efficiency in data envelopment analysis: a comment [J]. European Journal of Operational Research, 2010, 204 (3): 694 - 697.

[243] SCHEEL H. Undesirable outputs in efficiency valuations [J]. European Journal of Operational Research, 2001, 132 (2): 400 - 410.

[244] DYCKHOFF H, ALLEN K. Measuring ecological efficiency with data envelopment analysis (DEA) [J]. European Journal of Operational Research, 2001, 132 (2): 312 - 325.

[245] SEIFORD L M, ZHUJ. A response to comments on modeling undesirable factors in efficiency evaluation [J]. European Journal of Operational Research, 2005, 161 (2): 579 -581.

[246] LEE C C. Energy consumption and GDP in developing countries: a cointegrated panel analysis [J]. Energy economics, 2005, 27 (3): 415 -427.

[247] HU J L, KAO C H. Efficient energy - saving targets for APEC economies [J]. Energy policy, 2007, 35 (1): 373 -382.

[248] REINHARD S, LOVELL C A K, THIJSSEN G. Econometric estimation of technical and environmental efficiency: an application to Dutch dairy farms [J]. American Journal of Agricultural Economics, 1999, 81 (1): 44 -60.

[249] SEIFORD L M, ZHU J. Modeling undesirable factors in efficiency evaluation [J]. European Journal of Operational Research, 2002, 142 (1): 16 -20.

[250] LOZANO S, Gutiérrez E. Slacks - based measure of efficiency of airports with airplanes delays as undesirable outputs [J]. Computers & Operations Research, 2011, 38 (1): 131 -139.

[251] COOK W D, ZHU J, BI G, et al. Network DEA: Additive efficiency decomposition [J]. European Journal of Operational Research, 2010, 207 (2): 1122 -1129.

[252] TONE K. Variations on the theme of slacks - based measure of efficiency in DEA [J]. European Journal of Operational Research, 2010, 200 (3): 901 -907.

[253] Färe R, GROSSKOPF S, LINDGREN B, et al. Productivity developments in Swedish hospitals: a Malmquist output index approach [M]. Data envelopment analysis: theory, methodology, and applications. Springer Netherlands, 1994.

[254] MANDAL S K. Do undesirable output and environmental regulation matter in energy efficiency analysis? Evidence from Indian Cement Industry [J]. Energy Policy, 2010, 38 (10): 6076 -6083.

[255] URPELAINEN J. Export orientation and domestic electricity generation: Effects on energy efficiency innovation in select sectors [J]. Energy Policy, 2011, 39 (9): 5638 -5646.

[256] STERN D I. Modeling international trends in energy efficiency [J].

Energy Economics, 2012, 34 (6): 2200 – 2208.

[257] TONE K, TSUTSUI M. Applying an efficiency measure of desirable and undesirable outputs in DEA to US electric utilities [J]. Journal of CENTRUM Cathedra: The Business and Economics Research Journal, 2011, 4 (2): 236 – 249.

[258] WU F, FAN L W, ZHOU P, et al. Industrial energy efficiency with CO_2 emissions in China: a nonparametric analysis [J]. Energy Policy, 2012 (49): 164 – 172.

[259] PAELINCK J. Spatial Econometrics [J]. Economics Letters, 1979, 1 (1): 59 – 63.

[260] CLIFF A D, ORD J K. Spatial autocorrelation [M]. London: Pion, 1973.

[261] AKERLOF G A. Social distance and social decisions [J]. Econometrica: Journal of the Econometric Society, 1997, 65 (5): 1005 – 1027.

[262] KRUGMAN P. What's new about the new economic geography? [J]. Oxford review of economic policy, 1998, 14 (2): 7 – 17.

[263] ANSELIN L. What is special about spatial data?: alternative perspectives on spatial data analysis [M]. Santa Barbara, CA: National Center for Geographic Information and Analysis, 1989.

[264] BOCKSTAEL N E. Modeling economics and ecology: the importance of a spatial perspective [J]. American Journal of Agricultural Economics, 1996: 1168 – 1180.

[265] GEOGHEGAN J, WAINGER L A, BOCKSTAEL N E. Spatial landscape indices in a hedonic framework: an ecological economics analysis using GIS [J]. Ecological economics, 1997, 23 (3): 251 – 264.

[266] TINBERGEN J. Shaping the world economy; suggestions for an international economic policy [M]. New York: Twentieth Century Fund, 1962.

[267] ANSELIN L, FLORX R. New Directions in Spatial Econometrics [M]. Berlin: Springer – Verlag, 1995.

附　录

附录 A：区域环境效率评估中投入、期望产出及非期望产出的原始数据（见表 A－1～表 A－6）

表 A－1　　各省、直辖市、自治区 2003—2012 年劳动力投入

单位：万人

地区＼年份	2003	2004	2005	2006	2007	2008	2009	2010	2011	2012
北京市	828. 7500	876. 8104	907. 6868	968. 1196	1063. 6532	1142. 6110	1214. 4396	1286. 3706	1359. 4338	1445. 6217
天津市	411. 3913	420. 8207	424. 4195	428. 3442	431. 2721	467. 9362	505. 1968	514. 0208	529. 2770	546. 5391
河北省	3387. 5335	3402. 9183	3441. 8209	3492. 2511	3542. 2088	3609. 4259	3675. 6952	3744. 9559	3820. 7079	3882. 2444
山西省	1443. 3832	1472. 0222	1475. 4739	1494. 8019	1531. 6658	1566. 7768	1591. 5525	1632. 3634	1680. 1433	1710. 5472
内蒙古自治区	1007. 6540	1012. 1768	1030. 1365	1051. 2290	1071. 4323	1092. 4088	1122. 8754	1163. 5713	1198. 7601	1227. 2641
辽宁省	1851. 6524	1906. 4525	1965. 0999	2001. 7651	2048. 0962	2084. 7343	2144. 0834	2214. 0233	2268. 0381	2328. 7429
吉林省	1069. 9593	1080. 1024	1107. 4978	1098. 6036	1096. 9922	1119. 8489	1164. 1089	1216. 6886	1265. 0541	1298. 2511
黑龙江省	1624. 4592	1622. 8743	1624. 5857	1634. 3465	1651. 3568	1665. 0092	1678. 8120	1715. 4287	1752. 4345	1770. 6179
上海市	757. 1631	791. 9156	834. 0831	861. 0420	871. 4035	886. 2940	912. 6216	926. 9788	936. 9328	961. 6846
江苏省	3557. 9262	3664. 9741	3798. 7110	3956. 5877	4114. 3106	4288. 6207	4460. 0998	4633. 9325	4824. 9804	5015. 1465
浙江省	2898. 2932	3026. 9484	3147. 4467	3306. 0067	3512. 2540	3653. 6158	3758. 5190	3907. 1806	4076. 0338	4253. 5293
安徽省	3409. 8805	3434. 5827	3468. 9357	3512. 9050	3569. 3813	3596. 1067	3642. 1699	3768. 2523	3879. 8280	3946. 5351
福建省	1733. 9846	1787. 0928	1843. 0059	1901. 0883	1966. 2744	2039. 3259	2124. 3183	2175. 0886	2215. 6562	2285. 3993
江西省	1963. 6766	2006. 0304	2073. 6413	2129. 5177	2173. 6032	2209. 4662	2233. 7164	2275. 1181	2332. 1830	2384. 9596
山东省	4801. 2718	4895. 1762	5025. 2559	5148. 6515	5224. 3486	5307. 3472	5401. 1317	5552. 2195	5717. 4139	5844. 2883
河南省	5528. 8380	5561. 5621	5624. 9274	5689. 9842	5745. 1397	5804. 0849	5892. 1164	5995. 1689	6079. 5497	6156. 0124
湖北省	2502. 3828	2562. 9105	2632. 4075	2697. 9504	2741. 3321	2819. 3054	2950. 0319	3070. 4976	3163. 0904	3257. 6245
湖南省	3492. 2949	3557. 7552	3628. 9626	3681. 0648	3726. 5856	3780. 1615	3859. 3389	3957. 7244	4045. 6132	4122. 0589
广东省	4043. 1048	4217. 7334	4509. 0278	4849. 7846	5145. 1567	5385. 4231	5560. 6725	5710. 1344	5920. 4893	6214. 7492
广西壮族自治区	2585. 9328	2625. 2386	2676. 0840	2717. 1957	2745. 4744	2783. 3846	2834. 8924	2903. 9835	2971. 7224	3024. 9648
海南省	347. 7435	360. 1590	372. 1269	386. 9947	405. 5386	413. 4510	421. 7696	438. 5861	453. 2367	468. 5143
重庆市	1649. 8644	1674. 5002	1705. 1295	1737. 9700	1772. 3351	1813. 3040	1857. 7863	1895. 3071	1931. 6845	1971. 1895
四川省	4429. 2057	4476. 5262	4553. 4713	4647. 2845	4734. 8506	4826. 5476	4909. 8443	4971. 4168	5039. 4320	5123. 7830
贵州省	2099. 9105	2143. 6285	2192. 3336	2232. 6349	2266. 2423	2292. 3361	2321. 3667	2371. 6383	2423. 9517	2467. 9113
云南省	2345. 3216	2375. 5119	2431. 3485	2496. 1916	2565. 9419	2640. 1577	2704. 8516	2772. 1557	2850. 8470	2925. 2874

续 表

地区＼年份	2003	2004	2005	2006	2007	2008	2009	2010	2011	2012
陕西省	1892.2126	1898.0249	1883.8042	1892.6637	1912.2234	1934.2813	1933.0198	1935.7533	1955.0376	1961.0692
甘肃省	1279.4665	1312.8769	1334.6462	1354.2727	1367.6748	1381.5263	1397.6480	1419.2414	1441.4968	1460.8927
青海省	250.7777	258.6662	265.3477	269.7852	274.1185	276.5389	281.1660	289.8206	297.2007	303.4635
宁夏回族自治区	286.0655	294.3577	298.8473	302.0718	306.9948	306.6877	316.2124	327.2452	328.7485	334.3228
新疆维吾尔自治区	711.3999	732.8979	754.3993	773.4370	791.7060	807.2679	821.4332	840.8817	862.9043	883.7777

表 A-2　　各省、直辖市、自治区 2003—2012 年资本存量

单位：亿元

地区＼年份	2003	2004	2005	2006	2007	2008	2009	2010	2011	2012
北京市	9218.4661	10628.4276	12557.1786	14629.7450	16891.2206	18397.6473	20436.7647	22946.8874	25460.9057	28516.8612
天津市	5127.2637	5869.7538	6913.1229	8202.7502	9820.5085	11955.6901	15081.7362	18941.6644	23388.0216	28377.5093
河北省	17496.4333	18752.2211	20809.3951	23454.1249	26656.1819	30822.7689	35657.0218	40870.6952	47331.3723	54201.2665
山西省	6330.1796	6966.2141	8004.8765	9378.1196	11029.9135	12749.1689	15359.0367	18433.4898	21902.3118	25267.0869
内蒙古自治区	8294.6562	9038.4849	10570.8474	12565.0707	15124.1937	18146.1835	22430.3946	27163.2578	32413.1832	38546.2934
辽宁省	2443.3329	4811.1427	7690.6997	11269.3182	15436.4982	21916.1277	27135.9446	33304.3080	40162.5598	47430.9613
吉林省	3999.4442	4647.7136	5786.4647	7773.9888	10521.6403	14074.7162	17864.4732	22236.7815	26427.5327	30856.6737
黑龙江省	11820.1003	11995.6495	12466.0934	13295.4200	14518.8477	16038.7824	18578.6373	20994.7939	23746.5622	27073.5657
上海市	16418.1777	17638.1231	19385.3055	21480.3694	23928.0332	26123.5244	29125.7987	31585.3388	33815.9687	36026.0803
江苏省	45773.8475	47237.6715	50732.8182	55040.0384	59878.4917	65569.2379	73191.3321	82165.5514	92014.7439	102553.179
浙江省	17132.9680	20339.5770	24178.0247	28308.4927	32763.7589	37113.4511	42005.3209	47538.9997	53140.9739	58865.5864
安徽省	2087.3279	3511.0427	5214.2192	7153.5064	9354.2794	11839.2833	14662.2839	17980.4796	21730.4074	25843.6615
福建省	3871.6912	5466.7807	7384.4606	9683.1938	12481.4725	15820.9842	19624.3623	23614.8806	28176.4070	33188.5248
江西省	10024.6536	10499.4405	11263.8269	12232.2100	13348.4734	14539.1762	16421.8254	18478.2339	20796.3526	23213.1894
山东省	16136.0177	20486.8250	26448.7027	33385.8030	40496.7623	48105.3510	58365.5991	69600.3685	81315.7681	93652.3860
河南省	13142.2269	14597.4258	17314.3771	21132.0083	26117.7291	31962.5011	39684.1168	48476.7357	57888.4259	68365.2910
湖北省	10021.6359	11042.4518	12525.6449	14548.2368	16974.3461	19637.9427	23104.7094	27227.9704	32251.0450	37696.9502
湖南省	6616.8667	7642.4463	9206.2731	11131.9300	13415.4712	16366.6444	19967.4217	24445.4604	29396.9630	34780.6783
广东省	15024.4210	18676.4846	23643.9458	29165.0585	35281.9126	41333.0468	49367.2176	58603.3552	68284.2790	78824.7611
广西壮族自治区	2485.0453	3379.7404	4608.9540	6182.2955	8123.6750	10298.7002	14001.3545	19063.4205	24782.8871	30526.3468
海南省	257.2102	386.3548	501.2041	842.0442	1189.7421	1641.3071	2183.8311	2850.0047	3595.5207	4582.4012
重庆市	5692.7777	6485.1815	7550.0668	8773.7851	10166.8537	12024.1585	13781.4586	15895.7924	18454.2305	21082.7774
四川省	8846.8508	10160.1834	12022.3748	14461.5461	17379.0949	20740.8829	24554.9493	28960.4573	33895.9311	39282.4873
贵州省	5355.0545	5607.1575	5979.8712	6462.7133	7048.4313	7746.1520	8659.6948	9806.8739	11218.6944	13138.3422
云南省	6151.3666	6671.2798	7586.6748	8821.9345	10261.3045	11405.9592	13216.7338	16157.6016	19760.0893	23914.3385
陕西省	4365.8230	5357.6227	6661.8321	8424.5007	10353.6805	12983.0008	15945.3607	19695.4035	23763.2944	28360.3579

续 表

地区＼年份	2003	2004	2005	2006	2007	2008	2009	2010	2011	2012
甘肃省	5461.2350	5487.1863	5753.7712	6116.4237	6587.5053	7362.5331	8086.1604	8992.8808	10111.8424	11403.9021
青海省	2399.0901	2450.4714	2545.7096	2673.9176	2834.5144	3020.8652	3347.7586	3820.2637	4418.7115	5301.1646
宁夏回族自治区	2264.5754	2375.7594	2551.6176	2778.0688	3062.6311	3467.1623	4096.7680	4864.3697	5595.4521	6462.5534
新疆维吾尔自治区	3480.9485	4216.2211	5150.5357	6311.7359	7447.3817	8472.6544	9630.7696	11170.9806	12910.3042	15549.4509

表 A－3　各省、直辖市、自治区 2003—2012 年能源消费量

单位：亿吨

地区＼年份	2003	2004	2005	2006	2007	2008	2009	2010	2011	2012
北京市	4648.0000	5140.0000	5522.0000	5904.0000	6285.0000	6327.0000	6570.0000	6954.0000	6995.0000	7177.6819
天津市	3215.0000	3697.0000	4085.0000	4500.0000	4943.0000	5364.0000	5874.0000	6818.0000	7598.0000	8208.0083
河北省	15298.0000	17348.0000	19836.0000	21794.0000	23585.0000	24322.0000	25419.0000	27531.0000	29498.0000	30250.2137
山西省	10386.0000	11251.0000	12750.0000	14098.0000	15601.0000	15675.0000	15576.0000	16808.0000	18315.0000	19335.5884
内蒙古自治区	5778.0000	7623.0000	9666.0000	11221.0000	12777.0000	14100.0000	15344.0000	16820.0000	18737.0000	19785.7079
辽宁省	11253.0000	13074.0000	13611.0000	14987.0000	16544.0000	17801.0000	19112.0000	20947.0000	22712.0000	23526.4048
吉林省	5174.0000	5603.0000	5315.0000	5908.0000	6577.0000	7221.0000	7698.0000	8297.0000	9103.0000	9443.0384
黑龙江省	6714.0000	7466.0000	8050.0000	8731.0000	9377.0000	9979.0000	10467.0000	11234.0000	12119.0000	12757.8001
上海市	6796.0000	7406.0000	8225.0000	8876.0000	9670.0000	10207.0000	10367.0000	11201.0000	11270.0000	11362.1524
江苏省	11060.0000	13652.0000	17167.0000	19041.0000	20948.0000	22232.0000	23709.0000	25774.0000	27589.0000	28849.8414
浙江省	9523.0000	10825.0000	12032.0000	13219.0000	14524.0000	15107.0000	15567.0000	16865.0000	17827.0000	18076.1831
安徽省	5457.0000	6017.0000	6506.0000	7069.0000	7739.0000	8325.0000	8896.0000	9707.0000	10570.0000	11357.9481
福建省	4808.0000	5449.0000	6142.0000	6828.0000	7587.0000	8254.0000	8916.0000	9808.0000	10653.0000	11185.4411
江西省	3426.0000	3814.0000	4286.0000	4660.0000	5053.0000	5383.0000	5813.0000	6355.0000	6928.0000	7232.9199
山东省	16625.0000	19624.0000	24162.0000	26759.0000	29177.0000	30570.0000	32420.0000	34808.0000	37132.0000	38899.2491
河南省	10595.0000	13074.0000	14625.0000	16232.0000	17838.0000	18976.0000	19751.0000	21438.0000	23062.0000	23647.1137
湖北省	7708.0000	9120.0000	10082.0000	11049.0000	12143.0000	12845.0000	13708.0000	15138.0000	16579.0000	17674.6591
湖南省	6298.0000	7599.0000	9709.0000	10581.0000	11629.0000	12355.0000	13331.0000	14880.0000	16161.0000	16744.0822
广东省	13099.0000	15210.0000	17921.0000	19971.0000	22217.0000	23476.0000	24654.0000	26908.0000	28480.0000	29144.0130
广西壮族自治区	3523.0000	4203.0000	4869.0000	5390.0000	5997.0000	6497.0000	7075.0000	7919.0000	8591.0000	9154.5046
海南省	684.0000	742.0000	822.0000	920.0000	1057.0000	1135.0000	1233.0000	1359.0000	1601.0000	1687.9811
重庆市	3069.0000	3670.0000	4943.0000	5368.0000	5947.0000	6472.0000	7030.0000	7856.0000	8792.0000	9278.4060
四川省	9204.0000	10700.0000	11816.0000	12986.0000	14214.0000	15145.0000	16322.0000	17892.0000	19696.0000	20574.9974
贵州省	5534.0000	6021.0000	5641.0000	6172.0000	6800.0000	7084.0000	7566.0000	8175.0000	9068.0000	9878.3789
云南省	4450.0000	5210.0000	6024.0000	6621.0000	7133.0000	7511.0000	8032.0000	8674.0000	9540.0000	10433.6832
陕西省	4170.0000	4776.0000	5571.0000	6129.0000	6775.0000	7417.0000	8044.0000	8882.0000	9761.0000	10625.7099
甘肃省	3525.0000	3908.0000	4368.0000	4743.0000	5109.0000	5346.0000	5482.0000	5923.0000	6496.0000	7007.0411

续 表

年份 地区	2003	2004	2005	2006	2007	2008	2009	2010	2011	2012
青海省	1123.0000	1364.0000	1670.0000	1903.0000	2095.0000	2279.0000	2348.0000	2568.0000	3189.0000	3524.0600
宁夏回族自治区	2015.0000	2322.0000	2536.0000	2830.0000	3077.0000	3229.0000	3388.0000	3681.0000	4316.0000	4562.3895
新疆维吾尔自治区	4177.0000	4910.0000	5506.0000	6047.0000	6576.0000	7069.0000	7526.0000	8290.0000	9927.0000	11831.3864

表 A-4　　各省、直辖市、自治区 2003—2012 年 GDP

单位：亿元

年份 地区	2003	2004	2005	2006	2007	2008	2009	2010	2011	2012
北京市	5023.7700	6060.2800	6886.3100	7861.0400	9353.3200	11115.0000	12153.0300	14113.5800	16251.9300	17879.4000
天津市	2578.0300	3110.9700	3697.6200	4344.2700	5050.4000	6719.0100	7521.8500	9224.4600	11307.2800	12893.8800
河北省	6921.2900	8477.6300	10096.1100	11515.7600	13709.5000	16011.9700	17235.4800	20394.2600	24515.7600	26575.0100
山西省	2855.2300	3571.3700	4179.5200	4714.9900	5733.3500	7315.4000	7358.3100	9200.8600	11237.5500	12112.8300
内蒙古自治区	2388.3800	3041.0700	3895.5500	4841.8200	6091.1200	8496.2000	9740.2500	11672.0000	14359.8800	15880.5788
辽宁省	6002.5400	6672.0000	7860.8500	9214.2100	11023.4900	13668.5800	15212.4900	18457.2700	22226.7000	24846.4300
吉林省	2662.0800	3122.0100	3620.2700	4275.1200	5284.6900	6426.1000	7278.7500	8667.5800	10568.8300	11939.2400
黑龙江省	4057.4000	4750.6000	5511.5000	6201.4500	7065.0000	8314.3700	8587.0000	10368.6000	12582.0000	13691.5800
上海市	6694.2300	8072.8300	9164.1000	10366.3700	12188.8500	14069.8700	15046.4500	17165.9800	19195.6900	20181.7200
江苏省	12442.8700	15003.6000	18305.6600	21645.0800	25741.1500	30981.9800	34457.3000	41425.4800	49110.2700	54058.2200
浙江省	9705.0200	11648.7000	13437.8500	15742.5100	18780.4400	21462.6900	22990.3500	27722.3100	32318.8500	34665.3300
安徽省	3923.1000	4759.3200	5375.1200	6131.1000	7364.1800	8851.6600	10062.8200	12359.3300	15300.6500	17212.0506
福建省	4983.6700	5763.3500	6568.9300	7584.3600	9249.1300	10823.0100	12236.5300	14737.1200	17560.1800	19701.7800
江西省	2807.4100	3456.7000	4056.7600	4670.5300	5500.2500	6971.0500	7655.1800	9451.2600	11702.8200	12948.8800
山东省	12078.1500	15021.8400	18516.8700	22077.3600	25965.9100	30933.2800	33896.6500	39169.9200	45361.8500	50013.2449
河南省	6867.7000	8553.7900	10587.4200	12362.7900	15012.4600	18018.5300	19480.4600	23092.3600	26931.0300	29599.3100
湖北省	4757.4500	5633.2400	6520.1400	7581.3200	9230.6800	11328.9200	12961.1000	15967.6100	19632.2600	22250.4500
湖南省	4659.9900	5641.9400	6511.3400	7508.8700	9200.0000	11555.0000	13059.6900	16037.9600	19669.5600	22154.2275
广东省	15844.6400	18864.6200	22366.5400	26159.5200	31084.4000	36796.7100	39482.5600	46013.0600	53210.2800	57067.9177
广西壮族自治区	2821.1100	3433.5000	4075.7500	4828.5100	5955.6500	7021.0000	7759.1600	9569.8500	11720.8700	13035.1015
海南省	693.2000	798.9000	894.5700	1031.8500	1223.2800	1503.0600	1654.2100	2064.5000	2522.6600	2855.5400
重庆市	2272.8200	2692.8100	3066.9200	3452.1400	4122.5100	5793.6600	6530.0100	7925.5800	10011.3700	11409.6000
四川省	5333.0900	6379.6300	7385.1100	8637.8100	10505.3000	12601.2300	14151.2800	17185.4800	21026.6800	23872.8000
贵州省	1426.3400	1677.8000	1979.0600	2270.8900	2741.9000	3561.5600	3912.6800	4602.1600	5701.8400	6852.2000
云南省	2556.0200	3081.9100	3472.8900	3981.3100	4741.3100	5692.1200	6169.7500	7224.1800	8893.1200	10309.4700
陕西省	2587.7200	3175.5800	3772.6900	4520.0700	5465.7900	7314.5800	8169.8000	10123.4800	12512.3000	14453.6800
甘肃省	1399.8300	1688.4900	1933.9800	2276.7000	2702.4000	3166.8200	3387.5600	4120.7500	5020.3700	5650.2040
青海省	390.2000	466.1000	543.3200	639.5000	783.6100	1018.6200	1081.2700	1350.4300	1670.4400	1893.5400

续 表

年份 地区	2003	2004	2005	2006	2007	2008	2009	2010	2011	2012
宁夏回族自治区	445. 3600	537. 1600	606. 2600	710. 7600	889. 2000	1203. 9200	1353. 3100	1689. 6500	2102. 2100	2341. 2900
新疆维吾尔自治区	1886. 3500	2209. 0900	2604. 1900	3045. 2600	3523. 1600	4183. 2100	4277. 0500	5437. 4700	6610. 0500	7505. 3100

表 A -5　　各省、直辖市、自治区 2003—2012 年 SO_2 排放量

单位：万吨

年份 地区	2003	2004	2005	2006	2007	2008	2009	2010	2011	2012
北京市	18. 2780	19. 1000	19. 1000	17. 6000	15. 1661	12. 3214	11. 8794	11. 5050	9. 7883	9. 3849
天津市	25. 9329	22. 8000	26. 5000	25. 5000	24. 4700	24. 0100	23. 6700	23. 5150	23. 0900	22. 4521
河北省	142. 2140	142. 8000	149. 6000	154. 5000	149. 2480	134. 5100	125. 3463	123. 3780	141. 2129	134. 1201
山西省	136. 3379	141. 5000	151. 6000	147. 8000	138. 6724	130. 8442	126. 8428	124. 9201	139. 9051	130. 1755
内蒙古自治区	128. 8249	117. 9000	145. 6000	155. 7000	145. 5800	143. 1104	139. 8803	139. 4100	140. 9404	138. 4928
辽宁省	82. 2852	83. 1000	119. 7000	125. 9000	123. 3843	113. 0696	105. 1419	102. 2207	112. 6170	105. 8712
吉林省	27. 1903	28. 5000	38. 2000	40. 9000	39. 8977	37. 7513	36. 3005	35. 6310	41. 3191	40. 3482
黑龙江省	35. 5949	37. 3000	50. 8000	51. 8000	51. 5369	50. 6342	49. 0383	49. 0164	52. 1896	51. 4300
上海市	45. 0287	47. 3000	51. 3000	50. 8000	49. 7818	44. 6102	37. 8908	35. 8100	24. 0101	22. 8218
江苏省	124. 0671	124. 0000	137. 3000	130. 4000	121. 8056	113. 0273	107. 4155	105. 0488	105. 3800	99. 1967
浙江省	73. 4311	81. 4000	86. 0000	85. 9000	79. 7027	74. 0559	70. 1330	67. 8342	66. 2048	62. 5766
安徽省	45. 4853	48. 9000	57. 1000	58. 4000	57. 1701	55. 5694	53. 8424	53. 2076	52. 9474	51. 9589
福建省	30. 3722	32. 6000	46. 1000	46. 9000	44. 5658	42. 8897	41. 9656	40. 9051	38. 9175	37. 1251
江西省	43. 7241	51. 9000	61. 3000	63. 4000	62. 0989	58. 3125	56. 4222	55. 7072	58. 4061	56. 7687
山东省	183. 5699	182. 1000	200. 3000	196. 2000	182. 2150	169. 1881	159. 0301	153. 7818	182. 7397	174. 8807
河南省	103. 8928	125. 6000	162. 5000	162. 4000	156. 3900	145. 2001	135. 5001	133. 8701	137. 0504	127. 5909
湖北省	60. 8571	69. 2000	71. 7000	76. 0000	70. 7575	66. 9787	64. 3761	63. 2582	66. 5640	62. 2367
湖南省	84. 8358	87. 2000	91. 9000	93. 4000	90. 4289	84. 0076	81. 1502	80. 1311	68. 5530	64. 4959
广东省	107. 5156	114. 8000	129. 4000	126. 7000	120. 3019	113. 5915	107. 0488	105. 0508	84. 7728	79. 9223
广西壮族自治区	87. 3549	94. 4000	102. 3000	99. 4000	97. 3844	92. 4584	89. 0495	90. 3826	52. 1023	50. 4123
海南省	2. 2917	2. 3000	2. 2000	2. 4000	2. 5600	2. 1745	2. 2031	2. 8810	3. 2572	3. 4137
重庆市	76. 6366	79. 5000	83. 7000	86. 0000	82. 6200	78. 2400	74. 6092	71. 9404	58. 6929	56. 4777
四川省	120. 6586	126. 4000	129. 9000	128. 1000	117. 8750	114. 7800	113. 5299	113. 0952	90. 2006	86. 4440
贵州省	132. 2909	131. 5000	135. 8000	146. 5000	137. 5073	123. 5695	117. 5494	114. 8830	110. 4284	104. 1087
云南省	45. 2567	47. 8000	52. 2000	55. 1000	53. 3700	50. 1741	49. 9307	50. 0702	69. 1226	67. 2216
陕西省	76. 6060	81. 8000	92. 2000	98. 1000	92. 7209	88. 9378	80. 4408	77. 8649	91. 6839	84. 3755
甘肃省	49. 3909	48. 4000	56. 3000	54. 6000	52. 3250	50. 1536	50. 0306	55. 1785	62. 3902	57. 2489
青海省	6. 0280	7. 4000	12. 4000	13. 0000	13. 3923	13. 4807	13. 5698	14. 3431	15. 6602	15. 3853

续 表

年份 地区	2003	2004	2005	2006	2007	2008	2009	2010	2011	2012
宁夏回族自治区	29.3320	29.3000	34.3000	38.3000	36.9776	34.8334	31.4245	31.0752	41.0385	40.6633
新疆维吾尔自治区	33.1410	48.0000	51.9000	54.9000	57.9937	58.5447	58.9900	58.8487	76.3055	79.6128

表 A－6　　各省、直辖市、自治区 2003—2012 年 CO_2 排放量

单位：亿元

年份 地区	2003	2004	2005	2006	2007	2008	2009	2010	2011	2012
北京市	8184.6381	10573.5739	9034.8426	9610.6687	10113.7430	9572.7541	9816.0201	9253.1257	9191.7031	9516.4543
天津市	5325.4108	6131.2508	6469.6615	7189.2963	8013.2445	8916.1160	9974.0291	9657.4220	10391.6017	11524.9629
河北省	25101.1558	28329.2403	37043.3927	40686.0882	42885.4644	45712.9702	47249.8644	49610.9503	56124.2279	57157.2081
山西省	19550.6875	20343.6843	20049.1119	21874.5801	22847.3488	25281.3292	25617.2007	25747.7155	27647.9830	29341.5017
内蒙古自治区	8851.5375	13919.7351	14902.1704	15993.0982	17499.3488	21470.8864	25541.1710	25116.1592	29330.7884	28378.2965
辽宁省	16960.5502	17674.1858	20371.9301	23210.6740	27298.3369	27800.2730	31105.7817	30915.5899	33989.7578	35277.9441
吉林省	7438.9896	7990.9901	10288.6857	12165.3389	14355.8900	12706.5929	13293.8289	13945.8080	16016.2657	15819.0872
黑龙江省	8662.6564	9040.8398	9735.0290	11430.7714	12408.9873	11997.3310	13040.4827	13649.6802	15360.3393	16854.6030
上海市	10455.9146	11838.7137	13139.7706	14990.2749	16245.0193	16494.3353	17062.6760	16127.6123	16443.6939	16376.2318
江苏省	15728.5118	20822.2133	26106.1811	28467.9026	31538.4589	33848.3077	35969.2697	35933.9933	39595.0902	40028.2085
浙江省	11364.5604	14048.6082	16550.1236	17815.3871	19223.0826	20158.1328	20448.0211	21292.7353	22834.3556	23184.5893
安徽省	11849.1219	12409.9786	11776.2340	13206.4975	14088.7211	14375.1247	15094.5988	16704.0985	18265.0274	19559.3653
福建省	6387.3917	7250.2355	10734.1154	11665.9170	12603.9022	13540.6822	15136.5910	16304.7073	16941.8472	17596.0637
江西省	5686.6481	6209.0384	6912.8150	8111.2626	9452.0175	10030.6664	11041.8396	11035.5028	11867.8506	12746.9107
山东省	21410.3214	25725.5026	39610.2574	41663.0233	45596.5978	50020.2951	49972.1726	53600.3377	57650.9683	61360.5100
河南省	14180.1063	18459.7848	24198.9250	28097.5177	27159.5267	31311.6467	33370.4095	34783.1787	37929.3749	35715.0464
湖北省	14413.9680	15368.0849	17590.6201	19666.6881	21636.9004	23913.0964	26308.3780	28225.0290	32430.9309	34325.0489
湖南省	9188.3840	10938.2762	18279.5631	19558.4932	20858.2062	23016.2073	24379.1058	24622.0255	26895.4082	28060.5150
广东省	20068.7928	20825.2905	25382.0164	28827.2472	32036.1497	34558.2822	37142.6054	36408.9449	38876.0440	39065.3354
广西壮族自治区	6766.3702	7818.1406	8450.9340	9902.2697	11367.3157	11974.4253	13424.1748	13555.7477	15296.4344	16363.4473
海南省	1370.7101	1754.2514	1257.0579	1488.8016	1637.5516	1949.7540	2093.3205	2313.2660	2924.8342	2990.5139
重庆市	5251.5930	5684.3037	7810.5374	8287.0003	8680.2703	12085.7563	12866.2724	13492.4265	14848.7878	15513.7788
四川省	13473.7372	14982.8512	14275.3607	15513.2016	17936.9776	21643.8740	23935.2504	25951.0841	31112.3298	33219.7709
贵州省	9442.3847	10908.9033	11593.5376	12596.1682	12268.2719	11627.0534	12521.8262	13163.1532	14406.1630	16781.6677
云南省	7728.4849	5809.5471	12144.1653	12534.4043	13405.4567	13986.4036	15595.3211	15506.0920	16300.5511	17764.7125
陕西省	5958.0536	7305.1034	9517.6761	9739.3850	10460.0943	11881.2012	13134.1753	14866.4313	16609.5146	17821.4907
甘肃省	4895.9213	6150.6004	7128.1183	7613.1929	7890.7438	8380.6574	8363.2162	8585.6241	9436.4012	10453.8932
青海省	1563.1386	1827.5406	1882.5980	2415.3137	2551.1703	3185.9643	3303.1515	3302.7842	3808.8304	4443.8980

续 表

年份 地区	2003	2004	2005	2006	2007	2008	2009	2010	2011	2012
宁夏回族自治区	5432.9269	4374.8310	3682.5074	3986.1620	4257.8709	4611.7310	4885.8917	5334.5256	6072.1493	6293.8674
新疆维吾尔自治区	6218.5482	6995.2452	8111.2216	8896.4470	15667.3805	10329.0806	11169.1020	11725.4615	13824.3609	16464.7294

附录 B：区域环境效率影响因素变量的原始数据（见表 B－1 ~ 表 B－9）

表 B－1　　各省、直辖市、自治区 2003—2012 年开放化程度

单位：%

年份 地区	2003	2004	2005	2006	2007	2008	2009	2010	2011	2012
北京市	51.6251	58.4810	63.6249	71.4532	66.6942	59.3857	48.9501	53.0940	51.3863	45.4268
天津市	96.4153	115.0311	121.0308	123.4657	113.7704	89.8273	65.4188	67.2306	63.7924	60.1431
河北省	11.5831	14.9177	15.6820	16.2520	19.1199	22.0710	15.9593	20.5972	22.1698	19.5465
山西省	15.0141	21.0185	17.8223	16.3352	20.2096	19.1708	8.6545	10.1973	9.3238	8.6466
内蒙古自治区	11.1809	11.9067	11.1538	10.0645	11.3486	8.5287	6.6371	6.7753	6.6673	5.5527
辽宁省	41.1763	49.5392	49.0169	45.3549	44.9612	41.7480	31.3642	34.9498	32.8223	30.0650
吉林省	20.9258	19.8481	16.6574	16.2255	16.2696	14.7228	11.1521	13.2953	14.0876	12.9422
黑龙江省	12.6787	12.5144	15.5602	18.0897	19.8349	17.0569	10.6286	11.9733	13.4298	13.0076
上海市	136.6461	160.7611	162.2453	170.1293	170.8536	154.9372	124.0898	144.1146	145.7424	135.7970
江苏省	80.6781	99.0449	106.7166	110.1357	109.9628	96.4960	72.5443	81.5080	76.4430	68.7398
浙江省	56.5599	67.2586	75.4748	81.0601	80.6536	79.0876	62.6077	70.1435	70.2273	63.4043
安徽省	11.9732	12.1577	14.1179	15.9281	16.2503	15.3396	10.6273	12.8058	12.8033	12.0878
福建省	64.0457	71.5864	70.8306	68.2031	61.8982	55.6478	45.3517	50.7810	49.4977	46.8400
江西省	8.7176	11.5359	10.0140	12.3779	14.2569	14.9513	12.3419	15.0078	15.4479	14.7397
山东省	33.8608	38.2471	39.4238	39.9488	41.2330	42.1295	32.9537	38.9131	40.5162	37.4417
河南省	6.7281	7.1173	7.0144	7.0815	7.1959	7.6659	5.2838	5.8675	8.5349	11.5873
湖北省	10.1053	11.1059	12.5547	12.7371	12.6124	13.0944	9.3143	11.0351	11.1033	9.2027
湖南省	8.3462	8.9228	8.7557	8.4704	8.4270	8.1738	6.0714	6.5882	6.6011	6.1125
广东省	151.0893	159.4204	160.8503	165.1162	159.5963	135.4749	109.3423	122.7001	122.2072	123.3707
广西壮族自治区	9.4523	11.6483	11.5824	12.5635	13.3635	14.7036	11.9378	13.8284	17.8106	19.7944
海南省	22.8240	30.0429	19.4121	26.2086	43.9621	44.3141	35.0310	34.0050	34.4338	32.1877
重庆市	9.3202	11.4651	11.3005	12.2635	13.2079	10.8466	8.0728	10.1038	15.7929	25.0301
四川省	8.9705	8.6847	8.5128	9.8499	9.8551	10.9828	10.3859	10.3584	12.3212	13.6712
贵州省	9.0146	11.6933	8.4417	7.7671	8.8779	9.3730	4.7613	5.0870	5.5727	4.6545
云南省	8.8082	10.0289	11.7828	12.7690	14.1055	11.3825	8.2567	9.6822	8.9021	7.4207
陕西省	11.3700	11.8770	13.3521	12.2086	11.4578	9.9277	7.2517	7.8262	7.2698	6.6340
甘肃省	7.6401	9.6278	12.6516	15.5454	16.5284	14.3922	9.0432	12.1370	10.0702	8.0031

续 表

地区 \ 年份	2003	2004	2005	2006	2007	2008	2009	2010	2011	2012
青海省	7.2709	11.5021	7.3913	11.6763	6.5914	5.4566	4.5303	4.1009	2.9451	2.7101
宁夏回族自治区	13.8391	17.4300	15.9593	18.0878	16.7765	14.8913	9.9001	10.2858	8.6310	7.2071
新疆维吾尔自治区	21.3013	22.5648	26.1183	26.7298	33.3313	41.4651	25.7543	26.5967	29.2309	28.2830

表 B－2　　各省、直辖市、自治区 2003—2012 年市场化程度

单位：%

地区 \ 年份	2003	2004	2005	2006	2007	2008	2009	2010	2011	2012
北京市	53.1674	53.9436	53.1385	47.3162	48.2167	48.7797	51.3182	52.8683	56.2928	57.8244
天津市	39.6919	38.9096	38.4312	40.1372	39.0713	40.0797	41.4743	41.7701	41.0047	36.5176
河北省	46.5107	44.4900	37.4276	32.9032	32.0801	30.4765	31.0234	31.4154	28.7417	27.3088
山西省	59.5607	56.4777	54.4068	53.5579	52.9841	53.1081	57.6589	55.3240	54.7928	57.5063
内蒙古自治区	60.9162	58.2816	51.7663	46.7393	40.9570	39.8478	34.6388	33.3404	34.3211	33.3397
辽宁省	61.3047	61.2692	55.5329	46.9382	45.3661	40.4065	34.5822	32.5626	30.9666	26.8522
吉林省	78.5711	75.6215	67.4441	61.7884	56.3898	49.9073	45.9992	44.3949	42.9972	40.4219
黑龙江省	80.7622	80.5418	77.5722	79.3745	75.0400	69.8027	62.3388	60.9049	57.6976	53.5396
上海市	44.2140	39.6661	39.6453	38.8734	37.5280	37.4462	39.5818	39.7176	40.1201	39.7600
江苏省	21.5698	18.7514	15.6425	14.6147	12.8478	11.7302	11.0767	10.8626	11.1844	11.1277
浙江省	16.5127	11.8364	16.5010	14.2386	13.3059	13.5179	13.6353	13.5306	14.9131	14.7007
安徽省	58.3172	58.8207	54.8561	50.2177	46.6479	46.0510	41.8553	38.6725	34.9732	32.2463
福建省	23.2371	21.9335	19.5476	17.3840	15.3271	14.1483	13.5115	14.0892	11.9863	13.3927
江西省	66.7880	61.1857	52.4628	46.7164	39.3529	31.9643	27.4498	26.6889	25.1395	23.2518
山东省	37.9243	34.2944	25.8937	25.0043	22.6809	21.8690	18.7966	20.9065	20.0877	18.5364
河南省	54.0320	46.9978	40.5170	34.5788	33.7442	28.0623	26.9122	25.7993	23.3365	21.7719
湖北省	60.2060	62.0509	51.4041	51.3799	52.3963	45.8868	44.0352	41.4979	38.5310	32.9667
湖南省	57.5605	54.4867	45.3823	43.9637	40.8436	34.0504	29.5445	28.7687	25.3614	24.4264
广东省	21.8737	20.4926	18.0029	16.0406	15.3146	17.4303	16.0885	15.9525	14.9046	16.6300
广西壮族自治区	57.4998	55.6179	50.3882	47.3086	43.4088	38.5951	42.2029	39.0082	35.8391	33.4857
海南省	66.9893	42.6294	52.3012	44.0930	32.5598	25.6984	25.7386	26.4085	19.9164	22.2008
重庆市	56.3593	51.5361	51.9865	52.1077	49.1226	42.6203	39.6873	37.0289	32.7378	30.3627
四川省	50.5961	47.7118	41.7175	40.6621	36.9984	33.3560	30.3122	27.8584	26.4170	27.6492
贵州省	72.4992	67.9085	70.6523	67.9832	65.9655	61.7106	63.4433	59.5057	56.7598	54.6359
云南省	73.5002	70.5693	64.7991	62.0492	61.4829	58.8303	59.5540	59.1337	57.9073	54.8643
陕西省	75.3555	77.3917	69.5737	73.0292	72.0072	68.3785	63.8165	62.8505	62.2751	62.1208
甘肃省	80.1629	81.1666	80.9470	81.9535	81.5770	80.4786	81.5652	82.0385	83.5923	81.3732
青海省	83.1675	86.4191	82.2894	83.0508	74.7198	68.7322	68.0777	60.8427	59.2530	53.5544

续 表

地区＼年份	2003	2004	2005	2006	2007	2008	2009	2010	2011	2012
宁夏回族自治区	65.6860	60.2803	54.5338	52.2447	49.9741	48.8941	51.2183	51.0971	50.3694	53.0673
新疆维吾尔自治区	81.7394	82.8527	83.1364	83.7459	81.2411	79.3149	73.9932	71.7879	73.4955	70.6202

表 B－3　　各省、直辖市、自治区 2003—2012 年劳动力素质

单位：%

地区＼年份	2003	2004	2005	2006	2007	2008	2009	2010	2011	2012
北京市	20.2900	23.8900	24.4900	29.3600	30.1300	28.1200	30.7700	31.5000	33.9400	37.3500
天津市	10.8600	14.3400	14.0800	15.2200	15.7400	15.4600	17.0100	17.4800	20.9900	22.8500
河北省	6.6000	5.8900	4.7300	3.9300	4.1600	4.8100	5.6200	7.3000	5.3700	5.7900
山西省	5.3800	5.2300	5.5700	6.6500	7.1900	7.2000	7.6600	8.7200	8.1100	9.5400
内蒙古自治区	5.4600	6.6300	7.9300	6.5100	7.4600	7.4200	7.9500	10.2100	12.6500	12.0600
辽宁省	8.9700	8.2900	8.3400	9.5700	10.0000	11.0000	11.8200	11.9700	12.5300	18.5000
吉林省	6.4200	6.8500	6.6800	7.0200	7.4900	7.5700	8.2200	9.8900	9.0800	8.9700
黑龙江省	4.9000	4.6800	6.4200	6.1100	6.4000	5.9700	6.5500	9.0700	9.4200	10.1100
上海市	16.6700	18.5000	17.8400	21.8300	21.3400	22.6600	23.6600	21.9500	21.1800	23.0700
江苏省	4.9600	4.9200	6.8000	7.2400	8.1200	7.0400	7.7600	10.8100	12.0600	13.4500
浙江省	6.1700	7.4700	5.4200	8.4200	8.5900	9.5300	10.0400	9.3300	12.5600	14.9500
安徽省	4.9100	4.4300	3.8500	4.7200	3.9300	4.0100	4.6600	6.7000	6.8400	10.2500
福建省	4.6600	4.5600	4.9800	5.8300	5.6700	5.8600	9.8000	8.3600	12.1300	7.8200
江西省	6.2800	4.6700	3.8500	4.7400	7.2200	6.3900	6.8600	6.8500	7.2500	8.2900
山东省	5.4900	5.4900	4.4400	5.7300	5.7800	5.4700	6.0100	8.6900	8.9500	9.7700
河南省	3.2000	4.4200	4.2200	4.1400	4.0400	4.7200	5.1600	6.4000	7.6400	6.6600
湖北省	5.4400	5.7800	5.0700	7.7100	8.1600	8.0800	7.6300	9.5300	11.2400	12.2200
湖南省	4.7000	5.2200	4.4900	5.0700	6.1700	6.5100	6.1400	7.5900	7.9200	7.3400
广东省	5.0700	5.1900	5.8100	5.7000	6.4600	7.0400	6.8700	8.2100	10.5700	9.7600
广西壮族自治区	4.5200	5.1800	4.0000	4.5700	4.0100	3.2900	4.1000	5.9800	8.8000	6.4800
海南省	5.7800	5.2100	5.4500	5.4300	6.2600	5.7700	6.8800	7.7700	7.6800	10.2500
重庆市	3.6100	3.6400	4.6300	4.4900	3.7700	4.2400	5.4900	8.6400	11.5100	9.9700
四川省	3.7400	3.6200	3.4800	4.5100	4.1000	4.3500	5.6200	6.6800	8.3000	9.9200
贵州省	5.2900	4.4700	3.3200	2.7200	3.2200	3.5000	3.3100	5.2900	8.2400	6.5700
云南省	1.8300	3.8400	3.3700	3.1000	4.0200	3.5100	3.0600	5.7800	6.9800	6.7700
陕西省	6.3800	7.2300	6.1700	7.4600	7.7300	8.6800	9.1000	10.5600	10.1600	10.6800
甘肃省	4.4400	5.6700	4.2600	3.3000	3.8300	4.4900	4.7900	7.5200	8.8400	8.9000
青海省	5.0600	4.5100	7.1100	5.9500	7.0700	7.4700	8.8400	8.6200	9.0900	9.5800

续 表

地区＼年份	2003	2004	2005	2006	2007	2008	2009	2010	2011	2012
宁夏回族自治区	5.5300	7.1600	6.8200	7.2700	7.4300	7.6500	8.3600	9.1500	8.9600	9.1100
新疆维吾尔自治区	10.0000	9.8900	8.7500	8.6900	8.9700	9.7000	9.5100	10.6400	14.1500	13.4400

表 B－4　　各省、直辖市、自治区 2003—2012 年基础建设情况

单位：万公里

地区＼年份	2003	2004	2005	2006	2007	2008	2009	2010	2011	2012
北京市	1.5589	1.5755	1.5821	2.1625	2.1874	2.1507	2.1924	2.2283	2.2575	2.2768
天津市	1.0834	1.1176	1.1501	1.2061	1.2225	1.2824	1.5097	1.5613	1.6030	1.6259
河北省	7.0135	7.4872	8.0546	14.8596	15.2103	15.4356	15.7015	15.9260	16.2135	16.8675
山西省	6.6260	6.8957	7.2717	11.6040	12.2984	12.8097	13.0866	13.5396	13.8582	14.1545
内蒙古自治区	8.0338	8.2313	8.5275	13.5145	14.5304	15.4128	15.8830	16.6941	17.0157	17.3237
辽宁省	5.4269	5.6589	5.7692	10.1982	10.2302	10.5339	10.5346	10.5824	10.8328	11.0568
吉林省	4.7341	5.0358	5.3870	8.7999	8.9067	9.0928	9.2344	9.4461	9.5742	9.7606
黑龙江省	7.0607	7.2386	7.2732	14.4989	14.6664	15.6600	15.7226	15.7730	16.1537	16.5085
上海市	0.6741	0.8069	0.8379	1.0702	1.1494	1.1813	1.1989	1.2396	1.2545	1.3007
江苏省	6.6959	7.9868	8.4355	12.8588	13.5351	14.2587	14.5459	15.2228	15.4597	15.6473
浙江省	4.7443	4.8185	4.9892	9.6589	10.1131	10.4971	10.8630	11.1952	11.3555	11.5329
安徽省	7.1780	7.4136	7.5160	14.9998	15.0759	15.1698	15.2034	15.2232	15.2656	16.8417
福建省	5.6330	5.7662	5.9899	8.8173	8.8542	9.0225	9.1614	9.3126	9.4432	9.6916
江西省	6.3531	6.4134	6.4724	13.0660	13.3081	13.6465	13.9723	14.3432	14.9467	15.3430
山东省	7.9417	8.1029	8.3450	20.8239	21.5539	22.4321	23.0379	23.3692	23.7390	24.8874
河南省	7.7485	7.9809	8.3605	24.0390	24.2718	24.4687	24.6263	24.9371	25.1848	25.4539
湖北省	9.0202	9.2160	9.3656	18.4318	18.6345	19.1077	20.0176	20.9571	21.6102	22.1965
湖南省	8.8210	9.0711	9.1102	17.4754	17.8314	18.7463	19.5098	23.1693	23.5886	23.7868
广东省	11.2366	11.3633	11.7562	18.0555	18.4180	18.5320	18.7439	19.2871	19.3556	19.7789
广西壮族自治区	6.1189	6.2442	6.4732	9.3053	9.6936	10.2004	10.3617	10.4987	10.8083	11.1100
海南省	2.1099	2.1259	2.1384	1.7801	1.8177	1.8950	2.0428	2.1930	2.3610	2.4959
重庆市	3.2125	3.3062	3.9484	10.1561	10.5996	10.9923	11.2268	11.8345	11.9935	12.2180
四川省	11.5505	11.6001	11.7654	16.7674	19.2394	22.7488	25.2426	26.9631	28.6784	29.7032
贵州省	4.7204	4.8019	4.8879	11.5292	12.5259	12.7327	14.4544	15.3646	15.9890	16.6600
云南省	16.8473	16.9378	16.9966	20.0806	20.2641	20.6062	20.8503	21.1704	21.7015	22.1671
陕西省	5.2911	5.5871	5.7623	11.6488	12.4482	13.2233	14.7429	15.1540	15.6069	16.5504
甘肃省	4.2606	4.3047	4.3630	9.8077	10.3047	10.8073	11.6435	12.1320	12.6138	13.3688
青海省	2.5469	2.9149	3.0812	4.9378	5.4278	5.8318	6.1813	6.4048	6.6138	6.7846

续 表

地区＼年份	2003	2004	2005	2006	2007	2008	2009	2010	2011	2012
宁夏回族自治区	1.2707	1.3248	1.3870	2.0693	2.1351	2.1819	2.2695	2.3766	2.5772	2.7811
新疆维吾尔自治区	8.6406	8.9587	9.2292	14.6497	14.7980	14.9413	15.4356	15.7072	15.9470	17.0659

表 B-5　　　　各省、直辖市、自治区 2003—2012 年城市化率

单位:%

地区＼年份	2003	2004	2005	2006	2007	2008	2009	2010	2011	2012
北京市	79.0511	79.5337	83.6200	84.3300	84.5000	84.9000	85.0000	85.9595	86.2000	86.2000
天津市	59.3672	59.6397	75.1100	75.7300	76.3100	77.2300	78.0100	79.5500	80.5000	81.5500
河北省	33.5205	35.8349	37.6912	38.7652	40.2511	41.9016	43.7447	44.4954	45.6000	46.8000
山西省	38.8101	39.6289	42.1079	43.0100	44.0298	45.1112	45.9900	48.0500	49.6800	51.2600
内蒙古自治区	44.7386	45.8606	47.2000	48.6400	50.1500	51.7100	53.4000	55.5000	56.6200	57.7400
辽宁省	56.0095	56.0114	58.7000	58.9900	59.2000	60.0500	60.3500	62.1029	64.0500	65.6500
吉林省	52.1873	52.3534	52.5200	52.9700	53.1600	53.2100	53.3200	53.3499	53.4000	53.7000
黑龙江省	52.5898	52.7798	53.1000	53.5000	53.8991	55.4000	55.5000	55.6608	56.5000	56.9000
上海市	89.3963	89.3951	89.0900	88.7000	88.7000	88.6000	88.6000	89.3041	89.3000	89.3000
江苏省	46.7700	48.1800	50.5000	51.9000	53.2000	54.3000	55.6000	60.5800	61.9000	63.0000
浙江省	53.0000	54.0000	56.0200	56.5000	57.2000	57.6000	57.9000	61.6200	62.3000	63.2000
安徽省	31.9974	33.4939	35.5000	37.1000	38.7000	40.5000	42.1000	43.0100	44.8000	46.5000
福建省	46.2414	47.9399	49.4000	50.4000	51.4000	53.0000	55.1000	57.1000	58.1000	59.6000
江西省	34.0169	35.5800	37.0000	38.6800	39.8000	41.3600	43.1800	44.0600	45.7000	47.5100
山东省	41.1045	42.2056	45.0000	46.1000	46.7500	47.6000	48.3200	49.7000	50.9500	52.4300
河南省	27.2060	28.9081	30.6500	32.4700	34.3400	36.0300	37.7000	38.5000	40.5700	42.4300
湖北省	42.8995	43.6795	43.2000	43.8000	44.3000	45.2000	46.0000	49.7000	51.8300	53.5000
湖南省	33.5000	35.4999	37.0000	38.7100	40.4500	42.1500	43.2000	43.3000	45.1000	46.6500
广东省	52.0894	51.1298	60.6800	63.0000	63.1400	63.3700	63.4000	66.1800	66.5000	67.4000
广西壮族自治区	29.0509	31.7038	33.6200	34.6400	36.2400	38.1600	39.2000	40.0000	41.8000	43.5300
海南省	25.8943	35.5472	45.2000	46.1000	47.2000	48.0000	49.1300	49.8000	50.5000	51.6000
重庆市	41.9000	43.5117	45.2000	46.7000	48.3000	49.9900	51.5900	53.0200	55.0200	56.9800
四川省	31.0472	32.2715	33.0000	34.3000	35.6000	37.4000	38.7000	40.1800	41.8300	43.5300
贵州省	24.7701	26.2799	26.8700	27.4600	28.2400	29.1100	29.8900	33.8100	34.9600	36.4100
云南省	26.5998	28.1007	29.5000	30.5000	31.6000	33.0000	34.0000	34.7000	36.8000	39.3100
陕西省	32.7371	32.9825	37.2300	39.1200	40.6200	42.1000	43.5000	45.7600	47.3000	50.0207
甘肃省	27.3810	28.5987	30.0200	31.0900	32.2500	33.5600	34.8900	36.1200	37.1500	38.7500
青海省	38.2022	38.5900	39.2500	39.2600	40.0700	40.8600	41.9000	44.7200	46.2200	47.4400

续 表

年份 地区	2003	2004	2005	2006	2007	2008	2009	2010	2011	2012
宁夏回族自治区	36.9228	40.6000	42.2800	43.0000	44.0200	44.9800	46.1000	47.9000	49.8200	50.6700
新疆维吾尔自治区	34.3913	35.1539	37.1500	37.9400	39.1500	39.6400	39.8500	43.0100	43.5400	43.9800

表 B-6　　各省、直辖市、自治区 2003—2012 年人均 GDP

单位：万元/人

年份 地区	2003	2004	2005	2006	2007	2008	2009	2010	2011	2012
北京市	3.4504	3.8922	4.2630	4.6563	5.1481	5.3717	5.7593	6.1861	6.5514	6.9430
天津市	2.5500	2.8306	3.2652	3.6961	4.0378	4.6641	5.1233	5.7907	6.4379	7.0434
河北省	1.0225	1.1635	1.3521	1.5061	1.7162	1.8165	2.0133	2.2461	2.5427	2.7309
山西省	0.8616	1.0178	1.1497	1.2702	1.4759	1.6538	1.6878	1.9523	2.2484	2.3831
内蒙古自治区	1.0010	1.2103	1.4890	1.7826	2.1481	2.7542	3.1873	3.6049	4.1574	4.5107
辽宁省	1.4258	1.5096	1.7286	1.9613	2.2356	2.5305	2.8861	3.3625	3.7902	4.1909
吉林省	0.9845	1.1071	1.2558	1.4473	1.7176	1.9441	2.2105	2.5631	2.9588	3.3292
黑龙江省	1.0635	1.1855	1.3448	1.4808	1.6140	1.7426	1.8435	2.1117	2.3842	2.5736
上海市	3.7906	4.1231	4.5064	4.9007	5.2976	5.4631	5.8349	6.1572	6.3462	6.6167
江苏省	1.6684	1.8237	2.1869	2.5325	2.8462	3.0975	3.5044	3.9785	4.3987	4.8961
浙江省	1.9982	2.2326	2.5331	2.8770	3.2346	3.3441	3.6595	4.0842	4.4167	4.7619
安徽省	0.6366	0.7206	0.8197	0.9190	1.0459	1.1457	1.3576	1.6289	1.8615	2.0671
福建省	1.4231	1.5797	1.7733	1.9915	2.2762	2.4963	2.8587	3.3082	3.6859	4.0923
江西省	0.6599	0.7516	0.8721	0.9666	1.0728	1.2225	1.3869	1.6232	1.8441	2.0135
山东省	1.3236	1.5233	1.8123	2.1087	2.3699	2.6080	2.9328	3.2297	3.4830	3.7893
河南省	0.7104	0.7994	1.0106	1.1600	1.3513	1.4776	1.6471	1.9036	2.0714	2.2498
湖北省	0.8368	0.9330	1.0547	1.2082	1.4117	1.5808	1.8276	2.1483	2.4486	2.7167
湖南省	0.6994	0.7983	0.9412	1.0501	1.2136	1.3821	1.5604	1.7975	2.0475	2.2532
广东省	1.7678	1.9460	2.2515	2.5463	2.8881	3.0737	3.3308	3.6582	3.9843	4.1738
广西壮族自治区	0.5808	0.6713	0.8249	0.9536	1.1379	1.2314	1.3786	1.7382	1.9891	2.1818
海南省	0.8547	0.9250	1.0111	1.1436	1.2642	1.3568	1.5107	1.7814	2.0268	2.2230
重庆市	0.8109	0.9175	1.0197	1.1245	1.2693	1.6055	1.8373	2.1644	2.5513	2.8324
四川省	0.6523	0.7387	0.8111	0.9268	1.0822	1.1521	1.3086	1.5777	1.8345	2.0550
贵州省	0.3686	0.4097	0.4991	0.5726	0.6787	0.8180	0.9091	1.0582	1.2473	1.4708
云南省	0.5841	0.6465	0.6912	0.7727	0.8770	0.9746	1.0702	1.2115	1.4163	1.6098
陕西省	0.7047	0.8259	0.9437	1.0994	1.2752	1.5538	1.7435	2.0807	2.4223	2.7199
甘肃省	0.5518	0.6299	0.7051	0.7968	0.9196	1.0091	1.0618	1.2454	1.4469	1.5871
青海省	0.7307	0.8412	0.9533	1.0858	1.2676	1.4859	1.5548	1.8505	2.1302	2.3416

续 表

年份 地区	2003	2004	2005	2006	2007	2008	2009	2010	2011	2012
宁夏回族自治区	0.7679	0.8705	0.9498	1.0846	1.3019	1.5967	1.7712	2.0952	2.4019	2.6024
新疆维吾尔自治区	0.9754	1.0769	1.2062	1.3532	1.4673	1.5404	1.5863	1.9058	2.1403	2.3906

表 B-7　　各省、直辖市、自治区 2003—2012 年产业结构

单位:%

年份 地区	2003	2004	2005	2006	2007	2008	2009	2010	2011	2012
北京市	35.8128	37.5964	29.5000	27.8000	26.8000	25.7000	23.5000	24.0000	23.1000	22.7036
天津市	50.8768	53.2136	55.5000	57.1000	57.3000	60.1000	53.0000	52.5000	52.4000	51.6820
河北省	51.5202	52.8605	51.8000	52.4000	52.8000	54.2000	52.0000	52.5000	53.5000	52.6945
山西省	56.5552	59.4949	56.3000	57.8000	60.0000	61.5000	54.3000	56.9000	59.0000	55.5738
内蒙古自治区	45.2906	49.1311	45.5000	48.6000	51.8000	55.0000	52.5000	54.6000	56.0000	55.4230
辽宁省	48.2944	47.7092	49.4000	51.1000	53.1000	55.8000	52.0000	54.1000	54.7000	53.2491
吉林省	45.3255	46.6265	43.6000	44.8000	46.8000	47.7000	48.7000	52.0000	53.1000	53.4102
黑龙江省	57.1659	59.5008	53.9000	54.4000	52.3000	52.5000	47.3000	50.2000	50.3000	44.0972
上海市	50.0850	50.8467	48.6000	48.5000	46.6000	45.5000	39.9000	42.1000	41.3000	38.9202
江苏省	54.4676	56.5865	56.6000	56.6000	55.6000	55.0000	53.9000	52.5000	51.3000	50.1717
浙江省	52.5918	53.7668	53.4000	54.0000	54.0000	53.9000	51.8000	51.6000	51.2000	49.9528
安徽省	44.8245	45.0855	41.3000	43.1000	44.7000	46.6000	48.7000	52.1000	54.3000	54.6410
福建省	47.6424	48.7405	48.7000	49.1000	49.2000	50.0000	49.1000	51.0000	51.6000	51.7108
江西省	43.3633	45.6455	47.3000	49.7000	51.7000	52.7000	51.2000	54.2000	54.6000	53.6154
山东省	53.5292	56.3209	57.4000	57.7000	56.9000	57.0000	55.8000	54.2000	52.9000	51.4578
河南省	50.3922	51.2230	52.1000	53.8000	55.2000	56.9000	56.5000	57.3000	57.3000	56.3263
湖北省	47.7734	47.4597	43.1000	44.4000	43.0000	43.8000	46.6000	48.6000	50.0000	50.3051
湖南省	38.6789	39.4567	39.9000	41.6000	42.6000	44.2000	43.5000	45.8000	47.6000	47.4240
广东省	53.6265	55.4276	50.7000	51.3000	51.3000	51.6000	49.2000	50.0000	49.7000	48.5404
广西壮族自治区	36.8524	38.8018	37.1000	38.9000	40.7000	42.4000	43.6000	47.1000	48.4000	47.9278
海南省	22.5299	23.4494	24.6000	27.4000	29.8000	29.8000	26.8000	27.7000	28.3000	28.1723
重庆市	43.4247	44.3177	41.0000	43.0000	45.9000	47.7000	52.8000	55.0000	55.4000	52.3698
四川省	41.5309	41.0310	41.5000	43.7000	44.2000	46.3000	47.4000	50.5000	52.5000	51.6625
贵州省	42.7185	44.8935	41.8000	43.0000	41.9000	42.3000	37.7000	39.1000	38.5000	39.0756
云南省	43.3738	44.4061	41.2000	42.8000	43.3000	43.0000	41.9000	44.6000	42.5000	42.8654
陕西省	47.2596	49.1353	50.3000	53.9000	54.2000	56.1000	51.9000	53.8000	55.4000	55.8603
甘肃省	46.5752	48.6346	43.4000	45.8000	47.3000	46.3000	45.1000	48.2000	47.4000	46.0177
青海省	47.2207	48.7536	48.7000	51.6000	53.3000	55.1000	53.2000	55.1000	58.4000	57.6876

续 表

地区\年份	2003	2004	2005	2006	2007	2008	2009	2010	2011	2012
宁夏回族自治区	49.8261	52.0083	46.4000	49.2000	50.8000	52.9000	48.9000	49.0000	50.2000	49.5184
新疆维吾尔自治区	42.4391	45.9091	44.7000	48.0000	46.8000	49.6000	45.1000	47.7000	48.8000	46.3880

表 B－8　　各省、直辖市、自治区 2003—2012 年研发投入

单位：%

地区\年份	2003	2004	2005	2006	2007	2008	2009	2010	2011	2012
北京市	1.0694	1.0935	1.2563	1.2061	1.2285	1.3942	1.4150	1.8431	2.0971	2.1099
天津市	3.0414	3.1056	3.5817	3.4306	3.3894	4.3628	3.4630	3.3096	4.8518	5.0663
河北省	0.7749	0.7919	0.9106	0.8759	0.8772	1.0404	1.0342	0.9744	1.3774	1.4449
山西省	1.3435	1.3724	1.5811	1.5157	1.5087	1.8805	1.6044	1.6532	1.9001	1.8656
内蒙古自治区	0.6706	0.6863	0.7846	0.7623	0.7776	0.7856	1.1751	0.9089	1.4491	1.4094
辽宁省	1.5991	1.6354	1.8768	1.8076	1.8372	2.0426	2.2857	2.5020	2.9813	2.6258
吉林省	1.0862	1.1075	1.2828	1.2238	1.1743	1.7108	0.9809	0.6072	1.1432	1.1435
黑龙江省	0.8485	0.8677	0.9956	0.9598	0.9741	1.0803	1.2344	1.2744	1.3514	1.2826
上海市	2.0379	2.0832	2.3958	2.2973	2.3257	2.7276	2.5648	3.3004	3.3161	3.0479
江苏省	2.8285	2.8887	3.3325	3.1826	3.1723	4.0585	3.0123	3.9330	4.1575	4.1968
浙江省	1.9132	1.9532	2.2563	2.1499	2.1330	2.8222	1.8530	2.6019	3.0485	3.1341
安徽省	1.5160	1.6879	1.7141	1.7123	1.7492	2.0913	1.6428	3.1026	2.6558	2.8378
福建省	1.3137	1.4618	1.4855	1.4889	1.4917	1.8550	1.4943	1.9362	2.5632	2.5750
江西省	1.0982	1.2225	1.2391	1.2496	1.2533	1.4747	1.4931	1.4174	1.6483	1.6835
山东省	2.1116	2.3502	2.3841	2.4005	2.4027	2.8863	2.7372	2.7376	3.3660	3.4877
河南省	1.0642	1.1846	1.2010	1.2107	1.2133	1.4367	1.4283	1.3692	1.7288	1.6584
湖北省	1.4676	1.6346	1.6564	1.6639	1.6984	1.9412	1.8776	2.7008	2.7799	2.8526
湖南省	1.1975	1.3328	1.3529	1.3589	1.3648	1.6533	1.4630	1.7481	2.4208	2.4901
广东省	2.1683	2.4126	2.4502	2.4632	2.4519	3.0414	2.6509	2.6454	3.4383	3.4675
广西壮族自治区	0.7027	0.7818	0.7950	0.7965	0.7932	1.0109	0.7722	0.9499	1.2153	1.1791
海南省	0.3120	0.3468	0.3548	0.3502	0.3484	0.4987	0.1798	0.5670	0.5598	0.6384
重庆市	1.7877	1.9891	2.0224	2.0240	2.0284	2.5516	1.9381	2.7397	2.7345	2.8406
四川省	1.0311	1.1472	1.1663	1.1688	1.1655	1.4752	1.1489	1.4139	1.2094	1.3539
贵州省	0.8711	0.9697	0.9842	0.9881	0.9949	1.1989	1.0589	1.3355	1.2119	1.1491
云南省	0.3911	0.4354	0.4423	0.4421	0.4494	0.5440	0.4258	0.7454	0.7517	0.8108
陕西省	1.2693	1.4140	1.4310	1.4420	1.4725	1.6342	1.7675	2.2164	2.1388	2.1822

续 表

地区\年份	2003	2004	2005	2006	2007	2008	2009	2010	2011	2012
甘肃省	0.8619	0.9591	0.9735	0.9799	0.9759	1.1956	1.0948	1.0233	1.1329	1.2499
青海省	0.5435	0.6057	0.6117	0.6194	0.6332	0.6688	0.8544	0.8741	1.2817	1.0745
宁夏回族自治区	1.1772	1.3098	1.3316	1.3338	1.3336	1.6795	1.3015	1.7073	1.6726	1.6160
新疆维吾尔自治区	0.4665	0.5194	0.5267	0.5293	0.5353	0.6306	0.5874	0.7514	0.7334	0.7761

表 B-9　各省、直辖市、自治区 2003—2012 年能源消费结构

单位：%

地区\年份	2003	2004	2005	2006	2007	2008	2009	2010	2011	2012
北京市	43.7342	52.3667	35.8790	33.3737	30.7438	24.3160	23.6454	21.6644	16.3656	15.1554
天津市	36.1785	39.6981	38.1636	40.7420	41.1347	41.3222	43.1228	36.6204	35.4299	36.1446
河北省	73.8031	73.4727	73.2973	73.2924	72.4216	73.8481	72.9542	69.3267	68.3707	68.1116
山西省	80.8899	78.9487	77.3797	75.6084	72.6365	70.7970	70.1359	67.1975	67.1129	66.5989
内蒙古自治区	69.5221	68.5407	65.0421	59.4959	54.7336	58.2271	58.3649	51.0309	57.3397	54.4115
辽宁省	53.2994	49.8599	48.9557	49.2056	51.4558	50.7150	52.7696	46.3832	44.3749	43.3037
吉林省	52.3281	52.7242	51.5691	53.8422	47.9132	53.4216	55.0455	55.1091	57.0442	55.2358
黑龙江省	30.4162	29.3393	32.3755	32.8958	33.7896	36.7328	32.5915	31.1867	34.4889	38.9849
上海市	31.8420	28.7181	27.1368	23.4019	23.3781	22.9168	22.2489	24.2049	23.7979	21.4919
江苏省	39.6892	44.7159	46.5912	45.6074	45.6988	46.0137	44.6488	40.7621	42.2187	39.4231
浙江省	33.4941	37.5920	34.0418	31.6987	29.8173	29.0946	27.7338	24.6170	23.4810	22.5831
安徽省	73.2255	62.8985	67.2027	66.0922	65.8863	63.5543	61.9169	62.5822	60.6011	56.1209
福建省	39.8938	38.2957	49.2703	48.7823	45.4684	46.0521	48.6418	43.3999	40.6384	40.9687
江西省	55.0307	58.8548	57.1864	59.3702	62.8091	63.2049	64.6587	55.7985	56.5679	55.4399
山东省	51.1326	50.5937	52.6729	50.9089	49.3210	51.0024	52.7623	49.5897	49.0466	49.4286
河南省	59.1324	59.9054	65.6604	66.8032	77.1137	63.7112	64.3361	62.8849	58.7656	50.7348
湖北省	62.4784	62.0381	57.9947	55.8884	54.6658	52.5860	53.9250	61.6402	62.7852	62.5954
湖南省	62.6011	59.2210	68.6765	67.0334	66.2382	63.3725	60.3967	52.7433	51.2510	50.4113
广东省	28.0174	23.4389	22.2608	23.2667	23.8177	25.9412	25.4372	26.5325	26.6685	25.9579
广西壮族自治区	52.6522	51.9769	57.3149	58.0775	54.7477	54.0945	56.8760	50.1871	48.6588	48.3164
海南省	19.3548	25.5597	13.1210	9.8417	9.2030	9.5794	12.8766	10.8699	9.9454	11.2548
重庆市	57.2268	51.4369	50.2996	47.3253	43.6064	54.4929	55.8349	50.3873	51.8852	50.9304
四川省	54.0182	53.5987	47.6916	46.4213	45.5082	52.6441	51.8319	47.5753	39.8658	44.4731
贵州省	73.1291	75.4988	76.0054	74.7551	68.7425	67.8494	67.2877	67.1625	67.3582	69.2143
云南省	64.4540	65.5558	66.9085	65.6398	63.0291	63.7976	63.5106	58.8772	56.4264	55.7427
陕西省	46.0713	45.6999	58.8372	54.7378	47.2515	46.1401	50.1838	48.3274	48.2958	48.7290

续 表

地区＼年份	2003	2004	2005	2006	2007	2008	2009	2010	2011	2012
甘肃省	50.6846	49.6536	50.7858	50.0061	49.3889	48.1212	46.2184	47.5649	47.0928	47.7793
青海省	37.4076	33.9252	31.9599	37.0094	37.2404	40.4653	41.9147	32.9062	30.0753	31.5622
宁夏回族自治区	67.6800	86.8877	57.4536	51.6008	43.1920	50.5092	50.6741	49.2047	48.3132	47.1590
新疆维吾尔自治区	38.8800	39.3238	35.6408	35.6804	61.7082	38.8622	44.4060	42.5614	42.0876	42.2012